工学系のための
偏微分方程式
例題で学ぶ 基礎から数値解析まで

小出 眞路 =著

$$\rho \frac{d\boldsymbol{v}}{dt} = -\nabla p$$

$$\frac{ds}{dt} = \frac{\partial s}{\partial t} + v_x \frac{\partial s}{\partial x} + v_y \frac{\partial s}{\partial y} + v_z \frac{\partial s}{\partial z} = 0$$

$$\nabla^2 u = \Delta u = 0$$

$$u_{xx} + u_{yy} + u_{zz} = 0$$

$$\frac{\partial \rho}{\partial t} + \mathrm{div}(\rho \boldsymbol{v}) = 0$$

$$\frac{\partial^2 u(x,t)}{\partial t^2} = c^2 \frac{\partial^2 u(x,t)}{\partial x^2}$$

$$\frac{\partial u}{\partial t} = D\left(\frac{\partial^2 u}{\partial x^2} + \frac{\partial^2 u}{\partial y^2} + \frac{\partial^2 u}{\partial z^2}\right)$$

森北出版株式会社

● 本書のサポート情報を当社Webサイトに掲載する場合があります．下記のURLにアクセスし，サポートの案内をご覧ください．

https://www.morikita.co.jp/support/

● 本書の内容に関するご質問は，森北出版 出版部「(書名を明記)」係宛に書面にて，もしくは下記のe-mailアドレスまでお願いします．なお，電話でのご質問には応じかねますので，あらかじめご了承ください．

editor@morikita.co.jp

● 本書により得られた情報の使用から生じるいかなる損害についても，当社および本書の著者は責任を負わないものとします．

■ 本書に記載している製品名，商標および登録商標は，各権利者に帰属します．

■ 本書を無断で複写複製（電子化を含む）することは，著作権法上での例外を除き，禁じられています．複写される場合は，そのつど事前に(一社)出版者著作権管理機構（電話03-5244-5088, FAX03-5244-5089, e-mail：info@jcopy.or.jp）の許諾を得てください．また本書を代行業者等の第三者に依頼してスキャンやデジタル化することは，たとえ個人や家庭内での利用であっても一切認められておりません．

はしがき

　本書は，大学工学部の学生を対象にして書かれた偏微分方程式の教科書である．

　偏微分方程式は，工学の基礎知識として欠かすことができない．実際，電磁気学，流体力学・構造力学を含む連続体力学，量子力学など現代の工学の基礎となる分野で，偏微分方程式は多用されている．一方，偏微分方程式に関連する内容は深く多様であるために，その重要性にもかかわらず敬遠される傾向にある．

　このため，本書では，思いきって精選した最小限度の基本事項にとどめ，そのかわりその内容を丁寧に説明するように心掛けた．とくに，工学系の学生を対象としているので，直観的な考えを刺激するようにしながら，なおかつ数学的厳密さを失わないように努めた．例題・問題により，工学系の基礎分野（主に流体力学）との結びつきにも配慮した．

　本書は，過去 5 年間にわたり著者が準備してきた講義ノートにもとづいて，それを精選・発展させたものである．扱う内容は，主に発展型方程式の基本的解法から実用上重要な方法にかぎっている．偏微分方程式の一般的性質をつかむうえでやはり大切なのは解析的方法で，本書ではそれを中心に構成した．しかし，現在実際によく用いられるのは数値解法であり，その基本的な話題を最後に加えた．この分野は最近急速に発展しており，科学技術としてだけではなく CG を用いた映画製作やその他多くの分野で使われている．したがって，実際多くの学生が将来いずれ出会うだろうと思われる．

　本書は低学年でも高学年でも 1~2 学期のコースの教科書として使用することができる．本書の予備知識としては微分積分学と常微分方程式の知識を仮定した[*1]．

　本書は 3 部からなる．第 I 部は偏微分方程式にまつわる基本的だが，重要な話題について扱った．これだけを読んでも偏微分方程式のおおよその内容が一通りわかるように配慮した．第 II 部は，フーリエ変換などの数学的道具を用いてより広範囲の偏微

[*1] ただし，第 3 章のフーリエ変換のところでは複素解析の主要な定理であるコーシーの定理を用いた．また，第 6 章（数値解析）では線形代数の素養があることが好ましい．

分方程式の問題を解く方法を説明している．第 I 部と第 II 部を通して読めば，偏微分方程式の基本的解析法が一通りわかることと思う．

第 I 部，第 II 部に付随している練習問題の中で，問題番号に「∗」印の付いているものは，その章の内容に習熟するのに最低限必要な演習問題で，「演習ミニマム」とよぶ．ぜひとも演習ミニマムだけにでも取り組んでほしい．

また，本書ではたくさんの「例」，「例題」，「問」を示したが，それらは，「例」や「例題」の説明を読んでから，それにならって「問」を考えるように配置した．授業では，「例」や「例題」が説明された後に「問」を考えるということを想定している．（「問」については，学生のひとりに黒板で解いて解説してもらうのもよいと思う．また，「例」や「例題」がいくつか続く場合は，その中のいくつかを学生に解いてもらうのもよい．）

第 III 部では，数値計算による解法について説明した．基本的な話題にかぎってあるが偏微分方程式をどのようにして数値的に解くのかがわかるものと思う．数値計算のみに興味のある読者は，第 I 部の第 1 章とこの第 III 部を読むだけでも十分であろう．第 III 部は本書の特徴ともいえるもので，C 言語による実習を森北出版のホームページで公開している．URL は下記である．

http://www.morikita.co.jp/soft/07611/

実習を行うことで数値計算の手法の理解が格段と進むと考えられる．また，独習の便宜を図るため，例となるプログラムも同サイトで公開している．

最後に，本書を査読し各章にわたり有益な助言を頂いた小出美香博士，葛晋治富山大学名誉教授，工藤哲洋博士にこの場所をかりて厚くお礼を申し上げたい．

2006 年 2 月　　　　　　　　　　　　　　　　　　　　　　　　　　　　　小出眞路

目　　次

第 I 部　偏微分方程式ことはじめ　　1

第 1 章　偏微分方程式とは ――その由来と役割――　　2
- 1.1　広がりをもつ現象とそれをとらえる物理量 …………………………… 3
- 1.2　偏微分とさまざまな微分量および積分 ………………………………… 8
  - 1.2.1　方向微分と勾配 ……………………………………………………… 9
  - 1.2.2　発　散 ……………………………………………………………… 11
  - 1.2.3　体積積分と面積分 ………………………………………………… 14
- 1.3　偏微分方程式 …………………………………………………………… 18
  - 1.3.1　支配方程式 ………………………………………………………… 19
  - 1.3.2　微視的単純化（微視的単純性）の仮定 ………………………… 19
- 1.4　さまざまな現象の偏微分方程式 ……………………………………… 20
  - 1.4.1　保存方程式 ………………………………………………………… 21
  - 1.4.2　移流方程式 ………………………………………………………… 22
  - 1.4.3　拡散方程式 ………………………………………………………… 23
  - 1.4.4　波動方程式 ………………………………………………………… 25
  - 1.4.5　ポアソン方程式 …………………………………………………… 27
  - 1.4.6　静電場の方程式 …………………………………………………… 28
  - 1.4.7　水が流れるホースの運動方程式 ………………………………… 28
  - 1.4.8　気体方程式 ………………………………………………………… 30
- 1.5　現象をとらえるための必要十分条件：偏微分方程式，境界条件と初期条件・31
  - 1.5.1　さまざまな境界条件 ……………………………………………… 33
  - 1.5.2　関数の対称性と境界条件 ………………………………………… 34
- 1.6　境界条件と鏡像法 ……………………………………………………… 35
- 演習問題 ……………………………………………………………………… 37

第 2 章　偏微分方程式の初等解法　39

- 2.1　線形偏微分方程式 ……………………………………………… 41
- 2.2　線形性と重ね合わせの原理 ……………………………………… 43
- 2.3　斉次線形偏微分方程式 …………………………………………… 45
  - 2.3.1　変数分離法 …………………………………………………… 45
  - 2.3.2　指数関数解 …………………………………………………… 48
  - 2.3.3　定数係数の 2 階線形偏微分方程式の分類 ………………… 55
  - 2.3.4　指数関数解と一般解の構成 ………………………………… 57
- 2.4　非斉次線形偏微分方程式の特解の導出と一般解 ……………… 59
- 2.5　座標変換による解法 ……………………………………………… 62
  - 2.5.1　1 階線形偏微分方程式 ……………………………………… 62
  - 2.5.2　特性曲線法 …………………………………………………… 63
  - 2.5.3　2 階線形偏微分方程式の一般解の導出 …………………… 67
  - 2.5.4　水が中をいきおいよく流れるホースの方程式とラプラス方程式 …… 71
- 2.6　初期値・境界値問題，初期値問題の解法 ……………………… 72
- 2.7　方程式の無次元化と現象の相似性 ……………………………… 79
- 2.8　非線形偏微分方程式の線形化 …………………………………… 82
- 演習問題 …………………………………………………………………… 85

第 II 部　解析的方法　89

第 3 章　フーリエ級数，フーリエ変換，ラプラス変換　90

- 3.1　スペクトルと線形重ね合わせ …………………………………… 90
  - 3.1.1　スペクトル …………………………………………………… 90
  - 3.1.2　線形重ね合わせ ……………………………………………… 91
- 3.2　フーリエ級数 ……………………………………………………… 92
  - 3.2.1　三角関数とその和 …………………………………………… 92
  - 3.2.2　フーリエ級数 ………………………………………………… 93
  - 3.2.3　ディリクレの判定条件 ……………………………………… 96
  - 3.2.4　不連続関数のフーリエ級数とギブス現象 ………………… 99
  - 3.2.5　周期関数の離散スペクトル ………………………………… 100
  - 3.2.6　指数型フーリエ級数 ………………………………………… 102
- 3.3　フーリエ変換 ……………………………………………………… 104
  - 3.3.1　フーリエ変換の導入 ………………………………………… 104
  - 3.3.2　フーリエ変換の収束条件 …………………………………… 106
  - 3.3.3　フーリエ変換の例 …………………………………………… 107

3.3.4　フーリエ変換の有用な性質 ････････････････････････････････････ 111
　　3.3.5　デルタ関数 ･･ 115
　3.4　ラプラス変換 ･･ 118
　　3.4.1　ラプラス変換の導出 ･･ 118
　　3.4.2　ラプラス変換の収束条件 ････････････････････････････････････ 119
　　3.4.3　ラプラス変換の例 ･･ 120
　　3.4.4　ラプラス変換の有用な性質 ･･････････････････････････････････ 122
　演習問題 ･･ 126

第4章　初期値・境界値問題の解法　　129
　4.1　拡散方程式 ･･ 129
　　4.1.1　連続関数・不連続関数を初期値とする拡散問題 ････････････････ 132
　　4.1.2　自由境界の拡散問題 ･･ 139
　　4.1.3　境界条件や方程式が非斉次の拡散問題 ････････････････････････ 143
　4.2　波動方程式 ･･ 145
　　4.2.1　さまざまな境界条件の波動問題 ･･････････････････････････････ 148
　　4.2.2　非斉次波動方程式の問題 ････････････････････････････････････ 152
　　4.2.3　長方形の膜の振動 ･･ 154
　演習問題 ･･ 157

第5章　初期値問題および定常問題の解法　　160
　5.1　フーリエ変換による拡散方程式の解法 ･･････････････････････････ 160
　　5.1.1　ガウス正規関数を初期値とする拡散問題 ･･････････････････････ 160
　　5.1.2　初期値が不連続関数のときの拡散問題 ････････････････････････ 162
　5.2　グリーン関数 ･･ 164
　　5.2.1　グリーン関数とは ･･ 164
　　5.2.2　グリーン関数によるポアソン方程式の解法 ････････････････････ 167
　5.3　ラプラス変換による拡散方程式の解法 ･･････････････････････････ 169
　　5.3.1　初期値が不連続関数の場合の解法 ････････････････････････････ 170
　　5.3.2　一般の拡散方程式の解法 ････････････････････････････････････ 172
　5.4　フーリエ変換による斉次波動方程式の解法 ･･････････････････････ 173
　　5.4.1　フーリエ変換による波動問題の解法 ･･････････････････････････ 174
　5.5　ラプラス変換による非斉次波動方程式の解法 ････････････････････ 176
　5.6　非線形方程式のフーリエ変換による取り扱いとカスケード ･･･････ 177
　5.7　変換による解法の手順のまとめ ････････････････････････････････ 178
　演習問題 ･･ 179

第 III 部　数値解法　183

第 6 章　偏微分方程式の数値解法の基礎　184

6.1　数値解法入門　184
6.1.1　数値解法とは　184
6.1.2　さまざまなスキームの評価　185
6.1.3　本章の構成　186

6.2　拡散方程式の数値解法　186
6.2.1　拡散問題　186
6.2.2　差分方程式　187
6.2.3　数値不安定性　190
6.2.4　数値誤差　193
6.2.5　数値解と解析解　195

6.3　波動方程式の数値解法　196
6.3.1　波動問題　196
6.3.2　波動問題の数値解法　197
6.3.3　ラックス-ヴェンドロフ法の導入　198
6.3.4　ラックス-ヴェンドロフ法の数値安定性　199
6.3.5　ラックス-ヴェンドロフ法の数値誤差　201
6.3.6　波動方程式のラックス-ヴェンドロフ法による数値解と解析解　202

6.4　非線形偏微分方程式の数値解法　204

6.5　気体方程式の数値解法　206
6.5.1　音波の伝播のシミュレーション　207
6.5.2　高密度ガスの衝突のシミュレーション　208
6.5.3　爆縮のシミュレーション　209

6.6　2 次元流体数値シミュレーション　210

演習問題解答　212

付録 A　積分変換表，フーリエ級数表　218

さらに進んで勉強するために　223

索　引　224

第 I 部
偏微分方程式ことはじめ

第 1 章　偏微分方程式とは
　　　　　— その由来と役割 —
第 2 章　偏微分方程式の初等解法

第1章

偏微分方程式とは
——その由来と役割——

　最近の科学技術の発展には目をみはるものがある．現代社会の基盤の多くは，その発展に負っていることは誰もが認めるところだろう．その発展を可能にしたのは科学的な思考方法と職人芸的な技術の融合である．科学的な思考方法の基本はやはり現象をよく観察しそれをきちんととらえることである．

　では，現象はどのようにとらえるべきであろうか．明治初期の日本を代表する科学者・物理学者・随筆家の寺田寅彦は，身近な自然現象と地球をとりまく現象の類似性をとらえた多くの随筆を残しているが，その中でも茶碗の湯と大気の話（「茶碗の湯」，寺田寅彦全随筆 2，岩波書店，1992，pp. 231–238）はたいへん興味深い．筆者は，茶碗の湯もそうであるが，とくに熱いコーヒーにクリームを入れたときのクリームの動きをみるのが好きである（図 1.1 (a)）．このときスプーンで混ぜなくてもクリームは自然に複雑な形へと変化し，いずれは満遍なくコーヒーに混ざる．

(a) 　　　　　　　　　　　　(b)

図 **1.1** (a) 熱いコーヒーにクリームを入れたときの写真．(b) 2004 年 9 月 3 日の日本・アジア地域の大気の衛星画像．台風が日本の南海上にみえる（ウェザーニューズ社 http://weathernews.com/jp/c/ より）．

また，コーヒーから白い湯気が上がるが，「茶碗の湯」にも書かれているように，その形や動きの複雑さはなんともとらえがたく不思議である．空気の流れのない部屋でも立ちのぼる湯気はすぐにゆらゆらして，いくつもの渦になる．コーヒーが熱いうちは渦はかなり速く回りながらのぼる．渦は昇りながらだんだんに広がり入り乱れてしまい，しまいにはみえなくなってしまう．熱いコーヒーはいずれ冷めてゆき，湯気の立ちのぼり方も緩やかになってゆく．

寺田寅彦は，湯気の渦と庭先で起こる竜巻や雷雨の大きな渦の類似性を書いている．寅彦は言及していないが，台風も類似した現象である（図 1.1 (b)）．台風が赤道付近で発生するのと，熱いコーヒーのほうが湯気が激しく上がるのには，共通の理由があるように思える．このように，類似性に気付くことは，それらの現象の背後にある自然のしくみに思いを馳せることになるが，そのような定性的な見方だけでは決定的な結論を与えることは難しい．本書で順次説明するように，定量化することは自然のしくみを明らかにする強力な手段となる．

定量化とは，現象を量的にとらえることである．たとえば，コーヒークリームや大気の動きを調べるのであれば，その液体や気体の「速度」を知る必要がある．コーヒーの熱さと湯気の上がり方を調べたければ「温度」もみる必要がある．このような量のことを一般に「**物理量**」(quantity) とよぶ．また，現象を担う物体の総体を「**系**」(system) とよぶ．

1.1 広がりをもつ現象とそれをとらえる物理量

物理量は，スカラー量とベクトル量（一般にはテンソル量）に分けて考えることができる．スカラー量とは，温度のように大きさのみで方向をもたない物理量のことで，ベクトル量とは速度のように大きさと方向をもつ物理量のことである．

コーヒーカップの中の現象は時間的空間的な広がりをもつので，それを包括的にとらえるには，任意の時刻のカップ内の任意の点で，必要な物理量を知る必要がある．それには時間空間の表記法がまず必要となる．

空間的広がりの中の一点を表すために，3次元直角座標（デカルト座標; Cartesian coordinates）O–xyz を用いてみよう（図 1.2）．温度のようなスカラー量 u は，時刻 t，位置 (x, y, z) での値 $u(x, y, z, t)$ として表すことができる．ここで，x, y, z, t は現象の広がりの中で自由にとりうる変数で「**独立変数**」とよばれる．これに対して u を「**従属変数**」とよぶ．あるいは u を x, y, z, t の「**関数**」(function) とよぶ．

ベクトル量についても同じことがいえる．コーヒークリームの液体の速度 $\boldsymbol{v}$ は，時刻 t，コーヒーカップの中の点 (x, y, z) でのベクトル量の関数 $\boldsymbol{v}(x, y, z, t)$ として与えられる．このベクトル量の関数をしばしば「**ベクトル場**」(vector field) とよぶ．こ

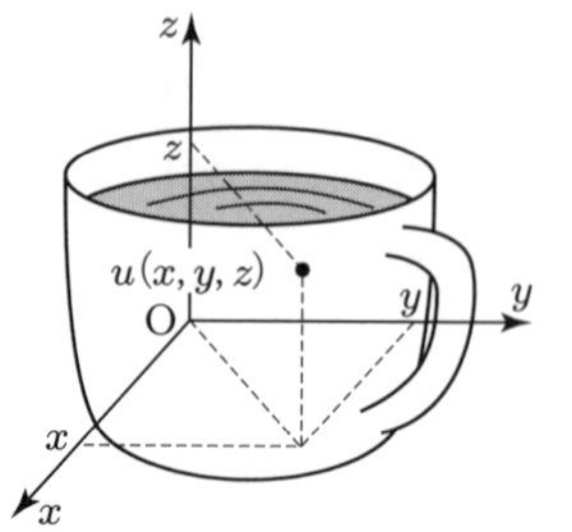

図 1.2 コーヒーとそのまわりの現象をとらえるために設定された3次元直角座標

れに対してスカラー量の関数 $u(x,y,z,t)$ を「**スカラー場**」(scalar field) とよぶこともある．

また，独立変数のとりうる値の範囲を「**定義域**」，関数のとりうる値の範囲を「**値域**」という．コーヒークリームの液体の温度や速度を考えるときには，その定義域はカップの内側ということになる．

(注) ここで，独立変数は何も時間や位置座標だけとはかぎらない．たとえば空気中の分子の運動の分布を扱うときには，その時間空間座標だけではなく，速度も独立変数とした関数で表すことがある．他にもさまざまな物理量が独立変数として使われる．

例 1.1 〈熱拡散現象〉

先ほど，熱いコーヒーを飲まずに放っておくと冷めてゆく話をした．その原因はいろいろあるが，そのひとつに熱の伝播という現象がある．コーヒーの場合を考えるのは難しいので，ここではかなり簡単化した具体例をあげる．

非常に平べったい厚さ L の金属板を，温度一定（$T=0\,°\mathrm{C}$）の温度制御板ではさむ場合を考える（図 1.3）．金属板のはじめの温度が $T=0\,°\mathrm{C}$ でなければ，金属板の温度は変化し，次第に $T=0\,°\mathrm{C}$ に近づいていくはずである．このような現象はもちろん，金属板の温度分布の時間変化をとらえればよいことになる．たとえば，板に垂直な方向を x 軸とするような座標 $\mathrm{O}-xyz$ を取り，時刻 t，点 (x,y,z) での温度 $u(x,y,z,t)$ を考える．この関数 $u(x,y,z,t)$ がわかれば温度変化するこの現象を完全にとらえたことになる．この場合の定義域は，金属板の中ということになる（1.4.3 項参照）． □

例 1.2 〈波動現象〉

コーヒーの中にクリームを落とすと，コーヒーの液面が上下し（振動し），それが同心円状に外側に向かって伝わり，カップの壁面にぶつかって跳ね返ってくるのが観察できる．液面の現象を取り扱うのは少し難しいので，ここでは数学的に類似した，より単純な現象を考えよう．

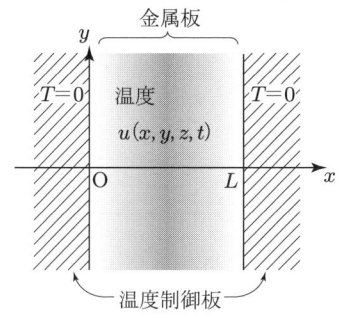

図 1.3 金属板の熱の拡散現象

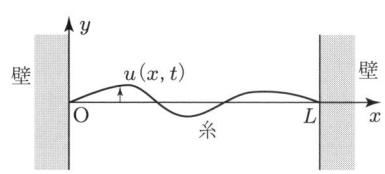

図 1.4 糸の上下振動の波動現象

　間隔 L の平行に向かい合った堅い壁に，ピンと張った軽い糸がある（このとき重力の影響は無視できるものとする）．このとき糸を手ではじくことを考えよう．（ここでバイオリンやピアノなど弦楽器の弦を考えてもよい．ただ，弦楽器の場合はここでは壁に相当する楽器本体も振動するのでその振動はかなり複雑になる．）

　非常に長い糸の一点を瞬間的にはじいてやると，糸の上下運動が糸にそって伝わってゆく．これは波の伝播の現象である．この現象をとらえるには，はじく前のピンと張った糸にそって x 軸をとり，それに垂直に y 軸，z 軸をとるような直角座標 O$-xyz$ を考えるとよい（図 1.4）．時刻 t での点 x の糸の部分のピンと張られていた位置からのずれを $u(x,t)$ とする．この波動現象は関数 $u(x,t)$ で完全にとらえることができる（1.4.4 項参照）． □

　（注）ここで，糸のずれが一平面上下方向に収まらないとき，u はベクトルとしたほうがよい．

例 1.3 〈電　場〉

　プラスチックの板（下敷きなど）を布（上着）でこすると，プラスチックは髪の毛などを引き付けるようになる．これは，プラスチックが電荷をもったために起こる現象である．同様な現象は，大気中でも空気と氷の粒どうしがこすれあうことにより起こり，大量の電荷が雲の中に蓄えられることになる．雷はそのような電荷の放電現象である．

　簡単のため，電荷をもった小さな粒を考えよう．これに同じく電荷をもった小さな粒を近づけると，たがいに反発したり引き合ったりする．これは粒子がたがいに直接反発したり引き合ったりしていると考えてもよいが，ひとつの粒子が「電場」をそのまわりに作り，他の粒子はその電場から力を受けていると考えることもできるだろう（図 1.5）．この「電場の強さ」は，単位電荷あたりの電荷が受ける力により定義される．

すなわち，ある電場中にその系に影響を与えないほど非常に小さい電荷 q をおいたとき，その電荷が $\boldsymbol{F}$ という力を受けたとすると，その点での電場の強さは $\boldsymbol{E} = \boldsymbol{F}/q$ で定義される．電場は任意の点 (x,y,z) の電場の強さ $\boldsymbol{E}(x,y,z)$ でとらえることができる．電場はベクトル場の例となっている（1.4.6 項参照）． □

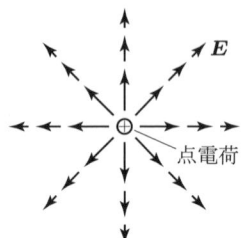

図 **1.5** 点電荷のまわりの電場

例 **1.4** 〈ケルビン-ヘルムホルツ不安定性〉

熱いコーヒーからのぼる湯気をみていると，それは空気の流れのないところでもまっすぐ上がることはなく，さまざまな形に変化しながらのぼってゆく．また，風が強く吹くと池の水面や海面には波が現れる．風に吹かれる旗は，どんなに一様な風であっても必ずはためく．洪水などのない古い川は大きく蛇行している．これらの現象は，すべて次に述べる共通の物理機構から起こる．

図 1.6 (a) のように，流れの向きが逆の二つの流れが接している場合を考える．このとき少しでも流れに縦方向のゆれがあると（すなわち，少しだけ蛇行していると），そのゆれは増幅されてその境界付近の流れは大きく蛇行してゆく（図 1.6 (b)）．最終的には図 1.6 (c) のような渦が形成されることになる．このような，流れの小さな蛇行がやがて大きな蛇行に増幅される現象を「**ケルビン-ヘルムホルツ不安定性**」(Kelvin-Helmholtz instability) とよんでいる．この現象は，液体や気体の速度 $\boldsymbol{v}$ を各時刻 t，各点 (x,y,z) においておさえることができればとらえられたことになる（1.4.7 項参照）．

ここで，次のような「インクの色」とでもよぶべき量を導入すると，この不安定性の特

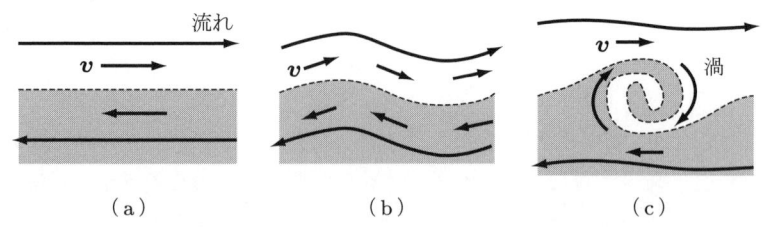

図 **1.6** 反対方向の流れが接するときに起こるケルビン-ヘルムホルツ不安定性

徴をとらえやすい．初期に上側の右方向への流れの液体に白色，下の左方向への流れに黒色のインクを混ぜて着色しておくとする（図 1.6 (a)）．初期にはその白黒インクの境界は直線に近いが，時間がたつにつれてその境界は波打つようになる（図 1.6 (b) 点線）．渦ができると，白黒の境界は渦の中心を中心としてぐるぐる巻きにされる（図 1.6 (c)）．最後には幾重にも巻き上げられて，白と黒の色の区別が付かなくなる．

これは，まさにクリームをコーヒーに入れたときに起こっていることで，スプーンでコーヒーを混ぜなくても自然と一様に混ざり合うのはこのためである．このようなインクの色を数値化して，これを物理量として用いることができる（1.4.2 項参照）．□

例 1.5 〈対　流〉

熱いコーヒーから湯気が立ちのぼるのは，コーヒーにより温められた空気の上昇にコーヒーから出た湯気（熱い水蒸気が冷えて小さな滴になったものが無数に集まったもの）が引きずられたためと考えられる．

もう少し単純化された現象として，密閉された部屋に電気ストーブが置かれた場合を考えよう．ストーブで暖められた空気は上昇し，そのかわり上部にあった空気は上昇してきた空気に押されて下降する．また，下降した空気はストーブで暖められて上昇する，といったことが繰り返される．

このような現象を「**対流**」(convection) とよぶが，これはどのようにとらえられるであろうか．

座標としてはストーブのおいてある床を xy 平面とするような直角座標 O–xyz をとり（図 1.7），空気の状態や運動を各時刻 t，各点 (x, y, z) でとらえることができればよいことになる．空気の状態は，その質量密度 ρ と温度 T によりとらえることができる．また，空気の運動状態は，その各点での速度 $\boldsymbol{v}$ をとらえればよいであろう．この対流現象は，関数 $\rho(x, y, z, t)$，$T(x, y, z, t)$，および，ベクトル場 $\boldsymbol{v}(x, y, z, t)$ でとらえることができる．

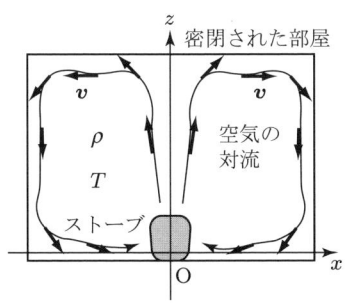

図 1.7　密閉された部屋でストーブをたいたときに起こる空気の対流

ここで温度 $T(x,y,z)$ のかわりに気体の圧力 $p(x,y,z)$ を用いても現象をとらえられることを示す．空気は，主に酸素分子と窒素分子からなる混合気体であるが，ここでは簡単のため，一種類の粒子（分子あるいは原子）からなる気体を考える．その粒子の個数を N，その気体の絶対温度[*1]を T，圧力を p，そしてその体積を V とすると，気体が十分希薄なとき，

$$pV = Nk_\mathrm{B}T$$

という関係式が近似的に成り立つ．ここで，k_B はボルツマン定数で $k_\mathrm{B} = 1.381 \times 10^{-23}$ J/K である．pV/T が N に比例するという法則を「**ボイル–シャルルの法則**」(Boyle-Charles law) といい，この法則に従う気体を「**理想気体**」(ideal gas) という．空気は常温 1 気圧のとき理想気体とみなせる．気体粒子の質量を m とすると，質量密度は $\rho = mN/V$ と書けるから，

$$p = \frac{k_\mathrm{B}}{m}\rho T \tag{1.1}$$

となることがわかる．ここで，m は気体の種類で決まる量である．空気のような混合気体では，平均的な値をとればよい．温度 T と圧力 p には式 (1.1) のような関係があるので，温度 T のかわりに圧力 p を用いて気体からなる系を表すことがある（1.4.8 項参照）． □

問 1.1 次にあげる現象は，大まかにいっていままで示した例の中でどの現象に近いか．また，その現象をとらえる物理量をあげよ．
(1) カップに熱いコーヒーを入れたとき，カップの側面には触れられないくらい熱くても，たいていその取っ手はそれほど熱くなくもつことができること
(2) 太鼓の膜の振動 (3) かげろう (4) 砂丘に現れる規則的な波形

答 (1) 拡散現象．コーヒーカップ全体の各点の温度．
(2) 波動現象．太鼓の膜の各点の静止位置からのずれ．
(3) 対流現象．ゆらゆらするのはケルビン–ヘルムホルツ不安定性などによる．空気の質量密度と速度．
(4) ケルビン–ヘルムホルツ不安定性．砂丘の砂の分布と空気の速度．

1.2 偏微分とさまざまな微分量および積分

1.1 節では，広がりをもつ現象を，独立変数が 2 個以上の関数やベクトル場によってとらえることができることをみた．ここでは，それらの関数やベクトル場の微分量および積分を定義する．

[*1] 絶対温度とは $-273\,°\mathrm{C}$ を 0 K とする温度の計り方で，その目盛り間隔は摂氏と同じである．

まず，基本となる「偏微分係数」（略して偏微分）について定義する．ここでは，2 変数関数 $f(x,y)$ を例にとって定義しよう．f の x 偏微分とは，極限

$$\lim_{\Delta x \to 0} \frac{f(x+\Delta x, y) - f(x,y)}{\Delta x}$$

が存在するとき，この極限値をいう．記号でこの極限値を，$\dfrac{\partial f}{\partial x}$ あるいは f_x などと書く．すなわち，

$$\frac{\partial f}{\partial x} \equiv \lim_{\Delta x \to 0} \frac{f(x+\Delta x, y) - f(x,y)}{\Delta x}$$

である[*2]．同様に y 偏微分は次式で定義される．

$$\frac{\partial f}{\partial y} \equiv \lim_{\Delta y \to 0} \frac{f(x, y+\Delta y) - f(x,y)}{\Delta y}$$

2 階偏微分は次のように定義される．

$$\frac{\partial^2 f}{\partial x^2} \equiv \frac{\partial}{\partial x}\left(\frac{\partial f}{\partial x}\right), \quad \frac{\partial^2 f}{\partial x \partial y} \equiv \frac{\partial}{\partial x}\left(\frac{\partial f}{\partial y}\right), \quad \frac{\partial^2 f}{\partial y^2} \equiv \frac{\partial}{\partial y}\left(\frac{\partial f}{\partial y}\right)$$

同様に，多数階偏微分についても同じように書くことにする．たとえば，4 階偏微分

$$\frac{\partial^4 f}{\partial x^2 \partial y^2} \equiv \frac{\partial^2}{\partial x^2}\left(\frac{\partial^2 f}{\partial y^2}\right)$$

などと書く．

■ 1.2.1 方向微分と勾配

次に，3 次元空間 (x,y,z) 内で定義された関数 $f(x,y,z)$ の微分量について二つ述べる．ここで，座標 (x,y,z) は直角座標であるとする．

関数 $f(x,y,z)$ が定義されている領域内において，任意の点 $\mathrm{P}(x,y,z)$ を通り，単位ベクトル $\boldsymbol{n}$ にそった直線 L がある．それにそって関数 f の値の変化を考える（図 1.8）．いま，$\boldsymbol{r}$ を点 $\mathrm{P}(x,y,z)$ の位置ベクトルとし，直線 L にそって単位ベクトル $\boldsymbol{n}$ の方向を正の方向とする座標 s を設定する（s の絶対値は点 $\mathrm{P}(x,y,z)$ からの距離であり，$s=0$ の点は点 $\mathrm{P}(x,y,z)$ に対応する）．すると，直線 L 上の f の値は s の関数として $f(\boldsymbol{r}+s\boldsymbol{n})$ と表される．$\boldsymbol{n}$ の成分を (n_x, n_y, n_z) と書くと，これは $f(x+sn_x, y+sn_y, z+sn_z)$

[*2] これは次のようにも書けることを確かめよ．

$$\frac{\partial f(x,y)}{\partial x} = \lim_{\Delta x \to 0} \frac{f(x,y) - f(x-\Delta x, y)}{\Delta x} = \lim_{\Delta x \to 0} \frac{f(x+\frac{\Delta x}{2}, y) - f(x-\frac{\Delta x}{2}, y)}{\Delta x}$$

ヒント：はじめの等式は $\Delta x \to -\Delta x$ とする．2 番目の等式は右辺の分子に $-f(x,y)+f(x,y) = 0$ を加え，$\Delta x/2 \to \Delta x$ として 1 番目の等式を用いる．

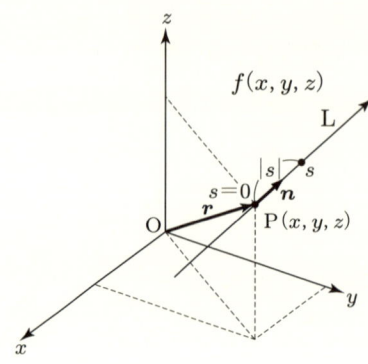

図 1.8 関数の方向微分の導出

と書くことができる.よって,直線 L にそっての $f(x+sn_x, y+sn_y, z+sn_z)$ の変化率は,

$$\frac{df}{ds} = \frac{\partial f}{\partial x}n_x + \frac{\partial f}{\partial y}n_y + \frac{\partial f}{\partial z}n_z$$

と表すことができる（合成関数の微分の公式を用いた）.この微分量 $\frac{df}{ds}$ を f の「n 方向微分」（あるいは単に方向微分）という.ここで新しくベクトル

$$\operatorname{grad} f \equiv \left(\frac{\partial f}{\partial x}, \frac{\partial f}{\partial y}, \frac{\partial f}{\partial z}\right)$$

を定義すると,f の方向微分は

$$\frac{df}{ds} = (\operatorname{grad} f) \cdot \boldsymbol{n}$$

と書けることがわかる.ここで,$|(\operatorname{grad} f) \cdot \boldsymbol{n}| \leq |\operatorname{grad} f|$ で等式が成り立つのは $\boldsymbol{n}$ が $\operatorname{grad} f$ と平行（あるいは反平行）であるときにかぎられるので,$\operatorname{grad} f$ は f の変化が最も大きい方向微分の方向を向き,その大きさは方向微分の最大値であることがわかる.すなわち,$\operatorname{grad} f$ は f の変化の勾配を表す微分量と考えることができるので,これを「**勾配**」(gradient) とよぶ.

この勾配と方向微分の関係は,山を登るとき直登する登山者が感じる傾きと,山道沿いに斜めに歩く登山者の感じる傾きの関係で理解できる（図 1.9）.勾配は直登する

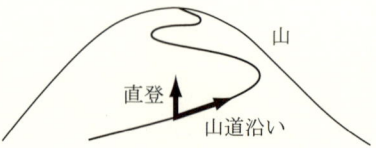

図 1.9 登山道の傾きと山の斜面の勾配

登山者の感じる傾きであり，方向微分は山道を歩く登山者の感じる傾きである．

例題 1.1 xy 平面（水平面）上に高度
$$h(x,y) = \begin{cases} 1 - x^2 - y^2 & (\sqrt{x^2+y^2} < 1) \\ 0 & (\sqrt{x^2+y^2} \geq 1) \end{cases}$$
で表される山がある．山の各点 (x,y) での勾配 $(\mathrm{grad}\, h)$ を求めよ．

【解】 $\sqrt{x^2+y^2} < 1$ のときは，$\mathrm{grad}\, h = \left(\dfrac{\partial h}{\partial x}, \dfrac{\partial h}{\partial y} \right) = (-2x, -2y) = -2(x,y)$

すなわち勾配はつねに原点（山の頂上）を向いている．
$\sqrt{x^2+y^2} \geq 1$ のときは，$\mathrm{grad}\, h = \mathbf{0}$．勾配はない．

問 1.2 次のスカラー場 $\phi(x,y,z)$ の勾配を求めよ．
(1) $\phi = x + y + z$，(2) $\phi = xyz$，(3) $\phi = x^2 + y^2 + z^2$，
(4) $\phi = 3x^2 y - y^3 z$，(5) $\phi = (x^2+y^2+z^2)^{-1/2}$

答 (1) $\mathrm{grad}\,\phi = (1,1,1)$，(2) $\mathrm{grad}\,\phi = (yz, zx, xy)$，
(3) $\mathrm{grad}\,\phi = (2x, 2y, 2z)$，(4) $\mathrm{grad}\,\phi = (6xy, 3(x^2-y^2 z), -y^3)$，
(5) $\mathrm{grad}\,\phi = -(x,y,z)/(x^2+y^2+z^2)^{3/2}$

1.2.2 発　　散

3 次元直角座標 O–xyz でベクトル場 $\boldsymbol{v}(x,y,z)$ を考えよう．ここで，ベクトル場 $\boldsymbol{v}$ は何でもよいが，たとえば水などの液体の速度を考えてみよう．

いま，各辺を x, y, z 軸と平行で，点 P(x,y,z) を中心とする非常に小さな直方体を考える（図 1.10）．直方体の辺の長さをそれぞれ $\Delta x, \Delta y, \Delta z$ としよう．点 P(x,y,z) をその直方体の中心としているので，直方体の八つの頂点の座標は $\left(x \pm \dfrac{\Delta x}{2}, y \pm \dfrac{\Delta y}{2}, z \pm \dfrac{\Delta z}{2} \right)$ である．この直方体から単位時間あたりに出て行く液体の量を計算してみる．

ここで，直方体の大きさは，ベクトル場 $\boldsymbol{v}$ の変化に比べて十分小さいとする．すると，平面 ABCD から入ってくる液体の単位時間あたりの体積は，

$$v_x \left(x - \frac{\Delta x}{2}, y, z \right) \Delta y \Delta z$$

と見積もられる．よって，逆に出てゆく量は

$$-v_x \left(x - \frac{\Delta x}{2}, y, z \right) \Delta y \Delta z$$

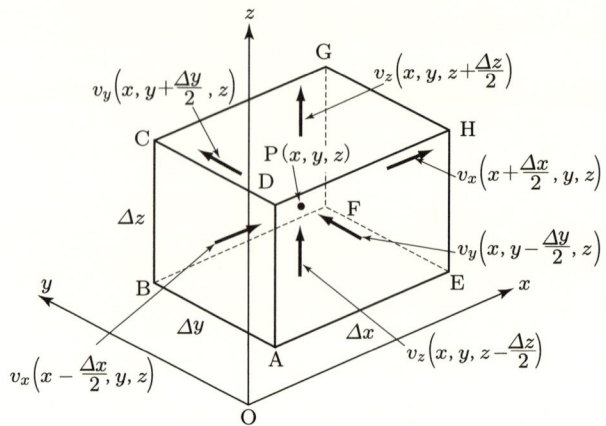

図 1.10 ベクトル場の発散の導出

である．また，その対面の平面 EFGH から出てゆく液体の単位時間あたりの体積は

$$v_x\left(x+\frac{\Delta x}{2}, y, z\right)\Delta y\Delta z$$

である．同様に直方体の他の面 ADHE, BCGF, ABFE, DCGH を通って出てゆく流体の単位時間あたりの体積を評価し，すべてを足し合わせると

$$\begin{aligned}\Delta Q = & \left[v_x\left(x+\frac{\Delta x}{2}, y, z\right) - v_x\left(x-\frac{\Delta x}{2}, y, z\right)\right]\Delta y\Delta z \\ & + \left[v_y\left(x, y+\frac{\Delta y}{2}, z\right) - v_y\left(x, y-\frac{\Delta y}{2}, z\right)\right]\Delta z\Delta x \\ & + \left[v_z\left(x, y, z+\frac{\Delta z}{2}\right) - v_z\left(x, y, z-\frac{\Delta z}{2}\right)\right]\Delta x\Delta y\end{aligned}$$

となる．よって，単位体積あたり単位時間あたりの点 $P(x, y, z)$ 付近から湧き出す液体の量（体積）は，上式を $\Delta x\Delta y\Delta z$ で割って

$$\begin{aligned}\frac{\Delta Q}{\Delta x\Delta y\Delta z} = & \frac{1}{\Delta x}\left[v_x\left(x+\frac{\Delta x}{2}, y, z\right) - v_x\left(x-\frac{\Delta x}{2}, y, z\right)\right] \\ & + \frac{1}{\Delta y}\left[v_y\left(x, y+\frac{\Delta y}{2}, z\right) - v_y\left(x, y-\frac{\Delta y}{2}, z\right)\right] \\ & + \frac{1}{\Delta z}\left[v_z\left(x, y, z+\frac{\Delta z}{2}\right) - v_z\left(x, y, z-\frac{\Delta z}{2}\right)\right]\end{aligned}$$

で与えられることになる．さらに，十分直方体が小さいとして Δx, Δy, $\Delta z \to 0$ の

極限をとるとこれは

$$\lim_{\Delta x, \Delta y, \Delta z \to 0} \frac{\Delta Q}{\Delta x \Delta y \Delta z} = \frac{\partial v_x}{\partial x} + \frac{\partial v_y}{\partial y} + \frac{\partial v_z}{\partial z}$$

と書ける．すなわち，点 $P(x, y, z)$ 付近から湧き出す流体の体積は単位体積あたり・単位時間あたり $\frac{\partial v_x}{\partial x} + \frac{\partial v_y}{\partial y} + \frac{\partial v_z}{\partial z}$ で与えることができる．これをベクトル場 $\boldsymbol{v}$ の「発散」(divergence) とよび，div $\boldsymbol{v}$ と書く．

$$\mathrm{div}\,\boldsymbol{v} \equiv \frac{\partial v_x}{\partial x} + \frac{\partial v_y}{\partial y} + \frac{\partial v_z}{\partial z}$$

ここで，ベクトル微分演算子 $\nabla \equiv \left(\frac{\partial}{\partial x}, \frac{\partial}{\partial y}, \frac{\partial}{\partial z} \right)$ を定義すると

$$\mathrm{grad}\,f = \left(\frac{\partial f}{\partial x}, \frac{\partial f}{\partial y}, \frac{\partial f}{\partial z} \right) = \nabla f$$

$$\mathrm{div}\,\boldsymbol{v} = \frac{\partial v_x}{\partial x} + \frac{\partial v_y}{\partial y} + \frac{\partial v_z}{\partial z} = \nabla \cdot \boldsymbol{v}$$

と書けることがわかる．ここで，∇ は「**ナブラ**」(nabla) とよぶ．また，2 階微分量にあたる次の量も実用上重要である．

$$\mathrm{div}(\mathrm{grad}\,f) = \nabla \cdot (\nabla f) \equiv \nabla^2 f$$

ここで，∇^2 はしばしば Δ（**ラプラシアン**; Laplacian）と書かれる．

$$\Delta \equiv \nabla^2 = \frac{\partial^2}{\partial x^2} + \frac{\partial^2}{\partial y^2} + \frac{\partial^2}{\partial z^2}$$

例題 1.2 次のベクトル場の発散を求めよ．
(1) $\boldsymbol{v} = (x, y)$
(2) $\boldsymbol{E} = \dfrac{(x, y, z)}{\sqrt{x^2 + y^2 + z^2}^3}$

【解】(1) $\nabla \cdot \boldsymbol{v} = 2$．ベクトル場 $\boldsymbol{v}$ は xy 平面においてその原点を中心として一様に膨張するものの速度場に対応する（図 1.11 参照）．

(2) 原点以外で，$\nabla \cdot \boldsymbol{E} = 0$．ベクトル場 $\boldsymbol{E}$ は原点に正電荷をもった点電荷の作る電場の強さに相当する（図 1.5 参照）．

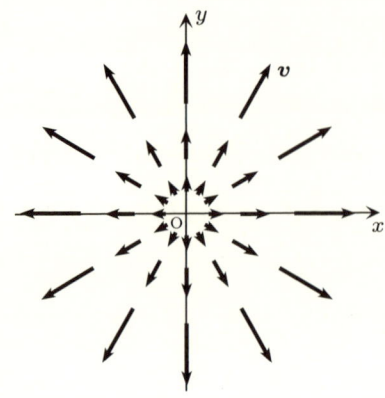

図 1.11　ベクトル場 $\boldsymbol{v} = (x, y)$

問 1.3　次の計算をせよ．また，計算結果を直観的に理解せよ．

(1) $\mathrm{div}(x, y, z)$,　(2) $\mathrm{div}(-y, x, 0)$,

(3) $\Delta\left(\dfrac{1}{\sqrt{x^2+y^2+z^2}}\right)$, ただし，$x^2 + y^2 + z^2 \neq 0$

答　(1) $\mathrm{div}(x, y, z) = 3$,　(2) $\mathrm{div}(-y, x, 0) = 0$,

(3) $\Delta(1/\sqrt{x^2 + y^2 + z^2}) = 0$

1.2.3　体積積分と面積分

ここでは，体積積分と面積分をてみじかに説明する．

(1) 体積積分

3次元空間に体積 V があり，その中および表面を定義域とする関数 $f(\boldsymbol{r})$ を考える．ここで，$\boldsymbol{r}$ はその3次元空間での位置ベクトルである．「**体積積分**」(volume integral) は次のように定義される．

体積 V をこまかく N 個に分割する．分割したそれぞれの小さな体積を $\Delta V_1, \Delta V_2, \ldots, \Delta V_i, \ldots, \Delta V_N$ とする（図 1.12）．また，小さな体積 ΔV_i $(i = 1, 2, \ldots, N)$ 内部の任意の点の位置ベクトルを $\boldsymbol{r}_i$ とする．分割のこまかさとして，$\Delta V_1, \Delta V_2, \ldots, \Delta V_N$ の最大体積 $\Delta V_{\max}$ をとって表すことにする．すなわち，分割を無限にこまかくするということは $\Delta V_{\max}$ を小さくしてゼロに近づけることであり，当然このとき N は無限に大きくなる．ここで，次のような分割のしかたや小さな体積の内部の点のとり方 Δ により決まる和を考える．

$$S_\Delta = \sum_{i=1}^{N} f(\boldsymbol{r}_i)\, \Delta V_i$$

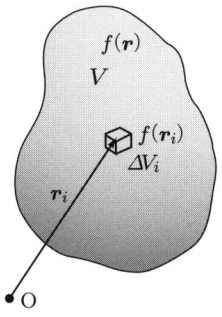

図 **1.12** 体積 V の分割と体積積分

分割のこまかさを無限に小さくすると $(\Delta V_{\max} \to 0)$，その分割や小さな体積の内部の点のとり方 Δ によらず一定の値 I に近づくとき，この値 I を関数 f の体積 V における体積積分といい，

$$I = \int_V f(\boldsymbol{r})\,dV \quad \text{または} \quad I = \int_V f(\boldsymbol{r})\,d^3\boldsymbol{r}$$

と書く．

例 1.6 〈質量密度と質量〉

体積 V での質量密度が $\rho(\boldsymbol{r})$ で与えられている場合，体積 V の含む物質の質量 M を求める．まず，体積 V をこまかく N 個に分割し，分割したそれぞれの小さな体積を $\Delta V_1, \Delta V_2, \ldots, \Delta V_i, \ldots, \Delta V_N$ とする．また，小さな体積 ΔV_i $(i = 1, 2, \ldots, N)$ の内部にある点の位置ベクトルを $\boldsymbol{r}_i$ とする．それぞれの小さな体積は，十分に小さければその中では密度は一様と考えることができるので，体積 ΔV_i $(i = 1, 2, \ldots, N)$ の質量は $\rho(\boldsymbol{r}_i)\Delta V_i$ で近似的に与えられる．分割を無限にこまかくしたときの小さな体積 $\Delta V_1, \Delta V_2, \ldots, \Delta V_N$ の質量の総和

$$\sum_{i=1}^{N} \rho(\boldsymbol{r}_i)\Delta V_i$$

の極限 $\int_V \rho(\boldsymbol{r})\,dV$ が質量 M を与える．すなわち，質量 M は

$$M = \int_V \rho(\boldsymbol{r})\,dV$$

で与えられる． □

(2) 面積分

次に,「**面積分**」(surface integral) の定義について述べる. 面 S (閉曲面[*3]である必要はない) 上に関数 $f(\boldsymbol{r})$ が定義されているとする. 面 S をこまかく N 枚に分割し, 分割した小さな面を $\Delta S_1, \Delta S_2, \ldots, \Delta S_i, \ldots, \Delta S_N$ とする (図 1.13). その面 ΔS_i ($i = 1, 2, \ldots, N$) 上の任意の点の位置ベクトルを $\boldsymbol{r}_i$ とする. 分割のこまかさは, 小さな面積 $\Delta S_1, \Delta S_2, \ldots, \Delta S_N$ の最大値 $\Delta S_{\max}$ で表すことができる. 分割を無限にこまかくするということは $\Delta S_{\max}$ をゼロに近づけることであり, 当然, 分割数 N も無限大に近づく. ここで, 分割と各小さな面上の点のとり方 Δ で決まる和

$$S_\Delta = \sum_{i=1}^{N} f(\boldsymbol{r}_i) \Delta S_i$$

を考える. 分割のこまかさを無限に小さくすると ($\Delta S_{\max} \to 0$), その分割や小さな面上の点のとり方にかかわらず一定の値 I に近づくとき, その極限 I を関数 $f(\boldsymbol{r})$ の面 S での面積分といい,

$$I = \int_S f(\boldsymbol{r}) \, dS$$

と書く. S が閉曲面のときは

$$I = \oint_S f(\boldsymbol{r}) \, dS$$

と書く.

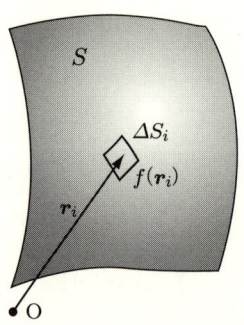

図 **1.13** 面 S の分割と面積分

[*3] 閉曲面とは, その面を境に内側と外側にわかれるような面のことである.

例 1.7 〈面を横切る液体の流量〉

速度場 $v(r)$ の液体を考える．その液体が任意の面 S を通過してゆく単位時間あたりの体積（流量）Q を求める．ここで，面 S 上の任意の点で S に垂直な単位ベクトルを n とする．このとき，面に表裏を決めておき，n の方向は裏から表の方向にする．面 S をこまかく分割し，分割してできた小さな面のひとつを ΔS_i，その小さな面上の任意の点を r_i とする（図 1.14）．ΔS_i は十分小さいので，その面を通過する流体の速度は一様で近似的に $v(r_i)$ とする．時間 Δt 内に面 ΔS_i を通過する流体の体積は，図 1.14 に示すような平行六面体になるので，

$$|v(r_i)\Delta t|\cos\theta_i \Delta S_i = (v(r_i)\Delta t)\cdot n(r_i)\Delta S_i$$

で与えられる．ここで，θ_i は $n(r_i)$ と $v(r_i)$ のなす角である．単位時間あたりに ΔS_i を横切る（通過する）流体の体積 ΔQ_i は，

$$\Delta Q_i = v(r_i)\cdot n(r_i)\Delta S_i$$

である．よって，分割を無限にこまかくしたときの面 $\Delta S_1, \Delta S_2, \ldots$ を通る単位時間あたりの流体の体積

$$\sum_i \Delta Q_i = \sum_i v(r_i)\cdot n(r_i)\Delta S_i$$

の極限が流量 Q を与える．すなわち面 S を裏から表に横切る流体の単位時間あたりの体積 Q は

$$Q = \int_S v\cdot n\, dS \tag{1.2}$$

で与えられる． □

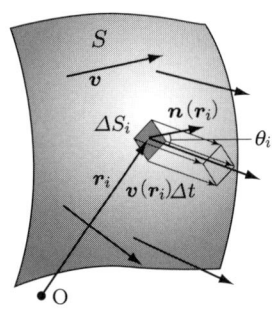

図 1.14 面 S を通って流れる流体の体積

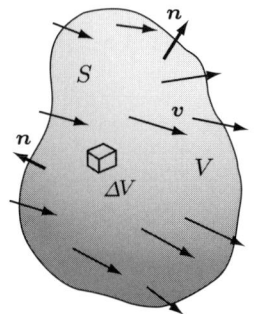

図 1.15 体積 V，表面積 S の領域からの液体の湧き出し

(3) 発散定理

速度場 $\boldsymbol{v}(\boldsymbol{r})$ で与えられる流体中に，表面を S とする体積 V がある場合を考える（図 1.15）．表面 S からの単位時間あたりの湧き出しは，表面 S の面に外向きの垂直な単位ベクトルを $\boldsymbol{n}$ とすると式 (1.2) より，$\oint_S \boldsymbol{v} \cdot \boldsymbol{n} \, dS$ である．一方，これは V 内の体積要素 ΔV から湧き出した液体の単位時間あたりの体積 $(\operatorname{div} \boldsymbol{v}) \Delta V$ の総和であるので，

$$\oint_S \boldsymbol{v} \cdot \boldsymbol{n} \, dS = \int_V \operatorname{div} \boldsymbol{v} \, dV \tag{1.3}$$

という式が成り立つ．これは「**発散定理**」(divergence theorem) あるいは「**ガウスの発散定理**」(Gauss theorem) とよばれている．ベクトル解析で最も重要な定理のひとつである（詳しい証明などはベクトル解析の本を参照）．

1.3　偏微分方程式

これまで，さまざまな偏微分と，それに関係する微分量をみてきた．未知の関数（そのような関数を「未知関数」という）の偏微分が含まれる方程式を「**偏微分方程式**」(partial differential equation) とよぶ．多くの場合未知関数の最高偏微分階数でその方程式の特徴が決まるので，その偏微分の階数をその偏微分方程式の「**階数**」とよんでいる．

例 1.8　〈方程式の階数〉

$$\frac{\partial f}{\partial x} + \frac{\partial f}{\partial y} = 0$$

というのは，未知関数 $f(x, y)$ についての偏微分方程式で，その階数は 1 である．

また，f を未知関数とする微分方程式

$$\frac{\partial^2 f}{\partial t^2} = \frac{\partial^2 f}{\partial x^2}$$

の階数は 2 である． □

問 1.4　次の偏微分方程式の階数を答えよ．ここで，未知関数を $f(x, y)$ とする．

(1) $\dfrac{\partial^2 f}{\partial x^2} + \dfrac{\partial^2 f}{\partial y^2} = 1$

(2) $\dfrac{\partial^2 f}{\partial x \partial y} + f \dfrac{\partial f}{\partial x} - f \dfrac{\partial f}{\partial y} = x$

(3) $\dfrac{\partial^4 f}{\partial x^4} + 4 \dfrac{\partial^5 f}{\partial x^2 \partial y^3} + \dfrac{\partial^3 f}{\partial y^3} = y^2$

答 (1) 2 階, (2) 2 階, (3) 5 階.

■ 1.3.1　支配方程式

　ある系のいくつかの物理量の間において，系の状態によらず広い範囲で成り立つ数学的関係 ―方程式で表される― をその系の「**物理法則**」または単に「**法則**」という．系はその法則を満たしながらしか変化できないので，その系はその法則に「支配されている」といえる．そのような法則を表す方程式を，その系に対する「**支配方程式**」という．たがいに同値ではない支配方程式の個数と，それに登場する物理量の個数が等しいとき，その方程式は「**閉じている**」という．

　現象のスケールが異なっていても，閉じている支配方程式の数学的構造が同じであれば，類似した現象とみなすことがある．これは，寺田寅彦が，茶碗の湯のまわりやその中で起こる現象と大気の現象に類似するところがある，といったことにあたる．

　では，茶碗の湯や大気の動きのような広がりをもった現象の法則をとらえる方程式とは，どのようなものであろうか．このように空間的時間的に広がりをもつ現象をとらえる方程式は本書でこれから述べる「偏微分方程式」によってのみ一般的に記述できるものである．実際，天気予報はそれを用いて明日の天気予報を行っている．工学・物理学で扱われる系をとらえるのに偏微分方程式は非常に重要な道具立てであり，その基礎として必要不可欠な数学となっている．

　偏微分方程式は，これまでの工学・物理学の問題を適切にとらえることに成功してきたが，これはどういう理由によるのであろうか．また，その限界はあるのだろうか．偏微分方程式について詳しい議論に入る前に，少しこれらの点について明らかにしておく．

■ 1.3.2　微視的単純化（微視的単純性）の仮定

　扱う現象が単純な場合，たとえば物理量がいたるところで一様であったり，勾配が一定である場合，現象を支配する方程式は四則演算で書けることが多い．問題は，一般に系の物理量はそのような単純な場合にはなっていないということである．しかし，非常に複雑にみえる分布でも，局所的・微視的にみると単純な場合に近くなり，単純な場合と同じ扱いをしてもよくなることがある．

　たとえば，クリームを入れたときのコーヒーの温度分布は非常に複雑である．しかし，コーヒーのどの点でも，十分せまい領域をとれば温度分布は一様かあるいはその勾配が一様とみなすことができる（図 1.16）．

　このように，現象や物などを十分小さく微視的にみると複雑なものも単純化されることを，「**微視的単純化の仮定**」（微視的単純性）とよぶ．微視的単純化が許される現

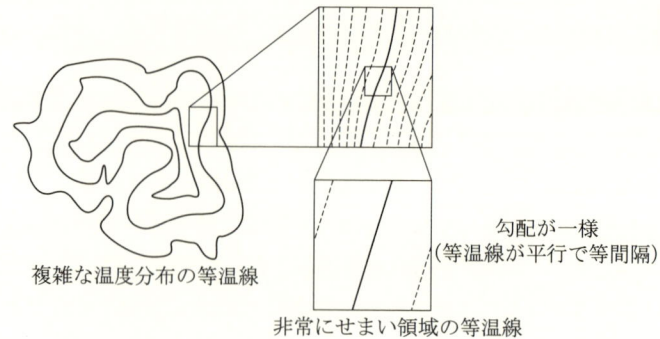

図 1.16 複雑な温度分布と微視的単純化．ここで，細い点線の等温線間の値の差は実線の等温線間の差よりずっと小さくなっており，非常にせまい領域での温度差は非常に小さくなっている．しかも，そのせまい領域ではどの点の勾配も同じとみなせる．

象においては，非常に小さな領域について考えれば単純な場合として現象を扱ってもよいことになる．すなわち，法則は四則演算で書けることになる．

微分量はそのような微小領域で計った量を表しているので，現象は微分量の四則演算のみの式，すなわち偏微分方程式でとらえられることになる．この仮定のもとに微分方程式を用いて，これまで物理学・工学は大きく進歩してきた．

しかし，自然界では必ずしもこの微視的単純化が仮定できないことがあることも心にとどめておく必要がある．たとえば，ゴツゴツした石を虫メガネで拡大してみてもその表面は平らではなく，凸凹にみえることがある．

微視的単純化が仮定できない対象は大まかに分けると二つある．ひとつは拡大してもまた元と同じような複雑な構造が現れるもので，「**フラクタル**」(fractal) 構造とよばれている．それに対して，拡大すると全く異なる構造が次々と現れる対象もある．こちらのほうは自然界の「**階層性**」(hierarchy) とよばれている．

これらの対象は次世代（21世紀）の科学の中心課題となるであろう話題である．しかし，ここでは，まず自然界を取り扱う方法の基礎となる，微視的単純化の仮定にもとづいた偏微分方程式による自然のとらえ方について学ぶ．

1.4 さまざまな現象の偏微分方程式

ここで具体的な現象についての偏微分方程式を導出する．1.1 節で広がりをもつ現象の例としてあげた熱拡散現象，波動現象をとりあげる前にさまざまな現象で広く現れる一般的な二つの方程式からはじめる．

1.4.1 保存方程式

液体や気体などの流動する物体（流体）について考えてみよう．点 (x, y, z)，時刻 t で流体要素の速度を $\boldsymbol{v}(x, y, z, t)$ とし，質量密度を $\rho(x, y, z, t)$ とする．質量などのように途中で生まれたり消えたりすることのない物理量はどのような方程式で表されるのであろうか．任意の体積 V を考えたとき，その体積内の質量の時間変化は，その体積 V の表面 S から出入りした質量で決まるはずなので

$$\frac{d}{dt}\int_V \rho\, dV = -\oint_S \rho \boldsymbol{v} \cdot \boldsymbol{n}\, dS \tag{1.4}$$

が成り立つ (式 (1.2) 参照)．ここで，$\boldsymbol{n}$ は体積 V の表面 S に外向き垂直な単位ベクトルである（図 1.17）．発散定理 (1.3) より

$$\oint_S \rho \boldsymbol{v} \cdot \boldsymbol{n}\, dS = \int_V \mathrm{div}(\rho \boldsymbol{v})\, dV$$

とできるので，式 (1.4) より

$$\int_V \left(\frac{\partial \rho}{\partial t} + \mathrm{div}(\rho \boldsymbol{v})\right) dV = 0$$

これが任意の体積 V に対して成り立つには

$$\frac{\partial \rho}{\partial t} + \mathrm{div}(\rho \boldsymbol{v}) = 0$$

あるいは

$$\frac{\partial \rho}{\partial t} + \nabla \cdot (\rho \boldsymbol{v}) = 0 \tag{1.5}$$

でなくてはならない．この方程式は流体の質量保存を表す方程式である．一般に物理量 u に対してベクトル場 $\boldsymbol{J}$ があって

$$\frac{\partial u}{\partial t} = -\nabla \cdot \boldsymbol{J} \tag{1.6}$$

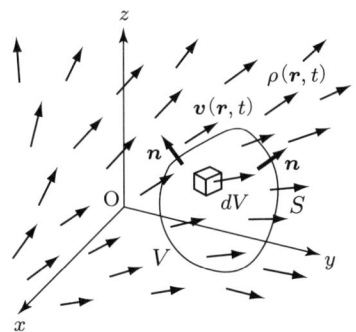

図 1.17　流れのベクトル場 $\boldsymbol{v}(\boldsymbol{r}, t)$

と書けるとき，この偏微分方程式を「保存方程式」(conservation equation) とよんでいる．一般に $\boldsymbol{J}$ は物理量 u の「流束密度」(flux density) とよばれる[*4]．十分大きな領域 V を考えてその境界では $\boldsymbol{J} = \boldsymbol{0}$ となる場合を考えると発散定理 (1.3) より

$$\frac{d}{dt}\int_V u\,dV = \int_V \frac{\partial u}{\partial t}\,dV = -\int_V \nabla\cdot\boldsymbol{J}\,dV = -\oint_S \boldsymbol{J}\cdot\boldsymbol{n}\,dS = 0 \qquad (1.7)$$

となるので $\int_V u\,dV$ は時間的に一定となり「保存量」であることがわかる．上の例では $M = \int_V \rho\,dV$ は質量であり，$\boldsymbol{J} = \rho\boldsymbol{v}$ である．

このようにある量が一定という法則を「保存則」といい，現象を理解するうえで要(かなめ)となることが多い．ただ，この方程式だけでは方程式の数よりも未知関数の個数のほうが多いので閉じた方程式系[*5]にならず現象を決定するだけのものとはなっていない．

■ 1.4.2 移流方程式

1.1 節の例 1.4 のケルビン–ヘルムホルツ不安定性のところで白と黒のインクを液体に混ぜるとその色の移動で流れの様子をとらえられることを述べた．また同様に，コーヒーにクリームを入れたときや色のついたインクを水の中に落としたとき，コーヒーや水の運動につれてクリームや色インクも動く．インクの濃さは変わるかもしれないが色はインクの混ざった水に乗って動きその色は変わらない（図 1.18）．

インクの色のように変化しないで液体につれて運動するものを数値化して物理量とすることを考える．このような物理量 s の方程式を求めてみよう．ひとつの流体要素に注目し，その軌跡を $x = x(t),\ y = y(t),\ z = z(t)$ とする．ここで，$s(x(t), y(t), z(t), t)$ は時間によらず一定であるはずなので，

$$\frac{ds(x(t),y(t),z(t),t)}{dt} = \frac{\partial s}{\partial t} + \frac{dx(t)}{dt}\frac{\partial s}{\partial x} + \frac{dy(t)}{dt}\frac{\partial s}{\partial y} + \frac{dz(t)}{dt}\frac{\partial s}{\partial z} = 0$$

図 **1.18** コップの中の水とインクの動き

[*4] 物理量 u がベクトルのとき $\boldsymbol{J}$ は 3×3 のテンソルとなる．
[*5] 閉じた方程式系：すでに述べたが未知関数の個数とたがいに同値ではない方程式の個数が等しいとき，その連立方程式を「閉じた方程式系」という．

ここで，$\dfrac{dx}{dt} = v_x(x,y,z)$, $\dfrac{dy}{dt} = v_y(x,y,z)$, $\dfrac{dz}{dt} = v_z(x,y,z)$ なので

$$\frac{ds}{dt} = \frac{\partial s}{\partial t} + v_x \frac{\partial s}{\partial x} + v_y \frac{\partial s}{\partial y} + v_z \frac{\partial s}{\partial z} = 0 \tag{1.8}$$

とできる．この方程式を「**移流方程式**」(advection equation) という．この方程式は ∇ を用いて

$$\frac{ds}{dt} = \frac{\partial s}{\partial t} + (\boldsymbol{v} \cdot \nabla)s = 0 \tag{1.9}$$

と書ける．この方程式は 1 階偏微分方程式である．この場合，液体の運動がベクトル場 $\boldsymbol{v}(x,y,z,t)$ で与えられているならば，方程式の数と未知数の数がどちらもひとつであるので閉じた方程式となり，「インクの色」の時間変化を決定することができる．

一般に，流体要素に乗ってみたときのその流体要素上での物理量 u の時間変化は

$$\frac{du}{dt} = \frac{\partial u}{\partial t} + (\boldsymbol{v} \cdot \nabla)u$$

で与えられる．ここで

$$\frac{d}{dt} = \frac{\partial}{\partial t} + \boldsymbol{v} \cdot \nabla \tag{1.10}$$

と書けるが，これは流体要素に乗ってみたときの物理量の時間変化を与える微分であり，「**対流微分**」(convective derivative) という．

問 1.5 方程式 $\dfrac{\partial u}{\partial t} + \dfrac{\partial u}{\partial x} = 0$ は移流方程式とみなせるが，どういった系の方程式か．

答 たとえば，x 軸正方向に速度 1 で進む水に混ぜられたインクの色の時間変化を表す移流方程式．

1.4.3 拡散方程式

ここでは，1.1 節の例 1.1 としてとりあげた熱拡散を支配する偏微分方程式を導いてみよう．

まず，熱エネルギーの保存を表す偏微分方程式を導く．例 1.1 の金属板の時刻 t，位置 (x,y,z) での温度を，$u(x,y,z,t)$ と書く．金属板の比熱（単位質量あたり・単位温度あたりに蓄える熱エネルギー）を c，質量密度を ρ とすると，時刻 t，位置 (x,y,z) での単位体積あたりの熱エネルギーの温度 0 からの増分は，$c\rho u(x,y,z,t)$ と表される．また，$\boldsymbol{f}(x,y,z,t)$ を時刻 t，位置 (x,y,z) での「熱流束密度」，すなわち熱エネルギーが流れる方向を向き，その大きさがその流れに垂直な面を単位面積あたり・単位時間あたりに横切る熱エネルギーの量であるようなベクトル量とすると，熱エネル

ギーの保存則は保存方程式 (1.6) より，次のように書ける[*6]．

$$\frac{\partial}{\partial t}(c\rho u) = -\nabla \cdot \boldsymbol{f} = -\frac{\partial f_x}{\partial x} - \frac{\partial f_y}{\partial y} - \frac{\partial f_z}{\partial z} \tag{1.11}$$

ここで，$\boldsymbol{f} = (f_x, f_y, f_z)$ とした．この方程式だけでは現象を決定するだけのものとはならない（というのは未知関数が 4 つもあるから）．

次に，熱エネルギーの流れを決める経験則を仮定する．熱エネルギーは，当然ながら温度の高いほうから低いほうに流れる．すなわち，u の勾配と反平行の方向に流れるはずである．また，勾配が大きければ大きいほど，熱エネルギーの流れは大きくなるであろうから，$|\boldsymbol{f}|$ は $|\nabla u|$ に比例していると仮定してもよいであろう．式で表すと

$$\boldsymbol{f} = -k\nabla u \tag{1.12}$$

となる．k は比例係数で，「**熱伝導度**」(heat conduction) とよばれている．この式は，熱エネルギーの流れに関する経験則で「**フーリエの法則**」(Fourier's law) とよばれており，かなり一般的に成り立つ．

ここで，熱エネルギーの保存則 (1.11) とフーリエの法則 (1.12) を組み合わせると

$$\frac{\partial}{\partial t}(c\rho u) = \nabla \cdot (k\nabla u) \tag{1.13}$$

を得る．ここで，$c\rho$ が時刻 t に依存しないとすると

$$\frac{\partial u}{\partial t} = \frac{1}{c\rho} \nabla \cdot (k\nabla u) \tag{1.14}$$

を得る．さらに，k が一様とすると

$$\frac{\partial u}{\partial t} = \frac{k}{c\rho} \nabla^2 u \tag{1.15}$$

となる．$D = k/(c\rho)$ として成分で書くと

$$\frac{\partial u}{\partial t} = D\left(\frac{\partial^2 u}{\partial x^2} + \frac{\partial^2 u}{\partial y^2} + \frac{\partial^2 u}{\partial z^2}\right) \tag{1.16}$$

という 2 階の偏微分方程式を得る．この方程式は拡散を十分にとらえる閉じた偏微分方程式で，「**拡散方程式**」(diffusion equation) とよばれている．$D = k/(c\rho)$ は「**拡散係数**」(diffusion coefficient) とよばれている．

[*6] この節の議論ではベクトルが多用されている．ベクトルの取り扱いに不慣れな読者は，y, z 方向に一様な場を考えて x 方向のみの成分を考え，$\nabla \to \partial/\partial x$ と置き直して読むとよい．

さらに，金属に電流などが流れていて内部に熱源がある場合は，その熱源の単位体積あたり・単位時間あたりに放出する熱エネルギーを $s(x,y,z,t)$ とすると，エネルギー保存則 (1.11) が

$$\frac{\partial}{\partial t}(c\rho u) = -\nabla \cdot \boldsymbol{f} + s \tag{1.17}$$

となることから，これに対する拡散方程式は

$$\frac{\partial u}{\partial t} = D\nabla^2 u + \frac{s}{c\rho} \tag{1.18}$$

となることがわかる．

問 1.6 y, z 方向に未知関数 u が一様な場合の拡散方程式を書け．また，拡散係数の単位を MKS 単位系を用いて書け．

答 $\dfrac{\partial u}{\partial t} = D\dfrac{\partial^2 u}{\partial x^2}$，拡散係数の単位は $\mathrm{m^2/s}$

1.4.4 波動方程式

1.1 節の例 1.2 としてあげた，平行な壁にピンと張ったひもの振動についての方程式を導く．ひもの質量線密度（単位長さあたりの質量）を λ，張力を T とする．また，ひものもとの位置からのずれは，上下 y 方向にかぎりそのずれを $u(x,t)$ とする．ひもの座標 x を中心とする，長さ Δx の微小要素 $x - \frac{\Delta x}{2} \sim x + \frac{\Delta x}{2}$ にかかる，y 方向の力を考えよう．振動が十分に小さく，ひもの傾き θ が小さい場合は，ひもの微小要素がその右端 $x = x + \frac{\Delta x}{2}$ で受ける y 方向の力は，

$$T\sin\theta \approx T\theta \approx T\tan\theta = T\frac{\partial u}{\partial x}\left(x + \frac{\Delta x}{2}, t\right)$$

である（図 1.19）．ここで，張力 T は一様としている．よって，この微小要素がその左右の両端から受ける y 方向の力は

$$T\frac{\partial u}{\partial x}\left(x + \frac{\Delta x}{2}, t\right) - T\frac{\partial u}{\partial x}\left(x - \frac{\Delta x}{2}, t\right) \approx \frac{\partial}{\partial x}\left(T\frac{\partial u}{\partial x}\right)\Delta x = T\frac{\partial^2 u(x,t)}{\partial x^2}\Delta x \tag{1.19}$$

である．微小要素 $x - \frac{\Delta x}{2} \sim x + \frac{\Delta x}{2}$ の運動方程式は

$$\lambda\Delta x\frac{\partial^2 u(x,t)}{\partial t^2} = T\frac{\partial^2 u(x,t)}{\partial x^2}\Delta x \tag{1.20}$$

よって，$c^2 = T/\lambda$ とおくと

$$\frac{\partial^2 u(x,t)}{\partial t^2} = c^2\frac{\partial^2 u(x,t)}{\partial x^2} \tag{1.21}$$

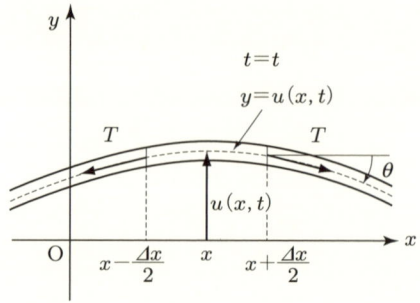

図 1.19　軽いひもにかかる力とその運動

という 2 階の偏微分方程式を得る．ここで c の単位は MKS 単位系で m/s であり，速さの単位となっている．これは，波の伝播をとらえる典型的な方程式で，「**波動方程式**」(wave equation) とよばれる．

2 次元，3 次元の場合の波動方程式は $\partial^2/\partial x^2 \longrightarrow \nabla^2$ と置き換えて，

$$\frac{\partial^2 u}{\partial t^2} = c^2 \nabla^2 u \tag{1.22}$$

と書ける．

問 1.7　長方形の枠（わく）に膜を張り，その膜の振動を考える．振動は膜に垂直でその振幅は小さいとするとき，その支配方程式を求めよ．ただし，膜の質量面密度 σ は一様，単位長さあたりの張力 T は一様等方とする．

ヒント　図 1.20 のように静止した膜上に座標 O-xy を設定し，その xy 平面からの膜の振動によるずれを u とする．ここで，膜の微小面要素 $x - \Delta x/2 \leq x \leq x + \Delta x/2$, $y - \Delta y/2 \leq y \leq y + \Delta y/2$ の運動方程式を考えよ．この膜の微小面要素にかかる力は糸の場合と同様な微小面要素の各辺から受ける力の和である．

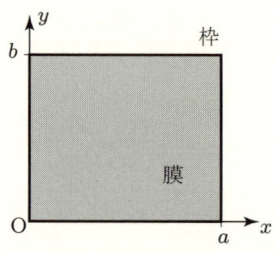

図 1.20　膜の振動

答 膜の微小面要素 $x - \Delta x/2 \leq x \leq x + \Delta x/2$, $y - \Delta y/2 \leq y \leq y + \Delta y/2$ の運動方程式は,

$$\sigma \Delta x \Delta y \frac{\partial^2 u}{\partial t^2} = T\Delta y \frac{\partial u}{\partial x}\left(x + \frac{\Delta x}{2}, y\right) - T\Delta y \frac{\partial u}{\partial x}\left(x - \frac{\Delta x}{2}, y\right)$$

$$+ T\Delta x \frac{\partial u}{\partial y}\left(x, y + \frac{\Delta y}{2}\right) - T\Delta x \frac{\partial u}{\partial y}\left(x, y - \frac{\Delta y}{2}\right)$$

$$\approx T\Delta x \Delta y \left[\frac{\partial^2 u}{\partial x^2}(x, y) + \frac{\partial^2 u}{\partial y^2}(x, y)\right]$$

である.これは $\Delta x \to 0$, $\Delta y \to 0$ の極限では等式

$$\sigma \frac{\partial^2 u}{\partial t^2} = T\left(\frac{\partial^2 u}{\partial x^2} + \frac{\partial^2 u}{\partial y^2}\right)$$

となる.すなわち,

$$\frac{\partial^2 u}{\partial t^2} = c^2 \left(\frac{\partial^2 u}{\partial x^2} + \frac{\partial^2 u}{\partial y^2}\right)$$

という偏微分方程式を得る.ただし,$c^2 = T/\sigma$ である.

■ 1.4.5 ポアソン方程式

1.1 節の例 1.1 としてあげた拡散現象を再びここでとりあげる.とくに今回は,金属板に電流などを流して,金属板内に熱源がある場合を考える.このとき時刻 t, 位置 (x, y, z) での温度 $u(x, y, z, t)$ は

$$\frac{\partial u}{\partial t} = D\nabla^2 u + \frac{s}{\rho c}$$

という拡散方程式に支配されることはすでに述べた (式 (1.18)).ここで,D は拡散係数,s は熱源の単位質量あたり・単位体積あたりの放出熱エネルギーである.また,ρ は金属の質量密度,c は金属の比熱である.熱源のエネルギー放出量が一定のとき ($s(x, y, z, t) = s(x, y, z)$),十分長い時間たつと,温度はある分布に落ち着くと考えられる.このとき時間微分はゼロとなるので,落ち着く先の温度分布は $D = k/(\rho c)$ より

$$\nabla^2 u = -\frac{s}{k} \tag{1.23}$$

で与えられることがわかる.この方程式は,定常問題を扱うときよく現れる方程式で,「**ポアソン方程式**」(Poisson equation) という.これはまた 2 階偏微分方程式である.ポアソン方程式の非斉次項がゼロであるような方程式

$$\nabla^2 u = \Delta u = 0$$

は「ラプラス方程式」(Laplace equation) とよばれている．

1.4.6 静電場の方程式

1.1 節の例 1.3 であげた電荷が作る電場を，静電場とよんでいる．ここで静電場を支配する方程式を導いてみよう．（ここでは電磁気学の基本的な知識を必要とする．また，MKSA 単位系を用いる．）

電荷の密度を ρ_e とすると，その電荷の作る電場 $\boldsymbol{E}$ は真空中で

$$\nabla \cdot (\varepsilon_0 \boldsymbol{E}) = \rho_e \tag{1.24}$$

を満たす（ガウスの法則）．ここで，ε_0 は真空の誘電率 ($\varepsilon_0 = 8.85 \times 10^{-12}\,\mathrm{C^2/Nm^2}$) である．また，静電場は静電ポテンシャル ϕ を用いて

$$\boldsymbol{E} = -\nabla \phi \tag{1.25}$$

と表すことができる．二つの式から $\boldsymbol{E}$ を消去すると

$$\nabla^2 \phi = -\frac{\rho_e}{\varepsilon_0} \tag{1.26}$$

というポアソン方程式を得る．この方程式は，温度の定常分布を与える方程式 (1.23) と同じで，両現象の数学的構造は似ている．

1.4.7 水が流れるホースの運動方程式

1.1 節の例 1.4 で述べたケルビン-ヘルムホルツ不安定性の方程式をまともに導くのは難しいので，ここでは問題をもう少し簡単にして，次のような現象を考えてみよう．

太さを無視してもよい細長いホースの中に，水をいきおいよく流すことを考える（図 1.21）．その水の速さを x 軸方向に一様 v_0 とする．ホースの質量線密度を λ_h，水の質量線密度を λ_w とする．また，ホースはほとんど x 軸上にあり，そのずれは x 軸に垂直な y 軸方向にかぎられ，その y 座標 u は小さいとする．

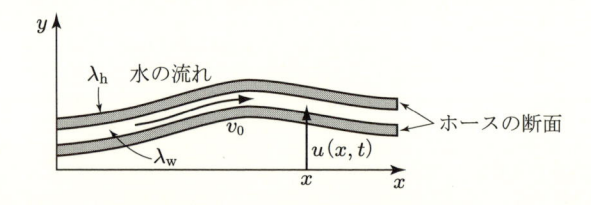

図 1.21 水がいきおいよく流れるホース

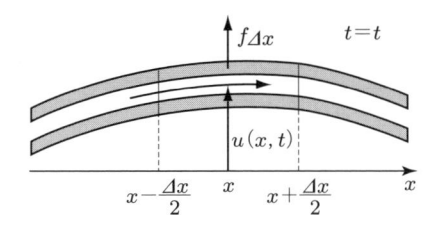

図 1.22 水が内側を流れるホースにかかる力とその運動

水からホースの受ける単位長さあたりの力を f とすると，ホースに働く力は水からの外力 f と張力 T であるので，ホースの微小要素 $x - \frac{\Delta x}{2} \sim x + \frac{\Delta x}{2}$ の運動方程式は，式 (1.19) に水からの単位長さあたりの力 f を加味して

$$\lambda_\mathrm{h} \Delta x \frac{\partial^2 u}{\partial t^2} = T \frac{\partial u}{\partial x}\left(x + \frac{\Delta x}{2}, t\right) - T \frac{\partial u}{\partial x}\left(x - \frac{\Delta x}{2}, t\right) + f \Delta x$$

となる（図 1.22 参照）．よって，ホースの運動方程式は

$$\lambda_\mathrm{h} \frac{\partial^2 u}{\partial t^2} = f + T \frac{\partial^2 u}{\partial x^2}$$

となる．水のほうは x 方向に一定速度 v_0 で運動するので，運動方程式は

$$\lambda_\mathrm{w} \frac{d^2 u}{dt^2} = -f$$

である．ここで，時間微分は対流微分 $\frac{d}{dt} = \frac{\partial}{\partial t} + v_0 \frac{\partial}{\partial x}$ で与えられる．また，ここで水がホースから受ける力は，作用反作用の原理より，単位長さあたり $-f$ であることを用いた．f を消去すると

$$\lambda_\mathrm{w}\left(\frac{\partial}{\partial t} + v_0 \frac{\partial}{\partial x}\right)^2 u + \lambda_\mathrm{h} \frac{\partial^2 u}{\partial t^2} = T \frac{\partial^2 u}{\partial x^2}$$

となる．これを整理すると

$$(\lambda_\mathrm{w} + \lambda_\mathrm{h}) \frac{\partial^2 u}{\partial t^2} + 2\lambda_\mathrm{w} v_0 \frac{\partial^2 u}{\partial t \partial x} + \lambda_\mathrm{w} v_0^2 \frac{\partial^2 u}{\partial x^2} = T \frac{\partial^2 u}{\partial x^2} \tag{1.27}$$

ここで，$\alpha = \frac{\lambda_\mathrm{w}}{\lambda_\mathrm{w} + \lambda_\mathrm{h}}$, $c^2 = \frac{T}{\lambda_\mathrm{w} + \lambda_\mathrm{h}}$ とおくと，

$$\frac{\partial^2 u}{\partial t^2} + 2\alpha v_0 \frac{\partial^2 u}{\partial t \partial x} + \alpha v_0^2 \frac{\partial^2 u}{\partial x^2} = c^2 \frac{\partial^2 u}{\partial x^2} \tag{1.28}$$

という偏微分方程式を得る．これは，水の質量線密度がホースの線密度に比べて非常に小さい場合 ($\alpha \ll 1$)，あるいは水の流れの速さ v_0 が c に比べて非常に小さい場合 ($v_0 \ll c$)，糸の振動の波動方程式と一致する．

問 1.8 ホースの張力が無視できる場合，方程式 (1.28) はどのように書けるか．

答
$$\frac{\partial^2 u}{\partial t^2} + 2\alpha v_0 \frac{\partial^2 u}{\partial t \partial x} + \alpha v_0^2 \frac{\partial^2 u}{\partial x^2} = 0$$

■ 1.4.8 気体方程式

1.1 節の例 1.5 としてあげた室内の空気は，どのような偏微分方程式でとらえられるのであろうか．ここで簡単な場合として，気体は一種類の分子・原子からなり，熱源などは考えないことにする．

まず，気体の質量は保存するであろうから，保存方程式 (1.6) で保存量密度 u を質量密度 ρ，保存量流量 $\boldsymbol{J}$ を $\rho \boldsymbol{v}$（$\boldsymbol{v}$ は気体の速度）として

$$\frac{\partial \rho}{\partial t} = -\nabla \cdot (\rho \boldsymbol{v}) \tag{1.29}$$

が成り立つ．これは，**連続の式** (equation of continuity) とよばれている．

また，気体を加速するものは圧力勾配しかないので，ニュートンの第 2 法則（(力) = (質量)×(加速度)）より，p を圧力として

$$\rho \frac{d\boldsymbol{v}}{dt} = -\nabla p \tag{1.30}$$

を得る．これは気体の**運動方程式**である．ここで，$\dfrac{d}{dt}$ は対流微分である．

いまは熱源がなく熱の伝播がない場合を考えているので，気体は**断熱変化**すると考えられる．このときひとつの気体要素に注目すると，その体積 V と圧力 p に $p \propto V^{-\gamma}$ という関係が成り立つ．ここで，γ は**比熱比**とよばれる気体の種類により決まる定数で，ヘリウムのような単原子分子の場合は $\gamma = 5/3$ である．ここで，$\rho \propto 1/V$ であるので，p/ρ^γ がひとつの気体要素では一定となる．よって，気体の断熱変化の式

$$\frac{d}{dt}\left(\frac{p}{\rho^\gamma}\right) = 0 \tag{1.31}$$

を得る．

以上の三つの式 (1.29), (1.30), (1.31) では，未知関数の数と方程式の数がともに五つになり，気体を支配する閉じた方程式といえる．これらの連立方程式を「**気体方程式**」あるいは「**流体力学方程式**」(hydrodynamic equations) という．連立方程式のそれぞれの方程式は，1 階の偏微分方程式になっている．

また，この連立方程式は次のように保存方程式として書ける．

$$\frac{\partial \rho}{\partial t} = -\nabla \cdot (\rho \boldsymbol{v}) \tag{1.32}$$

$$\frac{\partial}{\partial t}(\rho \boldsymbol{v}) = -\nabla \cdot [\rho \boldsymbol{v}\boldsymbol{v} + p\boldsymbol{I}] \tag{1.33}$$

$$\frac{\partial e}{\partial t} = -\nabla \cdot [(e+p)\boldsymbol{v}] \tag{1.34}$$

ただし,$e = \frac{\rho}{2}v^2 + \frac{1}{\gamma - 1}p$ は全エネルギー密度である.また,$\boldsymbol{v}\boldsymbol{v}$ はディアディックとよばれ,$v_i v_j$ を成分とする 3×3 のテンソル(行列),$\boldsymbol{I}$ は 3×3 の単位テンソル(単位行列)である.

問 1.9 気体方程式の保存方程式 (1.33), (1.34) を式 (1.29), (1.30), (1.31) を用いて導け.

答 まず,式 (1.33) を示す.

$$\begin{aligned}
\frac{\partial}{\partial t}(\rho \boldsymbol{v}) = \frac{\partial \rho}{\partial t}\boldsymbol{v} + \rho \frac{\partial \boldsymbol{v}}{\partial t} &= -\boldsymbol{v}\nabla \cdot (\rho \boldsymbol{v}) + \rho(-(\boldsymbol{v}\cdot\nabla)\boldsymbol{v}) - \nabla p \\
&= -[\{\nabla \cdot (\rho \boldsymbol{v})\}\boldsymbol{v} + (\rho\boldsymbol{v}\cdot\nabla)\boldsymbol{v} + \nabla p] \\
&= -\nabla \cdot (\rho \boldsymbol{v}\boldsymbol{v}) - \nabla p \\
&= -\nabla \cdot [\rho \boldsymbol{v}\boldsymbol{v} + p\boldsymbol{I}]
\end{aligned}$$

次に,式 (1.34) を示す.このとき,式 (1.29) から $\frac{d\rho}{dt} = -\rho\nabla \cdot \boldsymbol{v}$,式 (1.31) から $\frac{dp}{dt} = \gamma \frac{p}{\rho}\frac{d\rho}{dt} = -\gamma p\nabla \cdot \boldsymbol{v}$ であることを使う.

$$\begin{aligned}
\frac{\partial e}{\partial t} &= \frac{de}{dt} - (\boldsymbol{v}\cdot\nabla)e = \frac{d}{dt}\left(\frac{\rho}{2}v^2 + \frac{p}{\gamma - 1}\right) - (\boldsymbol{v}\cdot\nabla)e \\
&= \frac{v^2}{2}\frac{d\rho}{dt} + \rho\boldsymbol{v}\cdot\frac{d\boldsymbol{v}}{dt} + \frac{1}{\gamma - 1}\frac{dp}{dt} - (\boldsymbol{v}\cdot\nabla)e \\
&= -\frac{v^2}{2}\rho\nabla\cdot\boldsymbol{v} + \boldsymbol{v}\cdot(-\nabla p) - \frac{\gamma}{\gamma - 1}p\nabla\cdot\boldsymbol{v} - (\boldsymbol{v}\cdot\nabla)e \\
&= -(e+p)\nabla\cdot\boldsymbol{v} - (\boldsymbol{v}\cdot\nabla)(e+p) \\
&= -\nabla\cdot[(e+p)\boldsymbol{v}]
\end{aligned}$$

1.5 現象をとらえるための必要十分条件:偏微分方程式,境界条件と初期条件

さて,これまで現象を支配する偏微分方程式をみてきた.この偏微分方程式を満たす関数がわかれば,その現象をとらえたことになる.

求めるべき関数の独立変数の定義域は,特別な場合以外「有界」である.たとえば,現象が時間発展するようなものであれば,その現象のはじめの時刻というのがあるだ

ろうし，また現象が空間的境界で制限されている場合もあるだろう．通常それらの領域の端での状態が現象全体に影響を与えるので，偏微分方程式だけでは現象を一意的に決定することはできない．時間発展する現象では，初期の条件（「**初期条件**」(initial condition)）が必要である．また，有限な空間での現象であればその境界での条件（「**境界条件**」(boundary condition)）が必要である．

まとめると，広がりをもつ現象をとらえるためには，次の3種類の条件が必要であることがわかる．

1. 偏微分方程式：現象の微視的法則を記述する．
2. 境界条件：現象の空間的境界での物理的条件を与える．
3. 初期条件：現象が時間的に発展する場合，その開始時刻における物理条件を与える．

逆に，これら三つの条件が与えられると，特殊な場合をのぞき，それを満たす関数は一意に決まることが知られている．すなわち，この偏微分方程式，初期条件と境界条件により現象は一般に完全にとらえることができる．ただし，境界条件は空間的に無限に広がっている現象では必要ないし，また定常問題では初期条件は関係ないので，ここでは典型的な場合について述べている．

このように，現象をとらえる物理量の関数を一意に決めることができる数学的関係式の組を，「**数学モデル**」という．また，その数学モデルを満たす関数を，その数学モデルの「**解**」(solution) といい，解を求めることを「**解く**」という．

例 1.9 〈拡散現象〉

1.1 節の例 1.1 としてあげた拡散現象をとらえる必要十分条件は次のようである．

(i) 偏微分方程式　　$\dfrac{\partial u}{\partial t} = D \dfrac{\partial^2 u}{\partial x^2}$　　$\begin{pmatrix} 0 < x < L \\ 0 < t < \infty \end{pmatrix}$

(ii) 境界条件　　$u(0, t) = u(L, t) = 0$　　$(0 < t < \infty)$

(iii) 初期条件　　$u(x, 0) = \phi(x)$　　$(0 \leq x \leq L)$

ここでは yz 方向には温度 u は一様とした．また，$\phi(x)$ は初期の温度分布を表す関数である． □

例 1.10 〈波動現象〉

1.1 節の例 1.2 としてあげた波動現象をとらえる必要十分条件は次のようである．

(i) 偏微分方程式 $\quad \dfrac{\partial^2 u}{\partial t^2} = c^2 \dfrac{\partial^2 u}{\partial x^2} \quad \begin{pmatrix} 0 < x < L \\ 0 < t < \infty \end{pmatrix}$

(ii) 境界条件 $\quad u(0,t) = u(L,t) = 0 \quad (0 < t < \infty)$

(iii) 初期条件 $\quad \left. \begin{aligned} u(x,0) &= \phi(x) \\ \dfrac{\partial u}{\partial t}(x,0) &= \psi(x) \end{aligned} \right\} \quad (0 \leq x \leq L)$

ただし，$\phi(x)$，$\psi(x)$ はそれぞれ u と $\dfrac{\partial u}{\partial t}$ の初期値である． □

さまざまな現象をとらえるために，それぞれの数学モデルが考えられる．以上の例のように境界条件と初期条件が同時に現れる問題を「**初期値・境界値問題**」という[*7]．それに対して，境界が十分遠方にあり，境界の状況が考えている領域に影響しないので初期値だけを考えればよい問題を，「**初期値問題**」あるいは「**コーシー問題**」(Cauchy problem) とよぶ．

■ 1.5.1 さまざまな境界条件

現象の広がりが有限である場合，そこには考えるべき領域とその外との境界があることになり，境界上の状態を決める条件（境界条件）が必要となることを述べた．初期条件については，その関数がさまざまな形をとりうるので，その多様性は理解しやすい．一方，この境界条件にも多様性があることを代表的なものをとりあげて示そう．

1.1 節の例 1.1 で示した，温度がつねにゼロであるような温度制御板に接した金属板の表面の温度は，ゼロと考えてよいであろう．このような，つねに一定値（ゼロにかぎらない）となるような境界条件を「**固定境界条件**」(fix boundary condition) とよんでいる．同じく 1.1 節の例 1.2 の糸の境界も，糸が固定されているので「固定境界条件」に相当する．

1.1 節の例 1.5 の部屋の中をぐるぐる回る気体について，壁に垂直方向の流れの速度成分についてはゼロとなり固定境界条件となる．壁に平行な速度成分についても通常はゼロとなる．しかし，壁に対する空気の粘性が無視できるとき，その速度成分の壁に垂直方向微分がゼロという条件になる．壁に垂直方向を x 方向とすると

$$\dfrac{\partial v_y}{\partial x} = 0, \qquad \dfrac{\partial v_z}{\partial x} = 0$$

と書ける．このような，微分がゼロであるような条件を「**自由境界条件**」(free boundary condition) とよぶ．

[*7] 定常問題においては境界での値を与えることになるが，このような問題を「**ディリクレ問題**」とよび，値ではなく境界面に垂直方向の微分量が与えられている問題を「**ノイマン問題**」とよんでいる．

一方，1.1節の例1.4のような，無限に広がる現象であって，しかもその現象がある区間でみる現象が単に繰り返されている場合，すなわち考えるべき関数が周期関数である場合，その区間の両端の条件が同じという境界条件になる．このような境界条件を，「**周期境界条件**」(periodic boundary condition) という．

1.5.2　関数の対称性と境界条件

境界条件は多種多様で，実際の問題では境界条件を決定するのは難しいことがある．しかし，関数に対称性がある場合はそれを利用して簡単に境界条件が決定できる．

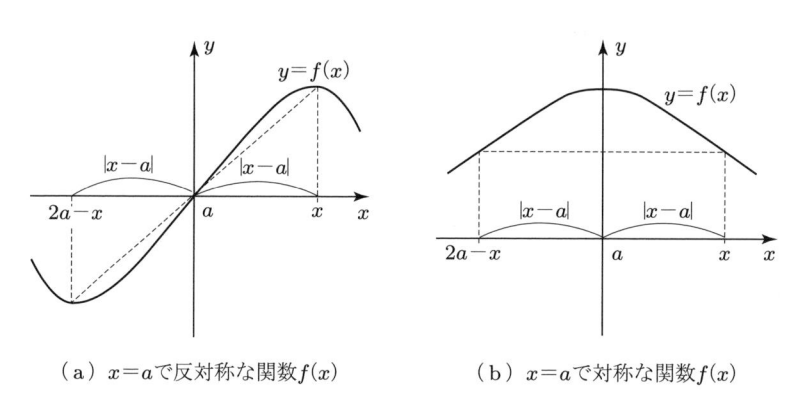

（a）$x=a$ で反対称な関数 $f(x)$　　　　（b）$x=a$ で対称な関数 $f(x)$

図 **1.23**　関数の対称性

$x=a$ 付近で定義されている関数 $f(x)$ を考える．図 1.23 (a) のように関数の定義域内で

$$f(2a - x) = -f(x)$$

であるとき，関数 $f(x)$ は $x=a$ に対して「**反対称**」(antisymmetric) であるという（$x=0$ で反対称の関数を「奇関数」という）．このとき $x=a$ で $f(x)$ が連続であれば

$$f(a) = 0$$

である．逆にこの場合，$x=a$ で $f=0$ という固定境界条件を課すことにより，この関数 $f(x)$ は $a \leq x$（あるいは $x \leq a$）の範囲で取り扱えばよいことになる．

同様に，$x=a$ 付近で定義されている関数 $f(x)$ が，図 1.23 (b) のように関数の定義域内で

$$f(2a - x) = f(x)$$

を満たすとき，関数 $f(x)$ は $x=a$ に対して「**対称**」(symmetric) であるという（$x=0$

で対称の関数を「偶関数」という）．このとき，$x=a$ で $f'(x)$ が連続であれば

$$f'(a) = 0$$

となる．逆に，関数 $f(x)$ が対称であれば，$x=a$ で $f'=0$ という自由境界条件を課すことにより，$a \leq x$（あるいは $x \leq a$）で $f(x)$ で取り扱えばよい．

また，$-\infty < x < \infty$ で定義された関数が周期 L をもつとき，すなわち，任意の x について

$$f(x+L) = f(x)$$

が成り立つとき，関数 $f(x)$ と $f'(x)$ が連続とすると，

$$f(0) = f(L), \qquad f'(0) = f'(L)$$

である．境界条件としてこれらの条件を課して，関数を $-\infty < x < \infty$ で扱うかわりに，$0 \leq x \leq L$ を定義域として扱うことができる．この境界条件は「周期境界条件」である．

1.6 境界条件と鏡像法

ここでは，第 4 章などで用いられることになる「**鏡像法**」(method of image) の記号法の導入を行う．前節で述べたように，関数の対称性は対称性の中心点についての境界条件で置き換えることができる．逆に，関数値やその微分値がゼロとなる固定境界条件，自由境界条件が課せられているときは，境界での対称性の条件で置き換えることができる（ここで，境界付近で関数の連続性を仮定する必要はある）．

たとえば，$a \leq x$ で定義された連続関数 $f(x)$ に固定境界条件 $f(a) = 0$ が課せられている場合，関数 $f(x)$ の定義域を $x < a$ にも拡張し，$x = a$ で反対称な関数を考え，その関数が $x = a$ で連続とすれば，関数 $f(x)$ はもとの境界条件を自動的に満たすことになる．このように，定義域を関数の対称性を仮定して拡張し，境界条件を取り込んでしまうことができる．

反対称性を仮定して，$a \leq x$ で定義されていた関数 $f(x)$ を $x < a$ に定義域を拡張するのに，すべてが反対称に映る鏡「;」を用いて映したと考えて，$f(;x)$ と書くことにする（図 1.24 (a) 参照）[*8]．また，$x \leq b$ で定義された関数 $f(x)$ を反対称鏡「;」に映して定義域を $b < x$ に広げた関数を $f(x;)$ と書くことにする．ここで，鏡はすべてを完全に（すなわち，別の点の境界があればその境界条件も含めて）映し出すとする．

[*8] ここで導入する反対称・対称鏡の記号は本書で新しく導入されるもので，一般に用いられているわけではない．

同様に $a \leq x$ で定義された連続関数 $f(x)$ に自由境界条件 $f'(a) = 0$ が課せられている場合，$f(x)$ は $x = a$ で対称な関数として定義域を $x < a$ まで拡張し，その関数の導関数の連続性を仮定して境界条件を取り込んでしまうことを考える．このときも，その定義域の境界 $x = a$ に関数を完全に対称に映し出す鏡「:」をおいて定義域を拡張したと考え，定義域を拡張した関数を $f(:x)$ と書く（図 1.24 (b) 参照）．$x \leq b$ で定義された関数 $f(x)$ を，この対称鏡「:」で定義域を拡大したとき，その関数を $f(x:)$ と書く．

これらの反対称鏡，対称鏡を総称して「定義域拡張鏡」，あるいは単に「鏡」とよぼう．このように，反対称性，対称性を仮定して定義域を広げ，その関数の境界での連続性によって境界条件を取り込んでしまう方法を「鏡像法」という．

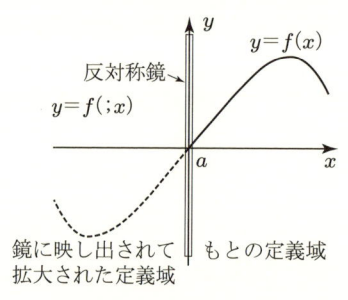

（a）反対称鏡(;)により定義域が拡張された関数 $f(;x)$

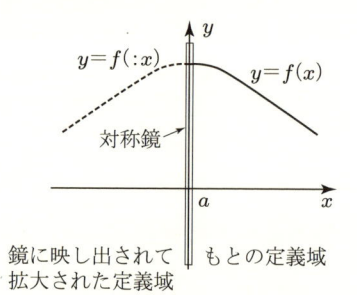

（b）対称鏡(:)により定義域が拡張された関数 $f(:x)$

図 1.24

さて，これらの鏡を $0 \leq x \leq L$ で定義された関数 $f(x)$ の両端の境界においたときには，どうなるであろうか．両端の境界に反対称鏡 (;) をおいて映し出した関数 $f(;x;)$ を考えてみよう．

まず，$x = L$ の反対称鏡 (;) により定義域は $0 \leq x \leq 2L$ に拡張される．ここで，その鏡は $x = 0$ にあった鏡も映し出すので，$x = 2L$ にも反対称鏡があることになる．$x = 2L$ にある反対称鏡により，定義域は $0 \leq x \leq 4L$ に拡張される．

次に，$2L \leq x \leq 4L$ の領域を $x = 4L$ にある反対称鏡で映し出せば，定義域は $0 \leq x \leq 6L$ となる．これを無限回繰り返せば，関数の定義域は $0 \leq x < \infty$ に拡張することができる．

最後に，$x = 0$ にある鏡を用いると，定義域は $-\infty < x < \infty$ に広がることがわかる．このとき，関数は周期 $2L$ をもつ奇関数となる（図 1.25 (a) 参照）．これは，本当の鏡を向かい合わせにおくと無数の反射が起こり，鏡に映った自分や物が無数にみ

えることに対応している．

同様に，$0 \leq x \leq L$ で定義された関数 $f(x)$ について，対称鏡 (:) により定義される関数 $f(:x:)$ は定義域が $-\infty < x < \infty$ になり，周期 $2L$ の偶関数となる（図 1.25 (b) 参照）．

問 1.10 うえで述べた関数 $f(:x:)$ の周期性を確認せよ．
ヒント　図 1.25 (b) 参照．

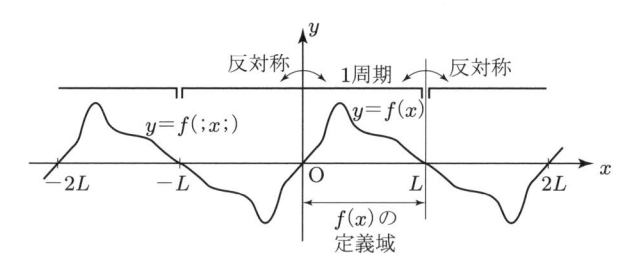

（a）二つの反対称鏡 (;) により定義域が拡張された関数 $f(;x;)$

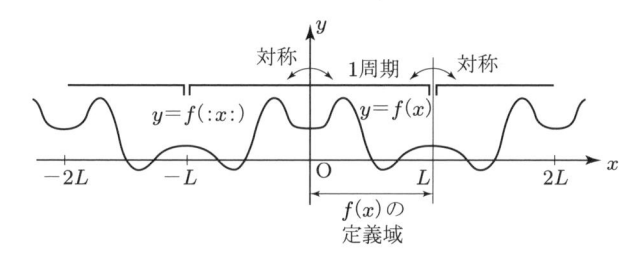

（b）二つの対称鏡 (:) により定義域が拡張された関数 $f(:x:)$

図 1.25

演習問題

1.1* 次の広がりをもつ現象をとらえるための物理量をあげよ．
 (1) 冷蔵庫の中で冷やされてゆくリンゴ
 (2) スイカを叩いたときのスイカ全体の振動
 (3) 磁石のまわりの磁場
 (4) 海や陸を渡る風
 (5) 地球のまわりの宇宙空間

1.2* 次の偏微分方程式の階数を答えよ．

(1) $\dfrac{\partial^2 u}{\partial x^2} + \dfrac{\partial^2 u}{\partial y^2} = 0$

(2) $\left(\dfrac{\partial u}{\partial x}\right)^2 + \dfrac{\partial u}{\partial y} = 1$

(3) $\dfrac{\partial u}{\partial x} + u\dfrac{\partial^2 u}{\partial y^2} + u^2\dfrac{\partial^3 u}{\partial z^3} = \sin^2 z$

1.3* 次の熱流実験の数学モデルを書き示せ．

　長さ L，断面積 A，抵抗 R の銅線を室温 T_0 の部屋に長時間放置し，それを断熱材で側面をつつんで，$x=0, L$ にある温度 T_0 の温度調整板にはさむ．その二つの温度調整板の間に電圧をかけて銅線に電流 I を流したときの銅線の温度 $u(x,t)$ の時間的空間的変化を観測する．ただし，銅線の質量密度，比熱および熱伝導度をそれぞれ ρ，C，k とする．

1.4 次の熱流実験の数学モデルを書き示せ．

　長さ L，断面積 A の銅線を，温度 0 の温度調節材でくるむ．銅線の断面は有限とし，温度 T の銅線の表面を通って放出される単位長さあたり単位時間あたりの熱量が aT とする．このときの銅線の温度 $u(x,t)$ の時間的空間的変化を観測する．ここで，初期の温度分布を $u(x,0) = \sin(\pi x/L)$ とする．ただし，銅線の質量密度，比熱および熱伝導度をそれぞれ ρ，C，k とする．

1.5* 次の熱流実験の数学モデルを書き示せ．

　長さ L，断面積 A の銅線全体を断熱材でくるむ．このときの銅線の温度 $u(x,t)$ の時間的空間的変化を観測する．ここで，初期の温度分布を $u(x,0) = 1 - \cos(\pi x/L)$ とする．ただし，銅線の質量密度，比熱および熱伝導度をそれぞれ ρ，C，k とする．

　ヒント　境界で熱の出入りがないのは，温度勾配がゼロの場合である．

1.6* 平行な壁にピンと張った糸が，無数の小さなバネで吊り下げられて一直線に平衡になる糸（線質量密度 λ）を考える．これに微小な上下振動を加えたときの，糸の運動を考える．平衡状態になる糸にそって x 軸を設定し，時刻 t，位置 x での糸の平衡の位置からのずれを $u(x,t)$ として，その支配方程式を求めよ．ここで，糸が u だけずれたときバネから糸が受ける単位長さあたりの力を $\lambda\omega^2$ とする．ただし，λ や糸の張力 T は一定一様とする．

1.7* 真空中の静電場の静電ポテンシャル ϕ が従う方程式を求めよ．

1.8* 二つの非常に軽い伸縮自在のホースを x 軸にそって平行につなげ，その中に水を逆方向に流す．それぞれの速度を $v_0/2$，$-v_0/2$ とする．このとき，ホースの x 軸からのずれ u の方程式を求めよ．ここでそれぞれのホースの中の水の質量密度を λ とし，ホースの質量や張力は無視する．

　ヒント：水が流れるホースの運動方程式の節を参照．

1.9 ある空間に気体がただよっており，そこに座標 O–xyz を設定する．面 $z=0$ に対してその気体の系が対称なとき，その気体の質量密度 ρ，速度 $\boldsymbol{v}$，圧力 p の $z=0$ での境界条件を示せ．

1.10* $0 \leq x \leq L$ で定義された関数 $f(x)$ について $f(;x:)$，$f(:x;)$ はどのような周期性をもつか．

第2章

偏微分方程式の初等解法

第1章では，さまざまな広がりをもつ現象がどのように偏微分方程式でとらえられるのかをみた．そこでは具体的に現象がどのような偏微分方程式で表されるのかを述べた．しかし，偏微分方程式自体は現象の物理的意味について何も教えてはくれない．現象を理解するには，問題にしている系の物理量を知ることが必要不可欠であり，それには物理量を未知関数とする偏微分方程式，境界条件，初期条件から物理量を導出しなくてはならない．

1.5節で述べたように物理量の表現としての関数は，この三つの条件によって通常は一意に決まる．この章では具体的に三つの条件を満たす関数をどのように求めるのかを示す．ここで最初に問題になるのは偏微分方程式を満たす関数を求めることである．他の条件については偏微分方程式を満たす関数の中からそれらを満たすものを選べばよい．そのような偏微分方程式を満たす未知関数を求めることをその偏微分方程式を「**解く**」といい，その求められた関数（物理量）を偏微分方程式の「**解**」(solution)という．偏微分方程式を満たすすべての解を含む表式を「**一般解**」といい，その中のひとつを「**特殊解**」あるいは「**特解**」という．

例 2.1 〈最も簡単な偏微分方程式〉

偏微分方程式の中で最も簡単なものは

$$\frac{\partial u(x,y)}{\partial y} = 0$$

であろう．この一般解は

$$u(x,y) = f(x)$$

である．ここで，$f(x)$ は任意の x の関数である． □

例 2.2 〈簡単な 1 階偏微分方程式〉

未知関数 $u(x,y)$ についての 1 階偏微分方程式

$$\frac{\partial u(x,y)}{\partial y} = h(x,y)$$

の一般解は

$$u(x,y) = \int_\alpha^y h(x,\eta)\,d\eta + f(x)$$

である．ここで，$h(x,y)$ は与えられた関数，α は任意の定数，$f(x)$ は任意関数である． □

例 2.1，例 2.2 ともに 1 階偏微分方程式の解が含む任意関数は 1 個である．

例 2.3 〈簡単な 2 階偏微分方程式〉

次の未知関数 $u(x,y)$ についての 2 階偏微分方程式の一般解を求めてみよう．

$$\frac{\partial}{\partial y}\left(\frac{\partial u(x,y)}{\partial x}\right) = 0$$

ここで，例 2.1 より $f(x)$ を任意関数として，

$$\frac{\partial u}{\partial x} = f'(x)$$

さらに両辺を x で積分して

$$u(x,y) = f(x) + g(y)$$

という一般解を得る．ここで $g(y)$ は任意関数である． □

ここで，この 2 階偏微分方程式の解が含む任意関数は $f(x)$，$g(y)$ の 2 個である．

一般に「偏微分方程式の一般解はその方程式の階数の数だけの任意関数を含む」といえる．

さて，第 1 章で述べた微視的単純化の仮定できる現象であればそれを支配する法則を偏微分方程式でとらえることができるが，その現象の多様さだけ偏微分方程式の解には多様性があることになる．第 1 章で熱の拡散，糸の振動，静電場や水が流れるホースの運動や気体の動きを支配する偏微分方程式をみてきたが，さまざまな現象を支配する方程式は多種多様である．

このような多様な解をもつ偏微分方程式を，十把ひとからげに解く一般的方法というものはない．本書は，偏微分方程式を解く方法の基礎のみを述べることになる．と

くに，この章では偏微分方程式の解がどのようなものになるか，おおよその見当を付けるための簡単な解析法を中心に述べる．

2.1 線形偏微分方程式

一般に，偏微分方程式を解くのは難しく，一筋縄ではいかない．しかし，難しい中でも比較的扱いやすい性質をもつ方程式がある．人間にも素直な人とひねくれた人がいるが，これと同じで偏微分方程式にも素直なものとひねくれものがいる．その素直な性質をもつ偏微分方程式の代表として「**線形偏微分方程式**」(linear partial differential equation) がある．線形偏微分方程式はその素直な性質ゆえに比較的解くのが容易である．

関数 $f, g, h, \ldots$ のそれぞれを定数倍して足し合わせた関数 $af + bg + ch + \cdots$ を関数 $f, g, h, \ldots$ の「**線形結合**」(linear combination)（あるいは「1 次結合」）とよぶ．ここで，$a, b, c, \ldots$ は定数である．1 次結合に定数を加えたものを「**1 次式**」という．偏微分方程式の未知関数を含む項が未知関数とその偏導関数の線形結合であるとき，その偏微分方程式は「**線形**」(linear) であるといい，その方程式を「**線形偏微分方程式**」という．すなわち，未知関数とその偏導関数についての 1 次方程式のことである．ここで，未知関数とその偏導関数の線形結合の各項の係数は独立変数の既知関数であってもよい．

例 2.4 〈2 変数 1 階線形偏微分方程式〉

---

2 変数 x, y の関数 $u(x,y)$ の 1 階線形偏微分方程式は一般に次のように書ける．
$$a(x,y)\frac{\partial u}{\partial x} + b(x,y)\frac{\partial u}{\partial y} + c(x,y)u = g(x,y)$$
ここで，a, b, c, g は x, y の関数であって，与えられているものとする． □

例 2.5 〈2 変数 2 階線形偏微分方程式〉

関数 $u(x,y)$ についての 2 階線形偏微分方程式は一般に次のように書ける．
$$a(x,y)\frac{\partial^2 u}{\partial x^2} + b(x,y)\frac{\partial^2 u}{\partial x \partial y} + c(x,y)\frac{\partial^2 u}{\partial y^2} + d(x,y)\frac{\partial u}{\partial x} + e(x,y)\frac{\partial u}{\partial y} + f(x,y)u$$
$$= g(x,y)$$
ここで，$a, b, \ldots, g$ は x, y の関数であって，与えられているものとする． □

例 2.6 〈2 変数 4 階線形偏微分方程式〉

関数 $u(x,y)$ についての 4 階線形偏微分方程式は a_{ij} ($i=0,1,2,3,4.$ $j=0,1,\ldots,4-i$), g を x, y の与えられた関数として一般に

$$
\begin{aligned}
& a_{40}(x,y)\frac{\partial^4 u}{\partial x^4} + a_{31}(x,y)\frac{\partial^4 u}{\partial x^3 \partial y} + a_{22}(x,y)\frac{\partial^4 u}{\partial x^2 \partial y^2} \\
& + a_{13}(x,y)\frac{\partial^4 u}{\partial x \partial y^3} + a_{04}(x,y)\frac{\partial^4 u}{\partial y^4} + a_{30}(x,y)\frac{\partial^3 u}{\partial x^3} \\
& + a_{21}(x,y)\frac{\partial^3 u}{\partial x^2 \partial y} + a_{12}(x,y)\frac{\partial^3 u}{\partial x \partial y^2} + a_{03}(x,y)\frac{\partial^3 u}{\partial y^3} \\
& + a_{20}(x,y)\frac{\partial^2 u}{\partial x^2} + a_{11}(x,y)\frac{\partial^2 u}{\partial x \partial y} + a_{02}(x,y)\frac{\partial^2 u}{\partial y^2} \\
& + a_{10}(x,y)\frac{\partial u}{\partial x} + a_{01}(x,y)\frac{\partial u}{\partial y} + a_{00}(x,y)u \\
& = g(x,y)
\end{aligned}
$$

と書ける. □

以上の例でわかるように，線形偏微分方程式は未知関数とその偏導関数の線形結合（上式左辺）が，独立変数のみの既知関数（上式右辺の g）に等しいという形で書くことができる．この独立変数のみの既知関数 g がゼロであるとき，この線形偏微分方程式は「斉次」(homogeneous) であるといい，その方程式を「斉次線形偏微分方程式」という．斉次でない線形偏微分方程式を「非斉次線形偏微分方程式」とよび，その独立変数のみの既知関数の項（上式では g）を「非斉次項」という．また，線形偏微分方程式の未知関数とその偏導関数の線形結合の係数がすべて定数であるとき，「定数係数の線形偏微分方程式」という．

第 1 章であげた拡散方程式，波動方程式，ポアソン方程式は，係数と非斉次項が与えられた関数や定数であれば線形偏微分方程式である．

また，線形でない偏微分方程式を「非線形偏微分方程式」(non-linear partial differential equation) という．気体方程式は非線形偏微分方程式となっている．自然界の現象の多くはこの非線形方程式で表される．これは，自然現象の複雑極まりない様子を表す解をもつことになるので，一般に解くのは非常に難しい．

それに対して線形偏微分方程式は解くことが比較的容易である．この章では，主にこの線形偏微分方程式の解について比較的簡単ではあるが重要な（いや，簡単であるがゆえに重要な）解の求め方（見当の付け方）を述べる．

2.2 線形性と重ね合わせの原理

関数 u とその偏微分の線形結合は定数（独立変数の既知関数でもよい）と偏微分演算子 $\left(\dfrac{\partial}{\partial x}, \dfrac{\partial}{\partial y}, \dfrac{\partial^2}{\partial x^2}, \dfrac{\partial^2}{\partial x \partial y}, \dfrac{\partial^2}{\partial y^2}\right.$ など$\left.\right)$ の線形結合を関数 u にかけたものとみなすことができる．この偏微分演算子の 1 次式を「**線形偏微分演算子**」とよぶ．

例 2.7 〈線形偏微分演算子〉

$\dfrac{\partial^2 u}{\partial x^2} + \dfrac{\partial^2 u}{\partial y^2}$ は $\dfrac{\partial^2}{\partial x^2} + \dfrac{\partial^2}{\partial y^2}$ という線形偏微分演算子を u にかけたものとして形式的に $\left(\dfrac{\partial^2}{\partial x^2} + \dfrac{\partial^2}{\partial y^2}\right) u$ と書くことができる．ここで，a と b を定数とし，u と v を任意の関数とすると

$$\left(\frac{\partial^2}{\partial x^2} + \frac{\partial^2}{\partial y^2}\right)(au + bv) = a\left(\frac{\partial^2}{\partial x^2} + \frac{\partial^2}{\partial y^2}\right) u + b\left(\frac{\partial^2}{\partial x^2} + \frac{\partial^2}{\partial y^2}\right) v$$

となることはすぐに確認できる． □

一般に，線形偏微分演算子 L は，任意の関数 u, v の線形結合 $au + bv$ について，次のような性質をもつ（ここで，a, b は定数）．

$$L(au + bv) = aLu + bLv \tag{2.1}$$

すなわち，関数たちの線形結合に線形偏微分演算子 L をかけたものは，それぞれの関数に L をかけたものの線形結合になる．このような L の性質を，「**線形性**」(linearity) という．一般の線形偏微分演算子の線形性は多数階偏微分も 1 階偏微分 $\dfrac{\partial}{\partial x}$, $\dfrac{\partial}{\partial y}$ の繰り返しであり，1 階偏微分演算子が線形性をもつことから理解できる．

線形偏微分方程式は線形偏微分演算子 L を用いて次のように書ける．

$$Lu = g \tag{2.2}$$

ここで，g は非斉次項である．

斉次偏微分方程式 $Lu = 0$ の二つの解 u_1, u_2 を考える．a, b を定数として u_1 と u_2 の線形結合 $au_1 + bu_2$ を考えると

$$L(au_1 + bu_2) = aLu_1 + bLu_2 = 0$$

となり，線形結合 $au_1 + bu_2$ も斉次方程式 $Lu = 0$ の解になっていることがわかる．解の線形結合がまた解になっていることを斉次方程式の解の「**重ね合わせの原理**」(superposition principle) という．次のようにまとめられる．

定理 2.1（重ね合わせの原理）

線形で斉次な方程式（あるいは一般に条件式）の解の線形結合はまたその解となる．

一般に，$u_1, u_2, \ldots$ が斉次方程式 $Lu = 0$ の解ならば級数

$$u = c_1 u_1 + c_2 u_2 + \cdots$$

もその斉次方程式の解である．ただし，$c_1, c_2, \ldots$ は定数である．

さらに次の定理が成り立つ．

定理 2.2（非斉次線形偏微分方程式の一般解）

線形偏微分方程式 $Lu = g$ のひとつの特殊解を u_0 とし，対応する斉次線形偏微分方程式 $Lu = 0$ の一般解を u_h とすると，線形偏微分方程式の一般解は

$$u = u_0 + u_\mathrm{h}$$

と書ける．すなわち，求めるべき一般解はその方程式の特解に斉次方程式の一般解を加えたものとなる．

【証明】$Lu_0 = g$, $Lu_\mathrm{h} = 0$ より $L(u_0 + u_\mathrm{h}) = g$ となり $u_0 + u_\mathrm{h}$ が線形偏微分方程式の解であることがわかる．一方，偏微分方程式の任意の解を u とすると $Lu = Lu_0 = g$ より

$$L(u - u_0) = 0$$

となり，$u - u_0$ は斉次方程式 $Lu = 0$ の解であることがわかる．これを u_h としているので，u は $u = u_0 + u_\mathrm{h}$ と書けることがわかる． ∎

以上の議論は独立変数が何個あっても一般的に成り立ち，線形偏微分方程式の一般的な性質を表すものである．線形偏微分方程式は，このような線形性（重ね合わせの原理）を用いることにより解くことができる．非線形方程式では，このような素直な

解のふるまいが保障されないので，一般に解を求めるのは難しい．

いずれにしても，この定理 2.2 は線形偏微分方程式の一般解を与えるための決定的な方針を示している．すなわち，偏微分方程式を満たすひとつの解（特解）さえ見つければ，あとは対応する斉次線形偏微分方程式の一般解を求めればよいということである．ここでまず，斉次線形偏微分方程式の一般解を導く方法を考えてみよう．非斉次方程式の一般解については 2.4 節でとりあげる．

2.3 斉次線形偏微分方程式

ここでは，斉次線形偏微分方程式の特解の求め方として「**変数分離法**」(method of separating variables) と「**指数関数解**」について述べる．これらの特解は，重ね合わせの原理とともに用いると線形偏微分方程式を解く強力な方法となるが，ここでは導入的な話にとどめる（詳しくは第 II 部で述べる）．

2.3.1 変数分離法

まずは，拡散方程式の特解を変数分離法により求める．

例 2.8 〈拡散方程式〉

まず，拡散方程式

$$\frac{\partial u}{\partial t} = D\frac{\partial^2 u}{\partial x^2}$$

をとりあげる．ここで，D は拡散係数である．ここで特解を求めるために $u(x,t) = X(x)T(t)$ とおく．この時点でこの型の解に関数を限定してしまっているので直接一般解を求めることはできないが，次に示すように容易に特解を求めることができることに注意したい．偏微分方程式は

$$XT' = DX''T$$

となる．両辺を DXT で割ると

$$\frac{T'(t)}{DT(t)} = \frac{X''(x)}{X(x)} \equiv -k^2$$

となる．ここで，k^2 は x にも t にもよらないはずなので定数である．すると，次の二つの常微分方程式を得る．

$$T' = -Dk^2 T, \quad X'' = -k^2 X$$

これらの常微分方程式はすぐに解けて，その一般解は

$$T = T_0 e^{-Dk^2 t}, \qquad X = A\cos kx + B\sin kx$$

である．ここで T_0, A, B は不定定数である．こうして特解

$$u(x,t) = e^{-Dk^2 t}(A\cos kx + B\sin kx) \tag{2.3}$$

を得る．この解は，振幅が減衰してゆく三角関数になっている（図 2.1）．その振幅が初期の $\dfrac{1}{e} \approx \dfrac{1}{2.7}$ になる時刻を「**時定数**」(time constant) というが，これは $t = \tau = \dfrac{1}{Dk^2}$ であることがわかる．ここで，大きい波数 k（波長 $\lambda = 2\pi/k$ が短い）の構造ほど早く減衰することがわかる． □

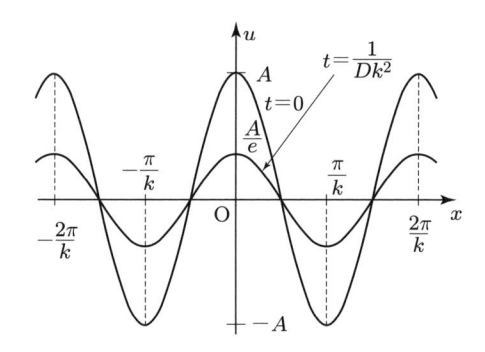

図 2.1 拡散方程式のひとつの特解の時間発展 ($A > 0, B = 0$)

例 2.9 〈波動方程式〉

つづいて波動方程式

$$\frac{\partial^2 u}{\partial t^2} = c^2 \frac{\partial^2 u}{\partial x^2}$$

を考えよう．ここで c は定数とする．ここでも $u(x,t) = X(x)T(t)$ とおくと，偏微分方程式は

$$XT'' = c^2 X'' T$$

となる．両辺を $c^2 XT$ で割ると

$$\frac{T''(t)}{c^2 T(t)} = \frac{X''(x)}{X(x)} \equiv -k^2$$

となる．ここで，k^2 は x にも t にもよらないはずなので定数である．すると次の二つ

の常微分方程式を得る.

$$T'' = -c^2 k^2 T, \qquad X'' = -k^2 X$$

これらの常微分方程式はすぐに解けて，その一般解は

$$T = P\cos ckt + Q\sin ckt, \qquad X = A\cos kx + B\sin kx$$

である．ここで A, B, P, Q は不定数である．偏微分方程式の特解として

$$u(x,t) = (P\cos ckt + Q\sin ckt)(A\cos kx + B\sin kx) \tag{2.4}$$

を得る（$P^2 + Q^2 = 1$ としても自由度を失わない）．ここで，$P = 1$, $Q = \pm 1$, $A > 0$, $B = \pm A$（複号同順）として，その線形結合をとったもの

$$\begin{aligned}u(x,t) &= \frac{A}{2}(\cos ckt + \sin ckt)(\cos kx + \sin kx) \\ &\quad + \frac{A}{2}(\cos ckt - \sin ckt)(\cos kx - \sin kx) \\ &= A\cos k(x - ct)\end{aligned}$$

も解になっていることが，重ね合わせの原理（定理 2.1）よりわかる．これは，速度 c で右側にずれていく余弦関数を示している（図 2.2）．同様に，$P = 1$, $Q = \mp 1$, $A > 0$, $B = \mp A$（複号同順）の解を足して 2 で割る線形結合を考えると

$$u(x,t) = A\cos k(x + ct)$$

もまた解であることがわかる．これは，左側に速さ c で移動する余弦関数を表している（図 2.2）．すなわち c は波の伝播速度であることがわかる． □

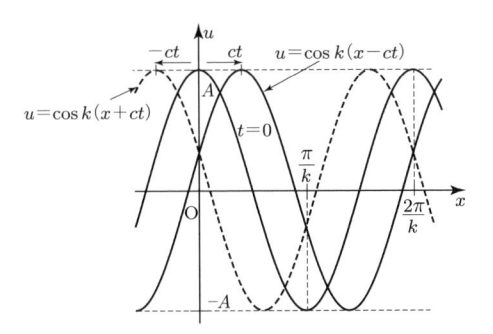

図 **2.2** 波動方程式の二つの特解の時間発展

問 2.1 次の斉次線形偏微分方程式の特解を変数分離法により求めよ．

(1) $\dfrac{\partial u}{\partial t} = \dfrac{\partial^2 u}{\partial x^2} - u$

(2) $\dfrac{\partial^2 u}{\partial t^2} = \dfrac{\partial^2 u}{\partial x^2} - u$

(3) $\dfrac{\partial u}{\partial t} = \dfrac{\partial^2 u}{\partial x^2} - 2\dfrac{\partial u}{\partial x} + u$

(4) $\dfrac{\partial^2 u}{\partial t^2} = \dfrac{\partial^2 u}{\partial x^2} - 2\dfrac{\partial u}{\partial x} + u$

答 それぞれさまざまな特解をもつがたとえば次のような特解が導かれる．

(1) $u = e^{-(k^2+1)t}(A\cos kx + B\sin kx)$,

(2) $u = \left\{ P\cos\sqrt{k^2+1}\,t + Q\sin\sqrt{k^2+1}\,t \right\}(A\cos kx + B\sin kx)$,

(3) $u = e^{-k^2 t + x}(A\cos kx + B\sin kx)$,

(4) $u = e^x(P\cos kt + Q\sin kt)(A\cos kx + B\sin kx)$.

ただし，A, B, P, Q は任意の定数．$P^2 + Q^2 = 1$ としても特解の自由度は失われない．

2.3.2 指数関数解

ここでは，斉次線形偏微分方程式の指数関数解について説明する．指数関数解を用いた方法は偏微分方程式が定数係数の場合でないと厳密には使えない．しかし，係数の変化が解の変化に比べて非常に小さい場合，この条件を近似的に用いることができる．この方法は簡単で方程式の解の大まかな性質を知るのによく使われる．

● **オイラーの関係式**

虚数単位を i ($i^2 = -1$)，θ を実数とすると次の関係が成り立つ．

$$e^{i\theta} = \cos\theta + i\sin\theta \tag{2.5}$$

この等式は「**オイラーの関係式**」(Euler's relation) とよばれている．しかし，これは関係式というよりは $e^{i\theta}$ の定義式と考えたほうがよい．$e^{i\theta}$ をこのように定義するのは，その性質が指数関数に非常に似ているためである．

$$\begin{aligned} e^{i\theta_1}e^{i\theta_2} &= (\cos\theta_1 + i\sin\theta_1)(\cos\theta_2 + i\sin\theta_2) \\ &= \cos(\theta_1 + \theta_2) + i\sin(\theta_1 + \theta_2) = e^{i(\theta_1+\theta_2)} \quad (\theta_1, \theta_2 \text{ は実数}) \\ \dfrac{d}{d\theta}e^{i\theta} &= \dfrac{d}{d\theta}(\cos\theta + i\sin\theta) = ie^{i\theta} \end{aligned}$$

これらは，次に示す指数関数の性質と酷似している．

$$e^{x_1}e^{x_2} = e^{x_1+x_2}, \qquad \frac{d}{dx}e^{ax} = ae^{ax} \qquad (x,\ x_1,\ x_2,\ a \text{ は実数})$$

実際，実関数の指数関数は複素関数に拡張できて，次のように定義される．

$$e^z = e^{x+iy} \equiv e^x(\cos y + i\sin y) \qquad (z = x+iy,\ x,\ y \text{ は実数})$$

● 定数係数の斉次線形微分方程式の指数関数解

一般に複素数の関数 $w = u + iv$ (u, v は実数の関数) が線形偏微分方程式 $Lw = h$ の解であるとき，次のようなことがいえる．ここで，非斉次項は $h = f + ig$ (f, g は実数の関数) とする．微分演算子 L の線形性より

$$Lw - h = L(u + iv) - (f + ig) = Lu - f + i(Lv - g) = 0$$

となる．複素数がゼロということは，その実部，虚部ともにゼロということであるので，

$$Lu = f, \qquad Lv = g$$

という二つの実数の関数解を得る．

この複素数まで拡張された指数関数を用いると，定数係数の斉次線形微分方程式の解（特解）は次の例のように与えることができる．

例 2.10 〈移流方程式〉

ここで速さ c が一定の場合の 1 次元移流方程式

$$\frac{\partial u}{\partial t} + c\frac{\partial u}{\partial x} = 0$$

の特解を求めてみよう．関数 u を複素関数 w に置き換えた方程式

$$\frac{\partial w}{\partial t} + c\frac{\partial w}{\partial x} = 0$$

を考える．ここで，k, ω, $A \neq 0$ を定数として

$$w(x,t) = Ae^{ikx - i\omega t}$$

とおくと，その偏微分方程式は

$$-i\omega A e^{ikx - i\omega t} + ickA e^{ikx - i\omega t} = 0$$

となり，$Ae^{ikx - i\omega t} \neq 0$ なので代数方程式

$$i\omega = ick$$

を得る．ω についての代数方程式を解いて仮定した関数に入れると

$$w(x,t) = Ae^{ik(x-ct)}$$

という特解を得る．

ここでは $h = 0$ なので，指数関数解

$$w = Ae^{ik(x-ct)} = A\bigl(\cos k(x-ct) + i\sin k(x-ct)\bigr)$$

から

$$w_1(x,t) = A\cos k(x-ct), \qquad w_2(x,t) = B\sin k(x-ct)$$

という二つの特解を得る．ここで，A, B は実数とした．重ね合わせの原理（定理 2.1）より解 $u(x,t) = A\cos k(x-ct) + B\sin k(x-ct)$ を得る．$u = w_1(x,t)$ のグラフは，$A > 0$, $c > 0$ のとき速さ c で右側に移動する振幅 A の余弦関数を表す（図 2.3）．$w_2(x,t)$ のグラフも同様に，速さ c で右側に移動してゆく．このように移流方程式で期待される解が得られる． □

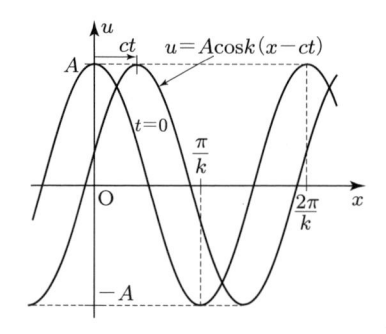

図 2.3 移流方程式の指数関数解の実部

以降，簡単のため複素関数を表す w のかわりに u を用い，u が複素関数になる場合も容認しよう．

例 2.11 〈拡散方程式〉

次に拡散方程式

$$\frac{\partial u}{\partial t} = D\frac{\partial^2 u}{\partial x^2} \tag{2.6}$$

の特解を求めてみる．ここで k, ω, $A \neq 0$ を定数として $u(x,t) = Ae^{ikx-i\omega t}$ とおくと偏微分方程式は

$$-i\omega Ae^{ikx-i\omega t} = -Dk^2 Ae^{ikx-i\omega t}$$

となり，$Ae^{ikx-i\omega t} \neq 0$ より代数方程式

$$i\omega = Dk^2$$

を得る．この代数方程式を ω について解くことにより，方程式の特解

$$u(x,t) = Ae^{ikx-Dk^2 t}$$

を得る．この解は $u = Ae^{-Dk^2 t}(\cos kx + i\sin kx)$ なので，A', B' を実定数とすると $A'e^{-Dk^2 t}\cos kx$, $B'e^{-Dk^2 t}\sin kx$ が解である（図 2.1）．重ね合わせの原理（定理 2.1）より $u' = A'e^{-Dk^2 t}\cos kx + B'e^{-Dk^2 t}\sin kx$ が解であることがわかる．これは変数分離法で求めた解 (2.3) に一致する．すなわち，振幅が指数関数的に減衰する三角関数が，その特解となっている．これは拡散現象を表す解である．また，この式から拡散係数 D が大きいほど，また波長が短い（波数 k が大きい）ほど早く減衰してしまうことがわかる．

しかし，これは拡散方程式の一般解にはなっていない．ここで述べている方法は方程式の解の大まかな性質を知るための方法である． □

例 2.12 〈波動方程式〉

$c > 0$ として波動方程式

$$\frac{\partial^2 u}{\partial t^2} = c^2 \frac{\partial^2 u}{\partial x^2} \tag{2.7}$$

について考える．k, ω, A を定数として，$u(x,t) = Ae^{ikx-i\omega t}$ とおいて偏微分方程式に代入すると，代数方程式

$$-\omega^2 = -c^2 k^2$$

を得る．これを ω について解くと $\omega = \pm ck$ となる．よって特解として

$$u(x,t) = Ae^{ikx \pm ickt} = Ae^{ik(x \pm ct)}$$

を得る．ここで，A を複素数としてその偏角を $-kx_0$ とおくと $A = |A|e^{-ikx_0}$ となるので，解は $u = |A|e^{ik(x \pm ct - x_0)}$ と書ける．その実部の重ね合わせ u' を考えると

$$u'(x,t) = A'\cos k(x - ct - x_0) + B'\cos k(x + ct - x_0)$$

も方程式の特解である．ここで，A', B', x_0 は任意の定数である．$\cos k(x - ct - x_0)$ は速さ c で右方向にずれていく三角関数を，$\cos k(x + ct - x_0)$ は速さ c で左方向にずれていく三角関数の波を表している（図 2.2）．すなわち，この方程式が左右両方向に速さ c で伝わる「波」を表すことがわかる．三角関数型の波の伝播速度 $\pm c$ を，「**位相速度**」(phase velocity) という．

また，$A' = B'$ とすると，加法定理よりこの解は

$$u'(x, t) = A'(\cos kx_0 \cos kx + \sin kx_0 \sin kx) \cos ckt$$

と書ける．これは変数分離法を用いて導いた解 (2.4) で $P = \cos kx_0$, $Q = \sin kx_0$, $B = 0$ とした解に一致する． □

例 2.13 〈水がいきおいよく流れるホースの方程式〉

1.4.7 項でとりあげた水がいきおいよく流れるホースの方程式を考える．ホースの運動を支配する方程式は 1.4.7 項で導いたように，$\alpha = \lambda_\mathrm{w}/(\lambda_\mathrm{h} + \lambda_\mathrm{w})$ （λ_h, λ_w はそれぞれホースと水の質量線密度），c を水がない場合のホースを伝わる波の位相速度として，

$$\frac{\partial^2 u}{\partial t^2} + 2\alpha v_0 \frac{\partial^2 u}{\partial t \partial x} + \alpha v_0^2 \frac{\partial^2 u}{\partial x^2} = c^2 \frac{\partial^2 u}{\partial x^2} \tag{2.8}$$

である．これまでと同様に k, ω, A を定数として，$u(x, t) = Ae^{ikx - i\omega t}$ とおいて偏微分方程式に代入すると，代数方程式

$$-\omega^2 + 2\alpha v_0 k\omega - \alpha v_0^2 k^2 = -c^2 k^2$$

すなわち，

$$\omega^2 - 2\alpha v_0 k\omega + \alpha v_0^2 k^2 - c^2 k^2 = 0$$

を得る．これを解くと $\gamma \equiv v_0 k \sqrt{\alpha(1 - \alpha) - c^2/v_0^2}$ として

$$\omega = \alpha v_0 k \pm \sqrt{(\alpha v_0 k)^2 - \alpha v_0^2 k^2 + c^2 k^2} = \alpha v_0 k \pm i\gamma$$

となる．よって，$ikx - i\omega t = ikx - i\alpha v_0 kt \pm \gamma t$ より

$$u(x, t) \propto e^{\pm \gamma t} e^{ik(x - \alpha v_0 t)}$$

と書ける．ここで，$\alpha(1 - \alpha) > \dfrac{c^2}{v_0^2}$ すなわち $v_0 > \dfrac{c}{\sqrt{\alpha(1 - \alpha)}}$ であれば γ は実数となり，この解は速度 αv_0 で進みながら減衰または増幅する現象を表している．ここで，γ は成長率（単位時間あたりの増幅比）を表す．

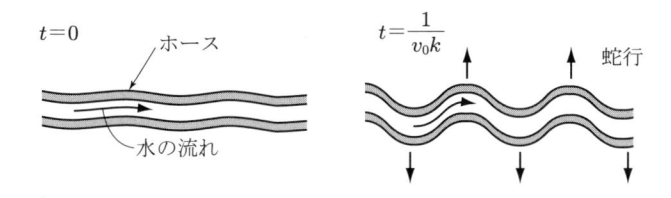

図 2.4　消火ホース不安定性

ここでは減衰するような解は目立たない．増幅する波のみが目立つことになる．すなわち，この解は，はじめ小さな波があると，それが増幅されていずれはホースが蛇行することを意味している（図 2.4）．このような現象を一般には「**不安定性**」(instability) とよんでいる．これは，水が流れるホースがもつ不安定性で「消火ホース不安定性」(fire-hose instability) とよばれている．

先に示したようにこの不安定性は $v_0 > v_\mathrm{crit} \equiv \dfrac{c}{\sqrt{\alpha(1-\alpha)}}$ のときのみ起こる．$v_0 \leq v_\mathrm{crit}$ では不安定性は起こらない．このような，不安定性が起こるか起こらないかわかれる物理量の値 v_crit を不安定性の「**しきい値**」(threshold value) という．たとえば，ホースに張力がなく（$c=0$ で $v_\mathrm{crit}=0$），水とホースの質量線密度が等しい（$\lambda_\mathrm{w} = \lambda_\mathrm{h}$）とき，成長率は最大値の $\gamma = v_0 k/2$ となり，水の流れが速いと，時間 $1/\gamma = 2/v_0 k$ 程度でその不安定性がアッという間に成長し，最も危険である．

実際，この不安定性は火事などで消火するために使う水の流れが非常に速い消火ホースでは非常に危険な不安定性で，しっかりとした材質で消火ホースを作り v_crit を大きくする必要がある．また，庭先の水撒きホースが水を流したまま放置されているとヘビのようにのたうちまわることがあるが，それはこの不安定性のためである．

この不安定性は，速度の異なる流体や曲がりやすい物体どうしの境界で起こる現象で，水の流れの蛇行や渦を引き起こすケルビン-ヘルムホルツ不安定性と基本的に同じ現象である．　□

例 2.14 〈ラプラス方程式〉

ポアソン方程式で，非斉次項をゼロとしたラプラス方程式

$$\frac{\partial^2 u}{\partial x^2} + \frac{\partial^2 u}{\partial y^2} = 0 \tag{2.9}$$

について考える．これまでと同様に k_x, k_y, A を定数として $u(x,t) = A e^{ik_x x + ik_y y}$ とおき偏微分方程式に代入すると，代数方程式

$$k_x{}^2 + k_y{}^2 = 0$$

となる．この解は実数解とはならず $k_y = \pm i k_x$ となる．よって，ラプラス方程式の特解として $u = A\exp\{k_x(ix \pm y)\}$ というものがあることがわかる．これは，k_x を実数とすると，y 方向には指数関数的に増大する解を示している．

この現象は波動現象や拡散現象とは全く異なる現象にあたることがわかる．第 1 章の例で示したように，この方程式は不安定な現象や静電場や熱拡散現象の定常状態などを与える（支配する）式として登場する． □

以上いくつかの例をみてわかるように，定数係数の斉次線形偏微分方程式には指数関数が特解としてあり，偏微分方程式はその指数関数の指数の係数の代数方程式に帰着できることがわかる．代数方程式であればすぐ解くことができ，その偏微分方程式の解の性質を簡単に手にとって調べることができる．このような特解を「**指数関数解**」という．

指数関数解は複雑な偏微分方程式の解を調べるのに有効である．ただし，この方法は方程式の特解を取り出して調べる方法なので，このままでは一般解とはなっていないことに注意する必要がある．

例題 2.1 次の微分方程式の指数関数解を求めよ．ただし，$\omega_0 > 0$ は定数とする．

$$\frac{\partial^2 u}{\partial t^2} = \frac{\partial^2 u}{\partial x^2} - \omega_0{}^2 u$$

【解】 ここで，$u(x,t) = A\exp(ikx - i\omega t)$ （$A,\ k,\ \omega$ は定数）とおいて方程式に代入して整理すると，

$$\omega^2 = k^2 + \omega_0{}^2 \tag{2.10}$$

が得られる．ω について解くと，$\omega = \pm\sqrt{k^2 + \omega_0{}^2}$ となり，指数関数解

$$u(x,t) = A\exp\left(ikx \mp i\sqrt{k^2 + \omega_0{}^2}\,t\right) = A\exp\left\{ik\left(x \mp \sqrt{1 + \omega_0{}^2/k^2}\,t\right)\right\}$$

を得る．この方程式の解の波の位相速度は $\pm\sqrt{1 + \omega_0{}^2/k^2}$ である．すなわち，波長（$\lambda = 2\pi/k$）によって位相速度が違ってくることがわかる．

このように伝播する波の波長や振動数によりその位相速度が変化する現象を「**分散**」(dispersion) という．式 (2.10) を「**分散関係式**」(equation of dispersion relation) という．プリズムに白色光を通して分光できるのはプリズム中を伝播する光に分散があるためである． ■

問 2.2 次の偏微分方程式の特解を求めよ．ただし，$\omega_0 > 0$ は定数とする．

$$\frac{\partial^2 u}{\partial t^2} - \omega_0 \frac{\partial u}{\partial t} = \frac{\partial^2 u}{\partial x^2} - \omega_0 \frac{\partial u}{\partial x}$$

答 この方程式の分散関係式は $(\omega+k)(\omega-k-i\omega_0)=0$．これを解くと $\omega = -k$，$k+i\omega_0$．よって，特解は $u = A\exp\{ik(x+t)\}$，$Ae^{\omega_0 t}\exp\{ik(x-t)\}$ （A，k は定数) である．

2.3.3 定数係数の 2 階線形偏微分方程式の分類

定数係数の 2 変数 2 階線形偏微分方程式の解の大まかな性質を，指数関数解を用いて分類してみよう．一般に定数係数の 2 変数 2 階線形偏微分方程式は，独立変数を x，t とすると

$$a\frac{\partial^2 u}{\partial t^2} + b\frac{\partial^2 u}{\partial t \partial x} + c\frac{\partial^2 u}{\partial x^2} + d\frac{\partial u}{\partial t} + e\frac{\partial u}{\partial x} + fu = g(x,t) \tag{2.11}$$

と書ける．ここで，$a, b, c, \ldots, f$ は定数，g は与えられた関数である．前節と同様に非斉次項 g はゼロとして指数関数解を求める．$u(x,t) = Ae^{i(kx-\omega t)}$ （k，ω，A は定数) とおくと，この偏微分方程式から代数方程式

$$-a\omega^2 + b\omega k - ck^2 - id\omega + iek + f = 0 \tag{2.12}$$

が得られる．この代数方程式を満たす解 k，ω が，2 階線形偏微分方程式の特解を与える．

このままでは解の性質が見にくいので，簡単のため解の中でとくに波長が短く，振動数が大きいものを調べることにしよう．そこで，k，ω が十分大きいとして，代数方程式 (2.12) の低次の波数の項を無視すると

$$a\omega^2 - b\omega k + ck^2 = 0 \tag{2.13}$$

で近似して考えることができる（ここで，波数は波長の逆数に 2π をかけたものであることに注意．ω は振動数に 2π をかけたもので角振動数を表す）．この方程式はすぐに解けて

$$\omega = \frac{b \pm \sqrt{D}}{2a}k \tag{2.14}$$

となる．ただし，$D \equiv b^2 - 4ac$ は 2 次代数方程式の判別式である．この D の値によって，解は三つに分けられる．

i) 双曲型 $D>0$ のとき，解 (2.14) は二つの異なる実数となり，指数関数解は

$$u(x,t) = A\exp\left\{ik\left(x - \frac{b\pm\sqrt{D}}{2a}t\right)\right\}$$

となる．これは，波の伝播を表す解となっていることがわかる．すなわち，$D>0$ の偏微分方程式は波動を表すと考えてよい．また，式 (2.13) と同じ係数 a, b, c をもつ方程式 $ax^2 - bxy + cy^2 = r^2$ ($r>0$ は実定数) が $D>0$ のとき双曲線を表すことから，このタイプの偏微分方程式は「双曲型」であるという．波動方程式 (2.7) は双曲型である．

ii) 楕円型 $D<0$ のときは解 (2.14) は二つの（異なる）共役な複素数となり指数関数解は

$$u(x,t) = A\exp\left\{ikx - i\frac{k}{2a}\left(b\pm i\sqrt{-D}\right)t\right\} = A\exp\left\{ik\left(x - \frac{b}{2a}t\right) \pm \frac{k\sqrt{-D}}{2a}t\right\}$$

と書ける．これは不安定性を表す解である．また，i) の場合と同様に，式 (2.13) と同じ係数 a, b, c をもつ方程式 $ax^2 - bxy + cy^2 = r^2$ ($r>0$ は実定数) が $D<0$ のとき楕円を表すことから，このタイプの偏微分方程式は「楕円型」であるという．水がいきおいよく流れるホースの方程式 (2.8) は楕円型である．また，ラプラス方程式 (2.9) も楕円型である．

iii) 放物型 $D=0$ の偏微分方程式 (2.11) は「放物型」であるという．拡散方程式 (2.6) は放物型である．このとき解 (2.14) はひとつになり（重解），指数関数解は近似的に

$$u(x,t) = A\exp\left\{ik\left(x - \frac{b}{2a}t\right)\right\}$$

と書ける．これは一見波動方程式にみえるが，移動の方向が一意に決まってしまっていることから，波というよりも系全体がある方向に移動しているような場合を示している．

その移動をのぞいて考えると低次の波数の項 $\frac{\partial u}{\partial x}$ や $\frac{\partial u}{\partial t}$ の項が無視できなくなる．この場合 ($D=0$) は他の場合 ($D\neq 0$) と違い，その解の性質は一筋縄ではいかない．たとえば，$a=b=e=f=0$, $c=1$, $d=-1$ で典型的な拡散方程式 $\frac{\partial u}{\partial t} = \frac{\partial^2 u}{\partial x^2}$ になる．しかし，この拡散方程式に小さな項 $\varepsilon^2 \frac{\partial^2 u}{\partial t^2} + 2\varepsilon \frac{\partial^2 u}{\partial x \partial t}$ ($\varepsilon \ll 1$) を加えた方程式

$$\frac{\partial u}{\partial t} = \frac{\partial^2 u}{\partial x^2} + \varepsilon^2 \frac{\partial^2 u}{\partial t^2} + 2\varepsilon \frac{\partial^2 u}{\partial x \partial t} \tag{2.15}$$

も $D=0$ であるが，この場合は不安定性を示す解がある（下の問 2.4 参照）．このタイプの方程式は，必ずしも拡散現象を表しているとはいい切れない．このことは，他書ではあまり触れられていないが，注意すべきことがらである．

問 2.3　次の 2 階斉次線形偏微分方程式の型を示せ．ここで，判別式 D の値も示せ．($c, \alpha > 0$ は定数)

(1) $\dfrac{\partial^2 u}{\partial t^2} = c^2 \dfrac{\partial^2 u}{\partial x^2}$ （波動方程式）

(2) $\dfrac{\partial^2 u}{\partial x^2} + \dfrac{\partial^2 u}{\partial y^2} = 0$ （ラプラス方程式）

(3) $\dfrac{\partial u}{\partial t} = \alpha^2 \dfrac{\partial^2 u}{\partial x^2}$ （拡散方程式）

(4) $\dfrac{\partial^2 u}{\partial t^2} + \dfrac{\partial^2 u}{\partial t \partial x} + \dfrac{1}{2}\dfrac{\partial^2 u}{\partial x^2} = 0$

(5) $\dfrac{\partial^2 u}{\partial t^2} + 2\dfrac{\partial^2 u}{\partial t \partial x} + \dfrac{1}{2}\dfrac{\partial^2 u}{\partial x^2} = 0$

(6) $\dfrac{\partial^2 u}{\partial t^2} + 2\dfrac{\partial^2 u}{\partial t \partial x} + \dfrac{\partial^2 u}{\partial x^2} = 0$

答　(1) 双曲型　($D = 4c^2 > 0$)，(2) 楕円型　($D = -4 < 0$)，
(3) 放物型　($D = 0$)，(4) 楕円型　($D = -1 < 0$)，(5) 双曲型　($D = 2 > 0$)，
(6) 放物型　($D = 0$)

問 2.4　放物型方程式 (2.15) の指数関数解を求め不安定性を示す解があることを確かめよ．

答　指数関数解は $u(x,t) = A \exp\left(ikx + \dfrac{1 - 2i\varepsilon k \pm \sqrt{1-4i\varepsilon k}}{2\varepsilon^2} t \right)$ である．ここで，A は定数である．指数関数の指数の t の係数の実部は $\dfrac{1}{2\varepsilon^2} \pm \mathrm{Re}\bigl(\sqrt{1-4i\varepsilon k}/(2\varepsilon^2)\bigr)$ で，つねに正となるものがある（$\mathrm{Re}(z)$ は複素数 z の実部を表す）．その解が，不安定性を表す解である．よって，$\varepsilon \neq 0$ であれば，必ず不安定性を示す解がある．

2.3.4　指数関数解と一般解の構成

2.3.2 項で，斉次線形偏微分方程式の指数関数による特解の求め方について述べてきた．求められる特解は無限個あるが，斉次線形偏微分方程式の解の重ね合わせの原理（定理 2.1）より，その特解の線形結合も解となる．その解の重ね合わせにより，一般解を表せる可能性がある．ここでは，その具体的例を示唆する．本当にそれが任意の初期値問題の解を与えうる一般解かどうかなどの基礎的説明は第 II 部に譲る．

例 2.15 〈拡散方程式〉

一様一定の拡散係数 D の拡散方程式

$$\frac{\partial u}{\partial t} = D\frac{\partial^2 u}{\partial x^2} \tag{2.16}$$

の指数関数解は，以前求めたように

$$u(x,t) = A\exp\left(-Dk^2 t + ikx\right)$$

である．ここで，$A_1, A_2, \ldots, k_1, k_2, \ldots$ を任意の定数として，その特解の重ね合わせ

$$u(x,t) = A_1\exp\left(-Dk_1^2 t + ik_1 x\right) + A_2\exp\left(-Dk_2^2 t + ik_2 x\right) + \cdots$$

も斉次線形偏微分方程式 (2.16) の解である．あるいは，$A(k)$ を任意の k の関数として

$$w(x,t) = \int_{-\infty}^{\infty} A(k)\exp\left(-Dk^2 t + ikx\right) dk$$

は方程式 (2.16) の解である．この解は関数 $A(k)$ が任意関数なので，関数のとりうる形にかなりの自由度があり，一般解で任意の初期値問題の解となる可能性がある．実際この解は任意の初期条件を満たす解を含んでおり，一般解になっていると考えられる．具体的な説明は第 II 部で述べる． □

例 2.16 〈波動方程式〉

伝わる波の速さ c が一定の波動方程式

$$\frac{\partial^2 u}{\partial t^2} = c^2\frac{\partial^2 u}{\partial x^2} \tag{2.17}$$

の指数関数解はすでに述べたように

$$u(x,t) = Ae^{ik(x-ct)}, \qquad Be^{ik(x+ct)}$$

である．この指数関数解の重ね合わせ，すなわち $A(k)$，$B(k)$ を k の任意の関数として，

$$u(x,t) = \int_{-\infty}^{\infty}\left[A(k)e^{ik(x-ct)} + B(k)e^{ik(x+ct)}\right] dk \tag{2.18}$$

が偏微分方程式 (2.17) の解であることはすぐにわかる．これが方程式 (2.17) の一般解を与えることは次のように確認できる．というのは

$$f(x) = \int_{-\infty}^{\infty} A(k)e^{ikx}\, dk, \qquad g(x) = \int_{-\infty}^{\infty} B(k)e^{ikx}\, dk$$

は任意の関数を与えることになるが,これを用いて重ね合わせにより得られた解 (2.18) は

$$u(x,t) = f(x-ct) + g(x+ct)$$

と書ける.これは後で述べるように方程式 (2.17) の一般解である. □

2.3.1 項で変数分離法により求めた特解の重ね合わせでも同様に一般解を与えることができ,斉次線形偏微分方程式の一般解は指数関数解にかぎらず,特解の重ね合わせとして表すことができる.この根拠となる基礎と,その応用例となる初期値問題は,第 II 部で詳しく述べる.

2.4 非斉次線形偏微分方程式の特解の導出と一般解

非斉次線形偏微分方程式の一般解を求めるには,その特解を求めることが決定的に重要なことを定理 2.2 で述べた.一般的な方法は第 II 部で述べるが,ここではいくつかの(物理・工学的に意味がある)特別な場合の非斉次線形偏微分方程式の特解の求め方について述べる.

例 2.17 〈非斉次項が 1 変数のみの関数の拡散方程式〉

まずは簡単な例として

$$\frac{\partial u}{\partial t} = \frac{\partial^2 u}{\partial x^2} + \sin \pi x \tag{2.19}$$

の特解を求めてみよう.この方程式は,熱源 $\sin \pi x$ がある場合の熱拡散方程式と考えられるので,時間がたつにつれて u はある一定の分布に近づいてゆき,無限時間後にはその分布に一致するはずである.そこで,その定常解を $u_0(x)$ としよう.この u_0 の満たす方程式は時間変化がないので,$\partial u_0 / \partial t = 0$ として,

$$\frac{\partial^2 u_0}{\partial x^2} + \sin \pi x = 0$$

という方程式を満たす.これは常微分方程式ですぐに解けて,

$$u_0 = \frac{1}{\pi^2} \sin \pi x$$

を得る.これは,非斉次方程式 (2.19) の特解になっている.よって,前節で求めた斉次方程式の一般解を用いて定理 2.2 より一般解は

$$u(x,t) = \int_{-\infty}^{\infty} A(k) e^{-k^2 t + ikx} \, dk + \frac{1}{\pi^2} \sin \pi x$$

であることがわかる.ただし,$A(k)$ は任意の k の関数. □

問 2.5　次の非斉次線形偏微分方程式の特解を求めよ．

$$\frac{\partial u}{\partial t} = \frac{\partial^2 u}{\partial x^2} + 1 - \cos \pi x$$

答　$u = -\dfrac{x^2}{2} - \dfrac{1}{\pi^2} \cos \pi x$．

例 2.18 〈非斉次項が 1 変数のみの関数の波動方程式〉

次に同様な例として波動方程式

$$\frac{\partial^2 u}{\partial t^2} = \frac{\partial^2 u}{\partial x^2} + \sin \pi x \tag{2.20}$$

の特解を求めてみよう．この方程式は，各点に一定の外力が働いている場合の糸の運動を表す式である．このときも，定常解があれば偏微分方程式は常微分方程式になり，特解をすぐに求めることができる．そこで，定常解を $u_0(x)$ としよう．この u_0 の満たす方程式は，時間変化がないので $\partial^2 u_0 / \partial t^2 = 0$ とおくと，

$$\frac{\partial^2 u_0}{\partial x^2} + \sin \pi x = 0$$

となり，これは常微分方程式なのですぐに解けて，

$$u_0 = \frac{1}{\pi^2} \sin \pi x$$

となる．これは，外力と糸の張力がつり合っている場合に対応する非斉次方程式 (2.20) の特解である．定理 2.2 を用いて一般解は

$$u(x,t) = f(x-t) + g(x+t) + \frac{1}{\pi^2} \sin \pi x$$

であることがわかる．ただし，$f(x)$, $g(x)$ は任意の x の関数． □

例 2.19 〈時間変動する非斉次項を含む拡散方程式〉

今までは非斉次項として時間的に一定なものを扱ってきたが，時間変動する場合も次のような方程式では比較的簡単に特解を求めることができる．

$$\frac{\partial u}{\partial t} = \frac{\partial^2 u}{\partial x^2} + e^{-t} \sin \pi x \tag{2.21}$$

の特解を求めてみよう．この方程式は，時間的に変動する熱源のある場合の拡散方程式になっている．その熱源の関数が対応する斉次方程式の特解に似ているとき，A, B

を定数として
$$u_0(x,t) = e^{-t}(A\sin\pi x + B\cos\pi x)$$
とおくと特解 u_0 を得られる場合が多い．実際，これを方程式 (2.21) に代入して整理すると，
$$[(\pi^2 - 1)A - 1]e^{-t}\sin\pi x + [\pi^2 - 1]Be^{-t}\cos\pi x = 0$$
となるので，$A = \dfrac{1}{\pi^2 - 1}$, $B = 0$ とすれば上式を満たすことがわかる．よって求めるべき特解は
$$u_0(x,t) = \frac{1}{\pi^2 - 1}e^{-t}\sin\pi x$$
となる．この方法は，次の問 2.6 (2) で示すように非斉次項が対応する斉次方程式の解であるときは使えない．そのときは，もう少しおき方を工夫する必要がある．定理 2.2 より一般解は，$A(k)$ を任意の k の関数として
$$u(x,t) = \frac{1}{\pi^2 - 1}e^{-t}\sin\pi x + \int_{-\infty}^{\infty} A(k)e^{-k^2 t + ikx}\,dk$$
となることがわかる． □

問 2.6　次の非斉次拡散方程式の特解を求めよ．

(1) $\dfrac{\partial u}{\partial t} = \dfrac{\partial^2 u}{\partial x^2} + e^{-t}\cos\pi x$,　(2) $\dfrac{\partial u}{\partial t} = \dfrac{\partial^2 u}{\partial x^2} + e^{-t}\cos x$

ヒント　(2) については，非斉次項が斉次方程式の解となっている．$u = Ate^{-t}\cos x$ とおいてみよ．

答　(1) $u(x,t) = \dfrac{1}{\pi^2 - 1}e^{-t}\cos\pi x$,　(2) $u(x,t) = te^{-t}\cos x$

例 2.20 〈時間変動する非斉次項を含む波動方程式〉

時間的に変動する非斉次項を含む波動方程式
$$\frac{\partial^2 u}{\partial t^2} = \frac{\partial^2 u}{\partial x^2} + \cos\pi t\cos 2\pi x \tag{2.22}$$
の特解を求めてみよう．この場合も，非斉次項が対応する斉次方程式の特解の形に似ている．前の例と同様に斉次方程式の特解 u_0 の関数形
$$u_0(x,t) = (P\cos\pi t + Q\sin\pi t)(A\cos 2\pi x + B\sin 2\pi x)$$
とおいてみる．ただし，P, Q, A, B は定数である．このとき，実は $P = 1, Q = B = 0$ としてよいので，そうしておいて方程式 (2.22) に代入すると，
$$3\pi^2 A\cos\pi t\cos 2\pi x = \cos\pi t\cos 2\pi x$$

となり，$A = 1/(3\pi^2)$ とおけばよいことがわかる．よって，求めるべき特解は

$$u_0(x,t) = \frac{1}{3\pi^2} \cos \pi t \cos 2\pi x$$

である．方程式 (2.22) の一般解は斉次方程式の一般解を加えて

$$u(x,t) = f(x-t) + g(x+t) + \frac{1}{3\pi^2} \cos \pi t \cos 2\pi x$$

となる．ここで，$f(x)$，$g(x)$ は任意の関数である． □

問 2.7 次の非斉次線形偏微分方程式の特解を求めよ．

(1) $\dfrac{\partial^2 u}{\partial t^2} = \dfrac{\partial^2 u}{\partial x^2} + \cos \pi t \sin 2\pi x$, (2) $\dfrac{\partial^2 u}{\partial t^2} = \dfrac{\partial^2 u}{\partial x^2} + \cos \pi t \sin \pi x$

ヒント (2) A，B を定数として，$u = t(A\cos \pi t + B \sin \pi t)\sin \pi x$ とおいてみよ．

答 (1) $u = \dfrac{1}{3\pi^2} \cos \pi t \sin 2\pi x$, (2) $u = \dfrac{t}{2\pi} \sin \pi t \sin \pi x$

2.5 座標変換による解法

座標変換して新しい座標を用いることにより，偏微分方程式が簡単になり解きやすくなることがよくある．ここでは，座標変換することにより 1 階および 2 階非斉次線形方程式の一般解を求める方法について述べる．

2.5.1 1 階線形偏微分方程式

1 階線形偏微分方程式は，偏微分方程式としては珍しく厳密な一般解を求めることができる．まずは，1 階線形偏微分方程式の中でも最も簡単な速度一定の 1 次元移流方程式からはじめる．

例 2.21 〈1 階の移流方程式〉

一定一様速度 c の液体の 1 次元の移流方程式

$$\frac{\partial u}{\partial t} + c \frac{\partial u}{\partial x} = 0 \tag{2.23}$$

の一般解を座標変換により求めてみよう．次のような座標変換を考える．

$$x' = x - ct, \quad t' = t$$

これは「ガリレイ変換」(Galilean transformation) とよばれている座標変換で x 方向

に速度 c の速度差がある空間座標系間の変換である．すると方程式 (2.23) は

$$\frac{\partial u}{\partial t'} = \frac{\partial u}{\partial t}\frac{\partial t}{\partial t'} + \frac{\partial u}{\partial x}\frac{\partial x}{\partial t'} = \frac{\partial u}{\partial t} + c\frac{\partial u}{\partial x} = 0$$

となる．この方程式の一般解は，$\partial u/\partial t' = 0$ より

$$u\bigl(x(x',t'),t(t')\bigr) = f(x')$$

である．ここで，$f(x)$ は任意の関数である．よって，求めるべき方程式 (2.23) の一般解は

$$u(x,t) = f(x-ct)$$

となることがわかる．この解は，速度 c で関数 $f(x)$ が平行移動することを表している．これは，移流方程式 (2.23) がその解となる物理量がそもそも与えられた速度 c で移動するとして導かれた方程式であることから，当然であろう（図 2.5）． □

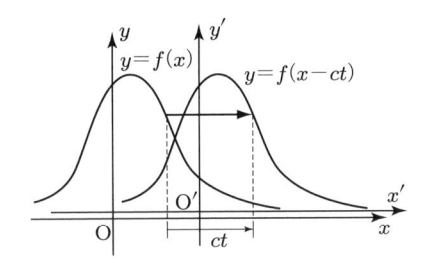

図 **2.5** 速度一定の場合の 1 次元移流方程式の解

問 2.8　次の一般解を求めよ．

$$\frac{\partial u}{\partial t} - c\frac{\partial u}{\partial x} = 0$$

ヒント　座標変換 $x' = x+ct$, $t' = t$ を用いる．

答　$u(x,t) = f(x+ct)$．$f(x)$ は任意の関数．

2.5.2 特性曲線法

座標変換を用いた一般解の求め方として最も簡単な例をはじめに示した．そこでは用いるべき座標変換が理由抜きで与えられており，それをどのように導いたかについては示されていない．次に，どのように座標変換を決めればよいかを，1 階非斉次線形微分方程式の場合について一般的な方法を示す．

1階非斉次線形偏微分方程式は次のように書ける．

$$a(x,y)\frac{\partial u}{\partial x} + b(x,y)\frac{\partial u}{\partial y} + c(x,y)u(x,y) = g(x,y) \tag{2.24}$$

まず，この方程式に合った座標変換を求めるために，次の連立常微分方程式を考えよう．

$$\frac{dx}{d\tau} = a(x,y), \qquad \frac{dy}{d\tau} = b(x,y) \tag{2.25}$$

ここで，x, y は新しい変数 τ の関数としている．この方程式を偏微分方程式に対する**「特性方程式」**という．この方程式は基本的に常微分方程式なのですぐに解けて，その解を

$$x = x(\tau, c_1, c_2), \qquad y = y(\tau, c_1, c_2) \tag{2.26}$$

とする．ここで，c_1, c_2 は任意の定数である．この解の c_1, c_2 の値をいろいろ取り換えれば，O-xy 平面上で一群の曲線が現れる．この個々の曲線をこの偏微分方程式の**「特性曲線」**という．この特性曲線は，O-xy 平面上のベクトル場 $\boldsymbol{v}(x,y) \equiv (a(x,y), b(x,y))$ と各点で接する曲線である（図 2.6）．

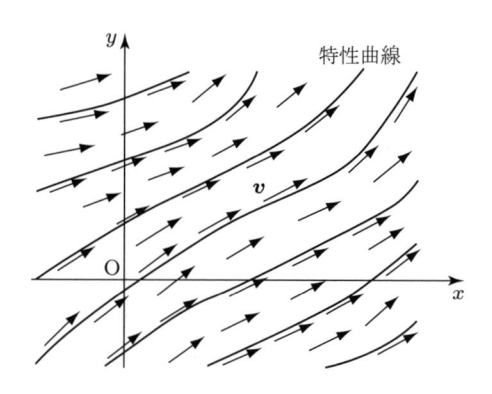

図 2.6　特性曲線

ここで，任意定数は c_1, c_2 の二つあるが，求めている解 $u(x,y)$ の定義域を覆い尽くすような特性曲線群を作るためには，c_1, c_2 を独立に動かす必要はなく，どれかひとつだけで考えればよい．すなわち，異なる特性曲線を区別するにはひとつの任意定数だけで十分であるので，その定数を C として式 (2.26) を

$$x = x(\tau, C), \qquad y = y(\tau, C) \tag{2.27}$$

と書くことにする．

この特性曲線群を利用して新しい座標系を考えよう．ここで，C を決めれば特性曲線が決まり，τ を決めればその特性曲線上の一点 (x,y) が決まる．逆に特性曲線群が O-xy 平面を覆い尽くしているとすると，任意の点 (x,y) を通る特性曲線の C があり，その特性曲線上の点 (x,y) に対応する τ が決まる．すなわち，(τ, C) と (x,y) は1対1に対応している．そこで，定数 C を新しい変数 σ として座標変換

$$x = x(\tau, \sigma), \qquad y = y(\tau, \sigma) \tag{2.28}$$

を導入する．この新しい座標系 (τ, σ) を，この偏微分方程式の「**特性座標系**」とよぼう．このとき，特性座標系 (τ, σ) での τ-偏微分は σ を一定にして微分することになるので，

$$\frac{\partial x}{\partial \tau} = a, \qquad \frac{\partial y}{\partial \tau} = b$$

となる．よって，

$$\frac{\partial u}{\partial \tau} = \frac{\partial x}{\partial \tau}\frac{\partial u}{\partial x} + \frac{\partial y}{\partial \tau}\frac{\partial u}{\partial y} = a\frac{\partial u}{\partial x} + b\frac{\partial u}{\partial y}$$

を方程式 (2.24) に代入すると

$$\frac{\partial u}{\partial \tau} + cu = g$$

となる．これは，τ の常微分方程式に帰着できることがわかる．常微分方程式なのでこれはただちに解け，

$$u = \exp\left(-\int^\tau c\,d\tau'\right)\int^\tau g\exp\left(\int^{\tau'} c\,d\tau''\right)d\tau' + f(\sigma)$$

となる．ここで，$f(\sigma)$ は任意の関数である．よって，求めるべき一般解

$$\begin{aligned}
u(x,y) =\ & \exp\left\{-\int^{\tau(x,y)} c\bigl(x(\tau', \sigma(x,y)), y(\tau', \sigma(x,y))\bigr)d\tau'\right\} \\
& \times \int^{\tau(x,y)} g\bigl(x(\tau', \sigma(x,y)), y(\tau', \sigma(x,y))\bigr) \\
& \qquad \times \exp\left\{\int^{c\tau'} c\bigl(x(\tau'', \sigma(x,y)), y(\tau'', \sigma(x,y))\bigr)d\tau''\right\}d\tau' \\
& + f(\sigma(x,y))
\end{aligned} \tag{2.29}$$

を得る．この方法は「**特性曲線法**」とよばれている．

例題 2.2 次の 1 階線形偏微分方程式の一般解を特性曲線法を用いて求めよ．
$$\frac{\partial u}{\partial x} + x\frac{\partial u}{\partial y} = 1$$

【解】 この偏微分方程式に対する特性方程式は τ を新しい変数として
$$\frac{dx}{d\tau} = 1, \quad \frac{dy}{d\tau} = x$$
である．この連立常微分方程式の解は
$$x = \tau + x_0, \quad y = \frac{\tau^2}{2} + \tau x_0 + y_0 = \frac{1}{2}(\tau + x_0)^2 + y_0 - \frac{x_0^2}{2}$$
である．ここで x_0, y_0 は定数．この特性曲線は
$$y = \frac{x^2}{2} + y_0 - \frac{x_0^2}{2}$$
となり，$x_0 = 0$ としても失う特性曲線はないので，
$$x = \tau, \quad y = \frac{\tau^2}{2} + y_0$$
とする．ここで，y_0 を新しい変数 σ で置き換えると
$$x = \tau, \quad y = \frac{\tau^2}{2} + \sigma$$
という座標変換を得る．この特性座標系 (τ, σ) で方程式を書き直すと
$$\frac{\partial u}{\partial \tau} = \frac{\partial x}{\partial \tau}\frac{\partial u}{\partial x} + \frac{\partial y}{\partial \tau}\frac{\partial u}{\partial y} = \frac{\partial u}{\partial x} + x\frac{\partial u}{\partial y} = 1$$
という常微分方程式を得る．この方程式の一般解は
$$u = \tau + f(\sigma)$$
である．ここで，$f(\sigma)$ は任意の関数である．よって，求めるべき方程式の一般解は
$$u(x, y) = x + f\left(y - \frac{x^2}{2}\right)$$
である．

問 2.9 次の 1 階線形線形偏微分方程式の一般解を求めよ．

(1) $y\dfrac{\partial u}{\partial x} + x\dfrac{\partial u}{\partial y} = y$

(2) $y\dfrac{\partial u}{\partial x} + x\dfrac{\partial u}{\partial y} = 1$

答 $f(x)$ を任意の関数として，(1) $u = x + f\left(\dfrac{x^2 - y^2}{4}\right)$

(2) $u = -\log|x - y| + f\left(\dfrac{x^2 - y^2}{4}\right)$

■ 2.5.3 2階線形偏微分方程式の一般解の導出

次に，座標変換による2階偏微分方程式について考えてみよう．まず，次のような簡単な例からはじめよう．

例 2.22 〈2階波動方程式〉

2階波動方程式
$$\frac{\partial^2 u}{\partial t^2} = c^2 \frac{\partial^2 u}{\partial x^2} \tag{2.30}$$
の一般解を座標変換により求めてみよう．$c > 0$ を定数とする．このとき
$$\sigma = x - ct, \quad \tau = x + ct$$
という座標変換を用いると，$x = (\tau + \sigma)/2$, $t = (\tau - \sigma)/2c$ なので
$$\frac{\partial}{\partial \sigma} = \frac{\partial x}{\partial \sigma}\frac{\partial}{\partial x} + \frac{\partial t}{\partial \sigma}\frac{\partial}{\partial t} = \frac{1}{2}\frac{\partial}{\partial x} - \frac{1}{2c}\frac{\partial}{\partial t}$$
$$\frac{\partial}{\partial \tau} = \frac{\partial x}{\partial \tau}\frac{\partial}{\partial x} + \frac{\partial t}{\partial \tau}\frac{\partial}{\partial t} = \frac{1}{2}\frac{\partial}{\partial x} + \frac{1}{2c}\frac{\partial}{\partial t}$$
となる．よって，
$$\frac{\partial}{\partial \sigma}\left(\frac{\partial u}{\partial \tau}\right) = \frac{1}{2}\frac{\partial}{\partial x}\left(\frac{1}{2}\frac{\partial u}{\partial x} - \frac{1}{2c}\frac{\partial u}{\partial t}\right) + \frac{1}{2c}\frac{\partial}{\partial t}\left(\frac{1}{2}\frac{\partial u}{\partial x} - \frac{1}{2c}\frac{\partial u}{\partial t}\right)$$
$$= -\frac{1}{4c^2}\left(\frac{\partial^2 u}{\partial t^2} - c^2\frac{\partial^2 u}{\partial x^2}\right) = 0$$
すなわち，
$$\frac{\partial}{\partial \sigma}\left(\frac{\partial u}{\partial \tau}\right) = 0$$
という偏微分方程式を得る．これより，$g(\tau)$ を任意の関数として，
$$\frac{\partial u}{\partial \tau} = g'(\tau)$$
さらに，$f(\sigma)$ を任意の関数として
$$u = \int g'(\tau)\,d\tau + f(\sigma) = f(\sigma) + g(\tau)$$

という解を得る．よって，求めるべき一般解は

$$u(x,t) = f(x-ct) + g(x+ct)$$

である． □

これは，右方向に速さ c で並進移動する関数 $f(x-ct)$ と，左方向に速さ c で並進移動する関数 $g(x+ct)$ の重ね合わせとなっている．偏微分方程式 (2.30) は，このように左右に伝播する波をとらえる方程式であることがわかる．

(1) 2階線形偏微分方程式の特性曲線法

これまで座標変換を理由をいわずに与えていたが，これはどのようにして決めればよいであろうか．これは，1階線形偏微分方程式の特性座標系の手法を用いて，次のような手順で決めることができる．先の例 2.22 を用いて，どのように座標変換を決めるかを示してみよう．波動方程式は

$$-\frac{\partial^2 u}{\partial t^2} + c^2 \frac{\partial^2 u}{\partial x^2} = \left(-\frac{\partial^2}{\partial t^2} + c^2 \frac{\partial^2}{\partial x^2}\right) u$$

$$= \left(\frac{\partial}{\partial t} + c\frac{\partial}{\partial x}\right)\left(-\frac{\partial}{\partial t} + c\frac{\partial}{\partial x}\right) u = 0$$

と微分作用素を用いて書くことができる．ここで

$$v = \left(-\frac{\partial}{\partial t} + c\frac{\partial}{\partial x}\right) u$$

とおくと，

$$\left(\frac{\partial}{\partial t} + c\frac{\partial}{\partial x}\right) v = 0$$

となり，もとの2階波動方程式は2元連立1階線形偏微分方程式で書けることになる．これらの連立線形偏微分方程式の両辺を，定数で割って得た方程式

$$\left(-\frac{1}{2c}\frac{\partial}{\partial t} + \frac{1}{2}\frac{\partial}{\partial x}\right) u = \frac{v}{2c} \tag{2.31}$$

$$\left(\frac{1}{2c}\frac{\partial}{\partial t} + \frac{1}{2}\frac{\partial}{\partial x}\right) v = 0 \tag{2.32}$$

の特性座標系を求めよう．まず，偏微分方程式 (2.31) についての特性方程式は

$$\frac{dt}{d\sigma} = -\frac{1}{2c}, \qquad \frac{dx}{d\sigma} = \frac{1}{2}$$

であり，特性曲線は
$$t = -\frac{\sigma}{2c} + t_1, \qquad x = \frac{\sigma}{2} + x_1$$
となる．ここで，t_1, x_1 は任意の定数である．また，偏微分方程式 (2.32) については特性方程式
$$\frac{dt}{d\tau} = \frac{1}{2c}, \qquad \frac{dx}{d\tau} = \frac{1}{2}$$
より特性曲線は
$$t = \frac{\tau}{2c} + t_2, \qquad x = \frac{\tau}{2} + x_2$$
である．ここで，t_2, x_2 は任意の定数である．よって，方程式 (2.31) の特性座標系では t_1, x_1 が τ の関数として
$$t = -\frac{\sigma}{2c} + t_1(\tau), \qquad x = \frac{\sigma}{2} + x_1(\tau) \tag{2.33}$$
と書ける．同様に，方程式 (2.32) の特性座標系では t_2, x_2 が σ の関数として
$$t = \frac{\tau}{2c} + t_2(\sigma), \qquad x = \frac{\tau}{2} + x_2(\sigma) \tag{2.34}$$
とできる．ここで，方程式 (2.31), (2.32) に共通な特性座標系を設定するには式 (2.33) と (2.34) が同じ式になるように，
$$t_1(\tau) = \frac{\tau}{2c}, \qquad t_2(\sigma) = -\frac{\sigma}{2c}, \qquad x_1(\tau) = \frac{\tau}{2}, \qquad x_2(\sigma) = \frac{\sigma}{2}$$
とすればよいことがわかる．このようにして，座標変換
$$t = \frac{\tau - \sigma}{2c}, \qquad x = \frac{\tau + \sigma}{2}$$
すなわち，
$$\sigma = x - ct, \qquad \tau = x + ct$$
という座標変換を得る．この座標変換は方程式 (2.31), (2.32) の両方の特性座標系になっているので
$$\frac{\partial u}{\partial \sigma} = v, \qquad \frac{\partial v}{\partial \tau} = 0$$
すなわち，
$$\frac{\partial}{\partial \tau}\frac{\partial}{\partial \sigma} u = 0$$
となることがすぐにわかり，一般解
$$u(x, t) = f(x - ct) + g(x + ct)$$

を得ることができる．このように，特性座標系を用いると2階の非斉次方程式の一般解も求めることができる．

問 2.10 非斉次波動方程式

$$\frac{\partial^2 u}{\partial t^2} = \frac{\partial^2 u}{\partial x^2} + h(x,t)$$

の一般解を求めよ．

ヒント うえで求めた特性座標系を用いよ．

答 $u(x,t) = f(x-ct) + g(x+ct) - \frac{1}{4}\int^{x-ct} d\sigma \int^{x+ct} d\tau\, h\left(\frac{\tau+\sigma}{2}, \frac{\tau-\sigma}{2c}\right)$.
$f(x)$, $g(x)$ は任意の関数．

このように，2階線形偏微分方程式の微分作用素が二つの1階偏微分作用素の積に書ければ，1階偏微分方程式の一般解のところで述べた特性曲線法を用いることができる．これは，双曲型方程式のように，微分作用素が実数係数の1階の微分作用素に因数分解できるときにかぎり，用いることができる．たとえば，

$$\left(\frac{\partial^2}{\partial x^2} + \frac{\partial^2}{\partial y^2}\right) u = 0$$

という楕円型方程式には，この方法は実数関数の範囲内では用いることはできない．

(2) 指数関数解による特性座標系の求め方

2.3.2 項で示したような，階数と変数の個数が同じの定数係数の同次線形偏微分方程式の場合は，指数関数解により簡単に特性座標変換を決めることができる．たとえば例 2.22 の場合では次のように決めることができる．指数関数解を求めるために $u(x,t) = Ae^{ikx - i\omega t}$ （k, ω, $A \neq 0$ は定数）とおき，斉次方程式 (2.30) に代入する．すると代数方程式

$$-\omega^2 = -c^2 k^2$$

を得る．これを ω について解き，仮定した関数に代入すると

$$u(x,t) = Ae^{ik(x-ct)}, \quad Ae^{ik(x+ct)}$$

という指数関数解を得る．この解は，系が変数 $\sigma = x - ct$ と $\tau = x + ct$ のみの関数で表せることを示している．すなわち，$\frac{\partial^2}{\partial \tau \partial \sigma} u = 0$ となり座標系 (σ, τ) が特性座標系になっていることを意味している．

以上のように，座標変換を用いると非斉次線形偏微分方程式の一般解を直接求めることができる．

■ 2.5.4　水が中をいきおいよく流れるホースの方程式とラプラス方程式

これまで，座標変換により，双曲型方程式が他のすでに知っている簡単な方程式に帰着でき，一般解を求めることができることを示してきた．ここではさらに，楕円型方程式についても変数変換することにより，より単純な方程式に帰着できることをみてみよう．

これまで扱った方程式の中でも最も複雑な方程式のひとつである，1.4.7 項で扱った水が中を流れるホースの方程式 (2.8) をとりあげてみる．（ここではホースの張力は無視し，方程式 (2.8) の右辺 $c^2\dfrac{\partial^2 u}{\partial x^2}$ はゼロとする．）独立変数は位置の座標 x と時刻 t であったが，新しく次のような座標を考える．

$$x' = x - \alpha v_0 t, \qquad t' = ct$$

ここで，水とホースの線質量密度をそれぞれ λ_w, λ_h として，$\alpha = \lambda_\mathrm{w}/(\lambda_\mathrm{w} + \lambda_\mathrm{h})$ である．また，c は後で決める定数である．$c = 1$ のときはガリレイ変換である．この新しい座標は，もとの座標に対して速度 αv_0 で右方向に移動する座標である．また，時間のスケールも変えられている．新しい座標 (x', t') での偏微分方程式を求めてみよう．

$$\frac{\partial u}{\partial x} = \frac{\partial u}{\partial x'}, \qquad \frac{\partial^2 u}{\partial x^2} = \frac{\partial^2 u}{\partial x'^2},$$

$$\frac{\partial u}{\partial t} = \frac{\partial u}{\partial t'}\frac{\partial t'}{\partial t} + \frac{\partial u}{\partial x'}\frac{\partial x'}{\partial t} = c\frac{\partial u}{\partial t'} - \alpha v_0 \frac{\partial u}{\partial x'},$$

$$\frac{\partial^2 u}{\partial t^2} = \frac{\partial}{\partial t'}\left(\frac{\partial u}{\partial t}\right)\frac{\partial t'}{\partial t} + \frac{\partial}{\partial x'}\left(\frac{\partial u}{\partial t}\right)\frac{\partial x'}{\partial t}$$

$$= c^2 \frac{\partial^2 u}{\partial t'^2} - 2\alpha v_0 c \frac{\partial^2 u}{\partial t' \partial x'} + (\alpha v_0)^2 \frac{\partial^2 u}{\partial x'^2},$$

$$\frac{\partial^2 u}{\partial t \partial x} = \frac{\partial}{\partial t'}\left(\frac{\partial u}{\partial t}\right)\frac{\partial t'}{\partial x} + \frac{\partial}{\partial x'}\left(\frac{\partial u}{\partial t}\right)\frac{\partial x'}{\partial x} = c\frac{\partial^2 u}{\partial t' \partial x'} - \alpha v_0 \frac{\partial^2 u}{\partial x'^2}$$

となるので，偏微分方程式 (2.8) は

$$\frac{\partial^2 u}{\partial t^2} + 2\alpha v_0 \frac{\partial^2 u}{\partial t \partial x} + \alpha v_0{}^2 \frac{\partial^2 u}{\partial x^2} = c^2 \frac{\partial^2 u}{\partial t'^2} + (-\alpha^2 + \alpha)v_0{}^2 \frac{\partial^2 u}{\partial x'^2} = 0$$

となる．ここで $c = \sqrt{\alpha(1-\alpha)}\, v_0 \neq 0$ とおくと

$$\frac{\partial^2 u}{\partial t'^2} + \frac{\partial^2 u}{\partial x'^2} = 0$$

となる．これは，1.4.5 項の最後にふれたラプラス方程式（非斉次項がゼロのポアソン方程式）と一致する．しかし，この場合は同じ形の方程式でもとらえる現象は全く異なる．ラプラス方程式やポアソン方程式は定常問題で現れ，他方このホースの方程式は不安定性の現象で現れる．

2.6 初期値・境界値問題，初期値問題の解法

これまで求めてきた偏微分方程式の解を用いて，初期値・境界値問題や初期値問題の条件を満たす関数を求めてみよう．そのような関数を求めることを，初期値・境界値問題あるいは初期値問題を「**解く**」という．

偏微分方程式は 'partial differential equation' の頭文字をとって，"PDE" と略記する．同様に，「**境界条件**」(boundary condition)，「**初期条件**」(initial condition) も "BdC"，"InC" と略して書くことがある．板書やノートを取るときには，この略記号は便利であろう．

例題 2.3 次の拡散問題（初期値・境界値問題）を解け．

(i) 偏微分方程式（PDE） $\dfrac{\partial u}{\partial t} = \alpha^2 \dfrac{\partial^2 u}{\partial x^2}$ $\begin{pmatrix} 0 < x < L \\ 0 < t < \infty \end{pmatrix}$

(ii) 境界条件 (BdC) $u(0,t) = u(L,t) = 0 \quad (0 < t < \infty)$

(iii) 初期条件 (InC) $u(x,0) = T_0 \sin\left(\dfrac{\pi}{L} x\right) \quad (0 \le x \le L)$

【**解**】 偏微分方程式 (i) の特解は，変数分離法あるいは指数関数解を用いて式 (2.3) で与えられているように

$$u(x,t) = e^{-\alpha^2 k^2 t}(A\cos kx + B\sin kx)$$

ここで，A, B, k は任意の実の定数とする．この解が境界条件 (ii) を満たすとすると

$$\begin{aligned} u(0,t) &= e^{-\alpha^2 k^2 t} A = 0 \\ u(L,t) &= e^{-\alpha^2 k^2 t}(A\cos kL + B\sin kL) = 0 \end{aligned}$$

ここで，$e^{-\alpha^2 k^2 t} \ne 0$ なので $u = 0$ 以外の解を得るには $A = 0$，$\sin kL = 0$ でなくてはならない．すなわち，k は $k = n\pi/L \ (n = 1,2,3,\ldots)$ でなくてはならない．よって偏微分方程式，境界条件を満たす関数として

$$u(x,t) = B e^{-(\alpha n\pi/L)^2 t} \sin\left(\dfrac{n\pi}{L} x\right) \quad (n = 1,2,3,\ldots)$$

を得る．ここで，$B = T_0$, $n = 1$ とおくと

$$u(x,0) = T_0 \sin\left(\frac{\pi}{L}x\right)$$

となり，初期条件も満たすことになる．よって，この問題の解は

$$u(x,t) = T_0 e^{-(\alpha\pi/L)^2 t} \sin\left(\frac{\pi}{L}x\right)$$

である．ここで，$\tau = \left(\dfrac{L}{\pi\alpha}\right)^2$ とおくと，

$$u(x,t) = T_0 e^{-t/\tau} \sin\left(\frac{\pi}{L}x\right)$$

と書ける．この関数が対応する物理量の分布は，三角関数の形を保ったままその振幅が指数関数的に減衰していくことがわかる（図 2.7）．この減衰の特徴的時間 τ を時定数という．∎

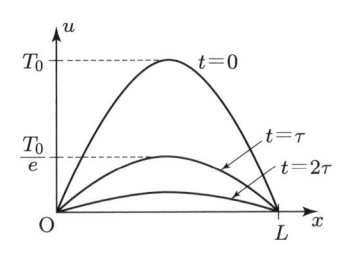

図 **2.7** 拡散問題の解

例題 2.4 次の波動問題（初期値・境界値問題）を解け．

(i) 偏微分方程式（PDE） $\quad \dfrac{\partial^2 u}{\partial t^2} = c^2 \dfrac{\partial^2 u}{\partial x^2} \quad \begin{pmatrix} 0 < x < L \\ 0 < t < \infty \end{pmatrix}$

(ii) 境界条件 (BdC) $\quad u(0,t) = u(L,t) = 0 \quad (0 < t < \infty)$

(iii) 初期条件 (InC) $\quad \left.\begin{matrix} u(x,0) = \sin\left(\dfrac{\pi}{L}x\right) \\ \dfrac{\partial u}{\partial t}(x,0) = 0 \end{matrix}\right\} \quad (0 \le x \le L)$

【解】偏微分方程式 (i) の特解は，変数分離法によって式 (2.4) のように与えられている．

$$u(x,t) = (P\cos ckt + Q\sin ckt)(A\cos kx + B\sin kx)$$

ここで，A, B, P, Q, k は任意の実定数である．これが境界条件 (ii) や初期条件 (iii) を満たすように定数を決めることができれば解を得たことになる．まず，境界条件について考え

ると

$$(P\cos ckt + Q\sin ckt)A = 0$$
$$(P\cos ckt + Q\sin ckt)(A\cos kL + B\sin kL) = 0$$

ここで，$u = 0$ 以外の解を得るためには

$$A = 0, \qquad \sin kL = 0$$

である必要がある．これより，$kL = n\pi\ (n = 1, 2, \ldots)$ となり境界条件 (ii) を満たす偏微分方程式 (i) の特解として

$$u(x, t) = B\left[P\cos\left(\frac{cn\pi}{L}t\right) + Q\sin\left(\frac{cn\pi}{L}t\right)\right]\sin\left(\frac{n\pi}{L}x\right) \quad (n = 1, 2, \ldots)$$

を得る．次にこの特解に初期条件 (iii) を課すと

$$u(x, 0) = BP\sin\left(\frac{n\pi}{L}x\right) = \sin\left(\frac{\pi}{L}x\right)$$
$$\frac{\partial u}{\partial t}(x, 0) = B\frac{cn\pi}{L}Q\sin\left(\frac{n\pi}{L}x\right) = 0$$

となる．ここで，上式から $BP = 1$, $n = 1$, 下の式から $Q = 0$ を得る．よって求める解は

$$u(x, t) = \cos\left(\frac{c\pi}{L}t\right)\sin\left(\frac{\pi}{L}x\right)$$

である．これは，図 2.8 のように三角関数の形を保ったままその値が振動する解で，「**定在波**」(standing wave) を表す．

次に，初期値問題を解いてみよう．

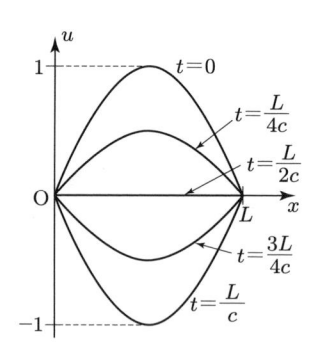

図 **2.8** 波動問題の解

> **例題 2.5** 次の条件を満たす関数 u を求めよ．
>
> (i) 偏微分方程式 (PDE) $\quad \dfrac{\partial^2 u}{\partial t^2} = c^2 \dfrac{\partial^2 u}{\partial x^2} \quad \begin{pmatrix} -\infty < x < \infty \\ 0 < t < \infty \end{pmatrix}$
>
> (ii) 初期条件 (InC) $\quad \left. \begin{array}{l} u(x,0) = \phi(x) \\ \dfrac{\partial u}{\partial t}(x,0) = \psi(x) \end{array} \right\} \quad (-\infty < x < \infty)$

【解】 2.5.3 項で導いたように偏微分方程式 (i) の一般解は，f と g を任意の関数として

$$u(x,t) = f(x+ct) + g(x-ct)$$

である．これに初期条件 (ii) を課すと

$$u(x,0) = f(x) + g(x) = \phi(x)$$
$$\frac{\partial u}{\partial t}(x,0) = cf'(x) - cg'(x) = c(f'(x) - g'(x)) = \psi(x)$$

すなわち，

$$f'(x) + g'(x) = \phi'(x), \qquad f'(x) - g'(x) = \frac{\psi(x)}{c}$$

より

$$f'(x) = \frac{1}{2}\left[\phi'(x) + \frac{1}{c}\psi(x)\right], \qquad g'(x) = \frac{1}{2}\left[\phi'(x) - \frac{1}{c}\psi(x)\right]$$

積分すると

$$f(x) = \frac{1}{2}\phi(x) + \frac{1}{2c}\int_0^x \psi(s)\,ds + C_1$$
$$g(x) = \frac{1}{2}\phi(x) - \frac{1}{2c}\int_0^x \psi(s)\,ds + C_2$$

ここで，

$$f(x) + g(x) = \phi(x) + C_1 + C_2 = \phi(x)$$

なので任意定数 C_1, C_2 は $C_1 + C_2 = 0$ を満たす．よって求めるべき解は

$$\begin{aligned} u(x,t) &= \frac{1}{2}\Big[\phi(x+ct) + \phi(x-ct)\Big] + \frac{1}{2c}\left[\int_0^{x+ct} \psi(s)\,ds - \int_0^{x-ct} \psi(s)\,ds\right] \\ &= \frac{\phi(x+ct) + \phi(x-ct)}{2} + \frac{1}{2c}\int_{x-ct}^{x+ct} \psi(s)\,ds \end{aligned} \tag{2.35}$$

これを初期値問題に対する「**ダランベール解**」(d'Alembert's solution) とよぶ．このダランベール解は，時刻 t_0, 点 x_0 における u の値は u と $\dfrac{\partial u}{\partial t}$ の初期値

$$\phi(x_0 - ct_0), \quad \phi(x_0 + ct_0), \quad \phi(x) \quad (x_0 - ct_0 \leq x \leq x_0 + ct_0)$$

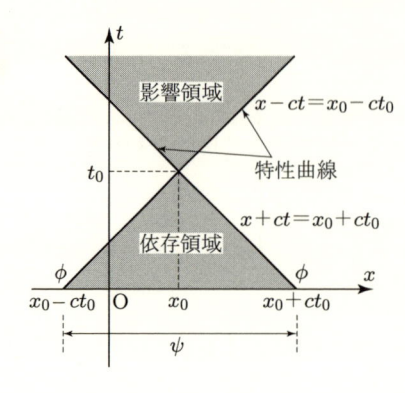

図 2.9 波動方程式の特性曲線と依存・影響領域

により決まることを示している．そのため，$u(x_0, t_0)$ は図 2.9 の灰色の領域の下側の値に依存して決まることになる（「**依存領域**」）．逆に $x = x_0$, $t = t_0$ の u の状態は，図の灰色の領域の上半分の u の値に影響を与えるといえる（「**影響領域**」）．このように，特性曲線は波動問題における波の伝播の軌跡を特徴付けるのもとなっている．

問 2.11 ダランベール解が，もとの偏微分方程式および初期条件を満たすことを確かめよ．

ヒント 式 (2.35) において偏微分 $\dfrac{\partial u}{\partial t}$, $\dfrac{\partial u}{\partial x}$, $\dfrac{\partial^2 u}{\partial x^2}$ を求め，それらが例題 2.5 の式 (i), (ii) を満たすことを確かめる．

例題 2.6 次の条件を満たす u を求めよ．

(i) 偏微分方程式 (PDE) $\dfrac{\partial^2 u}{\partial t^2} = \dfrac{\partial^2 u}{\partial x^2}$ $\begin{pmatrix} -\infty < x < \infty \\ 0 < t < \infty \end{pmatrix}$

(ii) 初期条件 (InC) $u(x, 0) = \Lambda(x) = \begin{cases} 1 - |x| & (|x| \leq 1) \\ 0 & (1 < |x| < \infty) \end{cases}$

$\dfrac{\partial u}{\partial t}(x, 0) = 0 \quad (-\infty < x < \infty)$

【解】 先の例題で得たダランベールの公式 (2.35) を用いると（$\phi = \Lambda$, $\psi = 0$, $c = 1$）

$$u(x, t) = \frac{1}{2}\Big[\Lambda(x + t) + \Lambda(x - t)\Big]$$

図に示すように，高さ $1/2$ の三角山が左右にわかれて速さ 1 でそれぞれ進むような解になる（図 2.10）．（関数 $\Lambda(x)$ に相似な関数を「魔女の帽子型関数」と本書ではよぶ．詳しくは 4.1.1 項，例題 4.2 参照．）

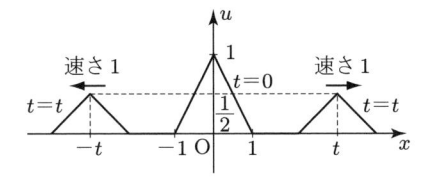

図 2.10　2 方向に伝わる波

例題 2.7　次の条件を満たす関数 u を求めよ．またその解をグラフに表せ．ここで関数 Λ は例題 2.6 で定義した関数を使う．

(i)　偏微分方程式 (PDE)　$\dfrac{\partial^2 u}{\partial t^2} = \dfrac{\partial^2 u}{\partial x^2}$　$\begin{pmatrix} -\infty < x < \infty \\ 0 < t < \infty \end{pmatrix}$

(ii)　初期条件 (InC)　$\left.\begin{array}{l} u(x,0) = \Lambda(x) \\ \dfrac{\partial u}{\partial t}(x,0) = \Lambda'(x) \end{array}\right\}$　$(-\infty < x < \infty)$

【解】　ダランベールの公式 (2.35) を用いると ($\phi = \Lambda$, $\psi = \Lambda'$, $c = 1$)，

$$u(x,t) = \frac{1}{2}\Big[\Lambda(x+t) + \Lambda(x-t)\Big] + \frac{1}{2}\int_{x-t}^{x+t} \Lambda'(s)\,ds = \Lambda(x+t)$$

よって，これは高さ 1 の三角山が左方向に速さ 1 で進むような解になる（図 2.11）. ∎

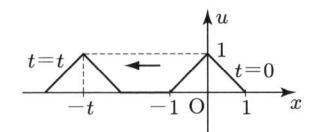

図 2.11　1 方向に伝わる波

問 2.12　例題 2.6 で初期条件が

$\left.\begin{array}{l} u(x,0) = \Lambda(x) \\ \dfrac{\partial u}{\partial t}(x,0) = -\Lambda'(x) \end{array}\right\}$　$(-\infty < x < \infty)$

のときの解を求めよ．また，そのグラフを書け．

答　$u(x,t) = \Lambda(x-t)$. 時刻 $t=0$ のとき $x=0$ に頂点がある三角山が右方向に速さ 1 で移動するグラフとなる．

ここで，$x = 0$ に境界がある場合の波動問題の取り扱いについても言及しておく．

例題 2.8 次の条件を満たす関数 u を求めよ．ただし，$c>0$ とする．

(i) 偏微分方程式 (PDE) $\quad \dfrac{\partial^2 u}{\partial t^2} = c^2 \dfrac{\partial^2 u}{\partial x^2} \quad \begin{pmatrix} 0<x<\infty \\ 0<t<\infty \end{pmatrix}$

(ii) 境界条件 (BdC) $\quad u(0,t)=0 \qquad (0<t<\infty)$

(iii) 初期条件 (InC) $\quad \left.\begin{array}{l} u(x,0)=\phi(x) \\ \dfrac{\partial u}{\partial t}(x,0)=\psi(x) \end{array}\right\} \quad (0<x<\infty)$

【解】 ここで，$u(x,t)$ の $x=0$ での境界条件が $x=0$ の固定境界条件であることから，1.6 節で述べたように反対称鏡 (;) をおいて関数の定義域を $-\infty<x<\infty$ に拡張することにより，境界条件を取り込む．定義域が $-\infty<x<\infty$ に拡張された関数 $u(;x,t)$ について，偏微分方程式はそのまま成り立つ．また，初期条件は

(iii)′ 初期条件 (InC) $\quad \left.\begin{array}{l} u(;x,0)=\phi(;x) \\ \dfrac{\partial u}{\partial t}(;x,0)=\psi(;x) \end{array}\right\} \quad (-\infty<x<\infty)$

となる．$u(;x,t)$ にはダランベール解 (2.35) がそのまま使えるので，

$$u(;x,t) = \frac{1}{2}\Big[\phi(;(x+ct)) + \phi(;(x-ct))\Big] + \frac{1}{2c}\int_{x-ct}^{x+ct} \psi(;s)\,ds$$

ここで，一般に $\phi(;(-x))=-\phi(;x)$, $\psi(;(-x))=-\psi(;x)$ が成り立つことを用いると，

$$u(x,t) = \begin{cases} \dfrac{1}{2}\Big[\phi((x+ct))+\phi((x-ct))\Big] + \dfrac{1}{2c}\displaystyle\int_{x-ct}^{x+ct}\psi(s)\,ds & (0\le ct\le x) \\[2mm] \dfrac{1}{2}\Big[\phi((x+ct))-\phi((ct-x))\Big] + \dfrac{1}{2c}\displaystyle\int_{ct-x}^{x+ct}\psi(s)\,ds & (0\le x<ct) \end{cases} \tag{2.36}$$

という解を得る．

時刻 t_0，点 x_0 における u の値が初期値からどのような影響を受けて決まるのかみてみよう．$x_0 \ge ct_0$ のときは，例題 2.5 で扱った境界のない場合と一致する．これは依存領域が境界 $x=0$ を含んでいないので，境界からの影響を全く受けないためである．$x_0<ct_0$ のとき，$u(x_0,t_0)$ は初期値 $\phi(x_0+ct_0)$，$\phi(ct_0-x_0)$，$\psi(x)(ct_0-x_0\le x\le x_0+ct_0)$ により決まることを式 (2.36) は示している．これは，図 2.12 に見られるように $x=0$ にある境界により波の反射が起こったためと解釈できる．その反射は波が反転するので，$0\le x\le ct_0-x_0$ の $\psi(x)$ の初期値は打ち消しあったと解釈できる． ∎

問 2.13 例題 2.8 の境界条件が $\dfrac{\partial u}{\partial x}(0,t)=0$ の場合の解を求めよ．

ヒント 対称鏡 (:) を用いよ．

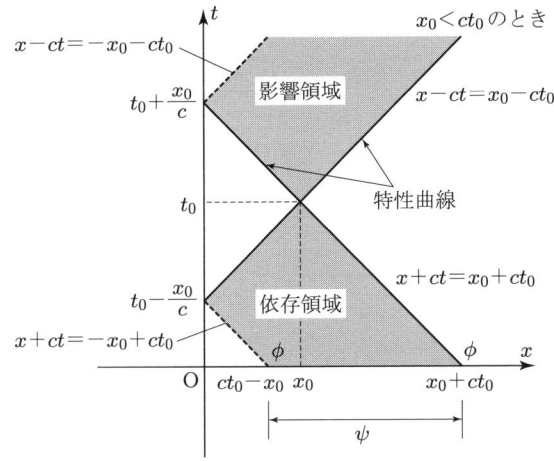

図 2.12 反射境界面が $x=0$ にある場合の波動方程式の特性曲線と依存・影響領域

答

$$u(x,t) = \begin{cases} \dfrac{1}{2}\Big[\phi((x+ct))+\phi((x-ct))\Big] + \dfrac{1}{2c}\displaystyle\int_{x-ct}^{x+ct}\psi(s)\,ds & (x \geq ct) \\[2mm] \dfrac{1}{2}\Big[\phi((x+ct))+\phi((ct-x))\Big] + \dfrac{1}{2c}\displaystyle\int_{ct-x}^{x+ct}\psi(s)\,ds \\[2mm] \qquad\qquad\qquad\qquad\qquad + \dfrac{1}{c}\displaystyle\int_{0}^{ct-x}\psi(s)\,ds & (0 \leq x < ct) \end{cases}$$

2.7 方程式の無次元化と現象の相似性

ここで，変数変換のひとつともみなせる，方程式の「**無次元化**」(normalization) について述べる．

一般に，変数は物理量なので単位をもつ．たとえば，直交座標 (x,y,z) の x, y, z であれば，長さの単位をもつ．ここで，系の何か特徴的な長さ l というものがあれば，新しい変数 $\bar{x}=\dfrac{x}{l}$, $\bar{y}=\dfrac{y}{l}$, $\bar{z}=\dfrac{z}{l}$ は単位をもたない量となる．このような，単位をもたない量で方程式を書き直すことを，方程式の「**無次元化**」とよんでいる．また，無次元化は独立変数だけではなく従属変数である関数そのものについてもなされる．

無次元化を行うと，系のスケールなどに関係なく方程式で現象をとらえることができる．コーヒーカップの中の現象であろうと，大気の流れであろうと，はたまた宇宙全体のガスの流れであろうと，同じ土俵のうえで扱われることになる．このことにより，非常に大きな対象や，逆に非常に小さな対象を適当な大きさの実験で，その性質

を理解することが可能となる．このことはとくに，第 III 部で述べる数値計算にとって重要である．というのは，コンピュータでは絶対値が極端に大きいあるいは極端に小さい数を扱えないからである．

また，無次元化する際に，無次元化した物理量以外に定数が現れることがある．これは，その系を特徴付ける重要なパラメータとなる．線形方程式のときは，方程式の両辺を未知関数の特徴的な値で割れば無次元化できる．

まずは，拡散問題および波動問題の無次元化について述べる．

例 2.23 〈拡散問題の無次元化〉

はじめに拡散問題の無次元化をとりあげる．拡散問題の数学モデルは 1.5 節の例 1.9 に示されている．ここで，次のように無次元の量を定義する．

$$\bar{x} \equiv \frac{x}{L}, \qquad \bar{t} \equiv \frac{Dt}{L^2}, \qquad \bar{u}(\bar{x}, \bar{t}) \equiv \frac{u(L\bar{x}, L^2\bar{t}/D)}{\phi_0}$$

ここで，ϕ_0 は $\phi(x)$ を特徴付けるなんらかの量である．これらの無次元化された量を用いて，数学モデルは次のように書き換えられる．

(i) 偏微分方程式（PDE） $\quad \dfrac{\partial \bar{u}}{\partial \bar{t}} = \dfrac{\partial^2 \bar{u}}{\partial \bar{x}^2} \quad \begin{pmatrix} 0 < \bar{x} < 1 \\ 0 < \bar{t} < \infty \end{pmatrix}$

(ii) 境界条件（BdC） $\quad \bar{u}(0, \bar{t}) = \bar{u}(1, \bar{t}) = 0 \qquad (0 < \bar{t} < \infty)$

(iii) 初期条件（InC） $\quad \bar{u}(\bar{x}, 0) = \dfrac{\phi(L\bar{x})}{\phi_0} \qquad (0 \leq \bar{x} \leq 1)$

このように，物理量の無次元化をすると，扱う方程式や条件のパラメータの数を減らすことができ，問題が扱いやすくなる．とくに，第 III 部でとりあげる数値解法では，パラメータの数値を具体的に与えて行う必要があるので，この無次元化は必要不可欠である． □

例 2.24 〈波動問題の無次元化〉

次に，1.5 節の例 1.10 で示されている波動問題の無次元化について考えてみよう．ここで，次のような無次元化された物理量を用いる．

$$\bar{x} \equiv \frac{x}{L}, \qquad \bar{t} \equiv \frac{ct}{L}, \qquad \bar{u}(\bar{x}, \bar{t}) \equiv \frac{u(L\bar{x}, L\bar{t}/c)}{\phi_0}$$

とすると

(i)　偏微分方程式（PDE）　　$\dfrac{\partial^2 \bar{u}}{\partial \bar{t}^2} = \dfrac{\partial^2 \bar{u}}{\partial \bar{x}^2}$　$\begin{pmatrix} 0 < \bar{x} < 1 \\ 0 < \bar{t} < \infty \end{pmatrix}$

(ii)　境界条件（BdC）　　$\bar{u}(0, \bar{t}) = \bar{u}(1, \bar{t}) = 0$　　$(0 < \bar{t} < \infty)$

(iii)　初期条件（InC）　　$\left. \begin{array}{l} \bar{u}(\bar{x}, 0) = \dfrac{\phi(L\bar{x})}{\phi_0} \\[6pt] \dfrac{\partial \bar{u}}{\partial \bar{t}}(\bar{x}, 0) = \dfrac{c}{\phi_0 L} \psi(L\bar{x}) \end{array} \right\}$　　$(0 \leq \bar{x} \leq 1)$

　このように，無次元化を行うと一般性を失うことなく偏微分方程式や変数の範囲を簡単にすることができる．すなわち，上記の拡散問題・波動問題では，一般性を失うことなく偏微分方程式の係数を 1 にし，また関数 u の定義域も $0 \leq \bar{x} \leq 1$ と簡単にすることができる．

　次に非線形偏微分方程式として気体方程式（1.4.8 項）をとりあげ，その無次元化を行ってみよう．

例 2.25 〈気体方程式の無次元化〉

気体の運動を扱う基本方程式である気体方程式の無次元化を行う．ここで，質量密度，長さ，圧力のそれぞれの考えている系の特徴的な量を $\rho_0,\ l,\ p_0$ とし，

$$\rho = \rho_0 \bar{\rho}, \qquad \boldsymbol{v} = c \bar{\boldsymbol{v}}, \qquad p = p_0 \bar{p},$$
$$t = \dfrac{l}{c} \bar{t}, \qquad x = l\bar{x}, \qquad y = l\bar{y}, \qquad z = l\bar{z}$$

として新しい変数 $\bar{\rho},\ \bar{\boldsymbol{v}},\ \bar{p},\ \bar{x},\ \bar{y},\ \bar{z},\ \bar{t}$ を定義する．ただし，$c = \sqrt{\gamma \dfrac{p_0}{\rho_0}}$ は次節でわかるようにその系の音速である．すると気体方程式

$$\dfrac{\partial \rho}{\partial t} = -\nabla \cdot (\rho \boldsymbol{v}) \tag{2.37}$$

$$\rho \dfrac{d\boldsymbol{v}}{dt} = -\nabla p \tag{2.38}$$

$$\dfrac{d}{dt}\left(\dfrac{p}{\rho^\gamma}\right) = 0 \tag{2.39}$$

は

$$\dfrac{\partial \bar{\rho}}{\partial \bar{t}} = -\bar{\nabla} \cdot (\bar{\rho} \bar{\boldsymbol{v}})$$

$$\bar{\rho}\frac{d\bar{\boldsymbol{v}}}{d\bar{t}} = -\bar{\nabla}\bar{p} \tag{2.40}$$

$$\frac{d}{d\bar{t}}\left(\frac{\bar{p}}{\bar{\rho}^\gamma}\right) = 0$$

と無次元化できる．ただし，$\bar{\nabla} = \left(\dfrac{\partial}{\partial \bar{x}}, \dfrac{\partial}{\partial \bar{y}}, \dfrac{\partial}{\partial \bar{z}}\right)$ である． □

ここで，特徴的な量 ρ_0, l, p_0 を適当に選べば，コーヒーカップや室内の空気の流れ，あるいは大気や宇宙空間の現象も同じ数学的対象として扱えるようになる．実際，全く違ったスケールの現象に共通の物理機構がみられるのは，このような数学的な構造が共通であることから理解される．このことを現象の「**相似性**」(similarity) という．

2.8　非線形偏微分方程式の線形化

非線形偏微分方程式の解の解析にも指数関数解の手法は用いられる．1.4.8 項で述べた気体方程式は典型的な非線形方程式で，解くのが非常に難しい偏微分方程式の部類に入る．とくに速度の対流微分の非線形項の取扱いが難しい．

しかし，現象の系がほぼ平衡状態にあり，平衡からのずれが非常に小さい場合，そのずれに対する方程式は線形方程式で近似できる．これを非線形偏微分方程式の「**線形化**」(linearization) とよんでいる．このような方法を一般に「**摂動法**」(perturbation method) という．

例 2.26 〈気体方程式と音の伝播〉

ここでは，気体中を伝わる音波について調べてみよう．いま，空気が質量密度 ρ_0, 圧力 p_0 で静止平衡状態にあるものとする．ここで微小な振動を考えて状態が

$$\left.\begin{array}{l}\rho(\boldsymbol{x},t) = \rho_0 + \rho_1(\boldsymbol{x},t) \\ p(\boldsymbol{x},t) = p_0 + p_1(\boldsymbol{x},t) \\ \boldsymbol{v}(\boldsymbol{x},t) = \boldsymbol{v}_1(\boldsymbol{x},t)\end{array}\right\} \tag{2.41}$$

となったとする．ここで，$\rho_1 \ll \rho_0$, $p_1 \ll p_0$ で，$\boldsymbol{v}_1$ も十分小さな大きさのベクトルとする．ここで，$\boldsymbol{x} = (x,y,z)$ は位置ベクトルである．

まず，質量保存の式について考える．ここで，$\rho\boldsymbol{v} = \rho_0\boldsymbol{v}_1 + \rho_1\boldsymbol{v}_1$ であるが，この第 2 項は第 1 項に比べて非常に小さいと考えられるので，無視して $\rho\boldsymbol{v} \approx \rho_0\boldsymbol{v}_1$ と近似してしまう．すると，質量保存の式は式 (2.37) より

$$\frac{\partial \rho_1}{\partial t} = -\nabla \cdot (\rho_0 \boldsymbol{v}_1) = -\rho_0 \nabla \cdot \boldsymbol{v}_1$$

とできる．運動方程式についても $\dfrac{d\boldsymbol{v}}{dt} = \dfrac{\partial \boldsymbol{v}_1}{\partial t} + (\boldsymbol{v}_1 \cdot \nabla)\boldsymbol{v}_1$ であるが，第2項は第1項よりも非常に小さいとして $\dfrac{d\boldsymbol{v}}{dt} \approx \dfrac{\partial \boldsymbol{v}_1}{\partial t}$ としてしまう．さらに，$\rho \dfrac{d\boldsymbol{v}}{dt} \approx \rho_0 \dfrac{d\boldsymbol{v}_1}{dt}$ とすると運動方程式 (2.38) は

$$\rho_0 \frac{\partial \boldsymbol{v}_1}{\partial t} = -\nabla p_1$$

となる．断熱変化の式 (2.39) にしてもテイラー展開

$$\frac{p}{\rho^\gamma} = \frac{p_0}{\rho_0^\gamma}\left(1 + \frac{p_1}{p_0}\right)\left(1 + \frac{\rho_1}{\rho_0}\right)^{-\gamma} \approx \frac{p_0}{\rho_0^\gamma}\left(1 + \frac{p_1}{p_0} - \gamma\frac{\rho_1}{\rho_0}\right)$$

を用いると

$$\frac{\partial}{\partial t}\left(\frac{p_1}{p_0} - \gamma\frac{\rho_1}{\rho_0}\right) = 0$$

となる．方程式をまとめると

$$\left.\begin{aligned} \frac{\partial \rho_1}{\partial t} &= -\rho_0 \nabla \cdot \boldsymbol{v}_1 \\ \rho_0 \frac{\partial \boldsymbol{v}_1}{\partial t} &= -\nabla p_1 \\ \frac{\partial}{\partial t}\left(\frac{p_1}{p_0} - \gamma\frac{\rho_1}{\rho_0}\right) &= 0 \end{aligned}\right\} \quad (2.42)$$

という斉次線形偏微分方程式が得られる．

次に指数関数解を得るために

$$\rho_1 = \bar{\rho}_1 e^{i\boldsymbol{k}\cdot\boldsymbol{x} - i\omega t}, \qquad \boldsymbol{v}_1 = \bar{\boldsymbol{v}}_1 e^{i\boldsymbol{k}\cdot\boldsymbol{x} - i\omega t}, \qquad p_1 = \bar{p}_1 e^{i\boldsymbol{k}\cdot\boldsymbol{x} - i\omega t}$$

とおく．ここで，$\boldsymbol{k} = (k_x, k_y, k_z)$ は波数ベクトルである．すると，上の偏微分方程式から次の連立代数方程式が得られる．

$$-i\omega \bar{\rho}_1 = -\rho_0 i\boldsymbol{k}\cdot\bar{\boldsymbol{v}}_1$$
$$-i\omega \rho_0 \bar{\boldsymbol{v}}_1 = -i\boldsymbol{k}\bar{p}_1$$
$$-i\omega\left(\frac{\bar{p}_1}{p_0} - \gamma\frac{\bar{\rho}_1}{\rho_0}\right) = 0$$

第2式の両辺と $\boldsymbol{k}$ の内積をとり，整理すると

$$\omega \rho_0 \boldsymbol{k}\cdot\bar{\boldsymbol{v}}_1 = k^2 \bar{p}_1$$

この左辺に第1式，右辺に第2式を用いて整理すると

$$\omega^2 = \frac{\gamma p_0}{\rho_0} k^2$$

この代数方程式を解くと

$$\omega = \pm \sqrt{\frac{\gamma p_0}{\rho_0}} k \qquad (2.43)$$

ここで，$c = \sqrt{\frac{\gamma p_0}{\rho_0}}$ とすると指数関数解は

$$\left. \begin{array}{l} \rho_1 = A e^{ik(\boldsymbol{n}\cdot\boldsymbol{x} \pm ct)} \\ \boldsymbol{v}_1 = \dfrac{Ac}{k\rho_0} \boldsymbol{k} e^{ik(\boldsymbol{n}\cdot\boldsymbol{x} \pm ct)} \\ p_1 = \dfrac{\gamma A p_0}{\rho_0} e^{ik(\boldsymbol{n}\cdot\boldsymbol{x} \pm ct)} \end{array} \right\} \qquad (2.44)$$

となる．ただし，$\boldsymbol{n} = \boldsymbol{k}/k$ は $\boldsymbol{k}$ の方向を向く単位ベクトルである．この解は音波の伝播を表している．ここで，音波は $\boldsymbol{n}$ の方向に伝播し，その波の速さすなわち音速が $c = \sqrt{\frac{\gamma p_0}{\rho_0}}$ であることがわかる．ここで解 (2.44) の虚部も解であるので，複素定数 A の偏角を θ すなわち $A = |A|e^{i\theta}$ とし，さらに ε を小さい実数として $|A| = \varepsilon \rho_0$ とすると

$$\left. \begin{array}{l} \rho_1 = \varepsilon \rho_0 \sin[k(\boldsymbol{n}\cdot\boldsymbol{x} \pm ct) + \theta] \\ \boldsymbol{v}_1 = \varepsilon c \boldsymbol{n} \sin[k(\boldsymbol{n}\cdot\boldsymbol{x} \pm ct) + \theta] \\ p_1 = \varepsilon \gamma p_0 \sin[k(\boldsymbol{n}\cdot\boldsymbol{x} \pm ct) + \theta] \end{array} \right\} \qquad (2.45)$$

も解であることがわかる．この音波の波長は $\lambda = 2\pi/k$，また振動数は $\nu = kc/2\pi$ で一定である．θ は正弦波からの「**位相のずれ**」を表す．

このように，平衡状態の値からのずれが三角関数で表される最も単純な音を「**純音**」(pure tone) という．通常，振動数の大きい音は高い音に，振動数が小さい音は低い音に聞こえる．人間の耳で聞こえる音の周波数は 20〜2万 Hz 程度である． □

問 2.14 1気圧の常温の空気の音速を1気圧が $p = 1.0 \times 10^5 \,\mathrm{N/m^2}$，1気圧・常温の空気の質量密度が $\rho = 1.3 \,\mathrm{kg/m^3}$，空気の比熱比を $\gamma = 7/5$ として求めよ．

答 音速は $c = \sqrt{\gamma p/\rho} = 330 \,\mathrm{m/s}$ となり，1気圧，20℃ での音速の実測値 331.5 m/s に非常に近い値を得る．

演習問題

2.1* 次の方程式の分類を下の六つの基準を用いて行え．

(a) $\dfrac{\partial u}{\partial t} = \dfrac{\partial^2 u}{\partial x^2} + 2\dfrac{\partial u}{\partial x} + u$

(b) $\dfrac{\partial^2 u}{\partial t^2} = \dfrac{\partial^2 u}{\partial x^2} + e^t$

(c) $\dfrac{\partial^2 u}{\partial t^2} = u\dfrac{\partial^3 u}{\partial x^3} + e^{-t}$

(d) $\dfrac{\partial^2 u}{\partial t^2} + 3\dfrac{\partial^2 u}{\partial x \partial y} + \dfrac{\partial^2 u}{\partial y^2} = \sin x$

(e) $\dfrac{\partial^2 u}{\partial t^2} = -\dfrac{\partial^2 u}{\partial x^2} + \dfrac{1}{x}\dfrac{\partial u}{\partial x} + xu$

(f) $\dfrac{\partial^3 u}{\partial t^3} + \sin u \dfrac{\partial^2 u}{\partial x^2} = 0$

(g) $\dfrac{\partial^2 u}{\partial t^2} - e^{-t}\dfrac{\partial^2 u}{\partial x^2} = 0$

(h) $\dfrac{\partial u}{\partial t} - \dfrac{\partial^3 u}{\partial x^3} + u\dfrac{\partial u}{\partial x} = tx$

基準：(1) 階数（R と書く），(2) 独立変数の個数（N と書く），(3) 線形性，(4) 同次性，(5) 斉次・非斉次，(6)（2 階線形方程式の場合）型（放物型，双曲型，楕円型）

2.2 次の偏微分方程式の一般解を求めよ．

(1)* $\dfrac{\partial u(x,y)}{\partial x} = x^2 + y^2$

(2) $\dfrac{\partial^2 u(x,y)}{\partial x^2} = 0$

(3) $\dfrac{\partial^3 u(x,y)}{\partial x^3} = 0$

(4)* $\dfrac{\partial^4 u(x,y)}{\partial x^2 \partial y^2} = 0$

2.3* 次の偏微分方程式の特解を変数分離法を用いて求めよ．ここで，α, β は定数とする．

(1) $\dfrac{\partial u(x,t)}{\partial t} = \alpha^2 \dfrac{\partial^2 u(x,t)}{\partial x^2} - \beta u$

(2) $\dfrac{\partial u(x,t)}{\partial t} + u\dfrac{\partial u(x,t)}{\partial x} = 0$

2.4* 次の偏微分方程式の指数関数解を求めよ．ここでは ω_0, c_1, c_2 は定数とする．

(1) $\dfrac{\partial^2 u(x,t)}{\partial t^2} = c^2 \dfrac{\partial^2 u(x,t)}{\partial x^2} + \omega_0{}^2 u$

(2) $\dfrac{\partial^4 u(x,t)}{\partial t^4} - (c_1{}^2 + c_2{}^2)\dfrac{\partial^4 u(x,t)}{\partial t^2 \partial x^2} + \omega_0{}^2 \dfrac{\partial^2 u(x,t)}{\partial t^2}$
$\qquad + c_1{}^2 c_2{}^2 \dfrac{\partial^4 u(x,t)}{\partial x^4} - c_1{}^2 \omega_0{}^2 \dfrac{\partial^2 u(x,t)}{\partial x^2} = 0$

2.5* 次の非斉次線形偏微分方程式の特解を求めよ．

(1) $\dfrac{\partial^2 u}{\partial t^2} = 2\dfrac{\partial^2 u}{\partial x^2} + e^{i\pi(t-x)}$

(2) $\dfrac{\partial^2 u}{\partial t^2} = \dfrac{\partial^2 u}{\partial x^2} + e^{-t}\cos x$

2.6 次の1階線形偏微分方程式の一般解を特性曲線法により求めよ．

(1)* $\dfrac{\partial u}{\partial x} + \dfrac{\partial u}{\partial y} + 3u = 0$

(2) $\dfrac{\partial u}{\partial x} + \dfrac{\partial u}{\partial y} + yu = 0$

(3)* $x\dfrac{\partial u}{\partial x} - y\dfrac{\partial u}{\partial y} = u^2$

2.7 次の2階線形偏微分方程式を特性曲線法を用いて解け．

(1)* $\dfrac{\partial^2 u}{\partial t^2} - \dfrac{\partial^2 u}{\partial t \partial x} - 6\dfrac{\partial^2 u}{\partial x^2} = 0$

(2) $\dfrac{\partial^2 u}{\partial t^2} + \dfrac{\partial^2 u}{\partial x^2} = 0$

(3) $\dfrac{\partial^2 u}{\partial t^2} + 2\dfrac{\partial^2 u}{\partial t \partial x} - 3\dfrac{\partial^2 u}{\partial x^2} = 16e^{x-3t}\sin(x+t)$

ヒント　同次線形偏微分関数の係数が定数のとき特性座標系を求めるのに同次方程式の指数関数解を用いるとよい．

2.8* 偏微分方程式 $\dfrac{\partial^2 u}{\partial x \partial y} = 0$ を解き，境界条件 $u(x,0) = \cos x$, $u(0,y) = y+1$ を満足する解を求めよ．

2.9* 次の初期値・境界値問題を変換 $u(x,t) = e^{-t}w(x,t)$ を用いて解け．

(i) 偏微分方程式　$\dfrac{\partial u}{\partial t} = \dfrac{\partial^2 u}{\partial x^2} - u \quad (0 < x < L, 0 < t < \infty)$

(ii) 境界条件　$u(0,t) = u(L,t) = 0 \quad (0 < t < \infty)$

(iii) 初期条件　$u(x,0) = \sin\left(\dfrac{\pi x}{L}\right) \quad (0 \leq x \leq L)$

2.10 次の初期値・境界値問題を解け.

(i) 偏微分方程式 $\dfrac{\partial u}{\partial t} = \dfrac{\partial^2 u}{\partial x^2}$ $(0 < x < L,\ 0 < t < \infty)$

(ii) 境界条件 $\dfrac{\partial u}{\partial x}(0, t) = \dfrac{\partial u}{\partial x}(L, t) = 0$ $(0 < t < \infty)$

(iii) 初期条件 $u(x, 0) = 1 - \cos\left(\dfrac{2\pi x}{L}\right)$ $(0 \leq x \leq L)$

2.11* 次の初期値・境界値問題を解け.

(i) 偏微分方程式 $\dfrac{\partial u}{\partial t} = \dfrac{\partial^2 u}{\partial x^2}$ $(0 < x < L,\ 0 < t < \infty)$

(ii) 境界条件 $u(0, t) = \dfrac{\partial u}{\partial x}(L, t) = 0$ $(0 < t < \infty)$

(iii) 初期条件 $u(x, 0) = \sin\left(\dfrac{\pi x}{2L}\right)$ $(0 \leq x \leq L)$

2.12* 次の波動問題(初期値・境界値問題)を解け.

(i) 偏微分方程式 $\dfrac{\partial^2 u}{\partial t^2} = \dfrac{\partial^2 u}{\partial x^2}$ $\begin{pmatrix} 0 < x < 1 \\ 0 < t < \infty \end{pmatrix}$

(ii) 境界条件 $u(0, t) = u(1, t) = 0$ $(0 < t < \infty)$

(iii) 初期条件 $\left.\begin{array}{l} u(x, 0) = \sin 2\pi x \\ \dfrac{\partial u}{\partial t}(x, 0) = 0 \end{array}\right\}$ $(0 \leq x \leq 1)$

2.13 次の初期値問題を解け.

(i) 偏微分方程式 $\dfrac{\partial^2 u}{\partial t^2} = \dfrac{\partial^2 u}{\partial x^2}$ $(-\infty < x < \infty,\ 0 < t < \infty)$

(ii) 初期条件 $\left.\begin{array}{l} u(x, 0) = \sin x \\ \dfrac{\partial u}{\partial t}(x, 0) = \cos x \end{array}\right\}$ $(-\infty < x < \infty)$

2.14* 次の初期値問題を解き,グラフに表せ.

(i) 偏微分方程式 $\dfrac{\partial^2 u}{\partial t^2} = \dfrac{\partial^2 u}{\partial x^2}$ $(-\infty < x < \infty,\ 0 < t < \infty)$

(ii) 初期条件 $\left.\begin{array}{l} u(x, 0) = 0 \\ \dfrac{\partial u}{\partial t}(x, 0) = -2xe^{-x^2} \end{array}\right\}$ $(-\infty < x < \infty)$

2.15 次の初期値問題を解き，グラフに表せ．ここで，$\phi(x)$ は任意の微分可能な関数とする．

(i) 偏微分方程式 $\quad \dfrac{\partial^2 u}{\partial t^2} = \dfrac{\partial^2 u}{\partial x^2} \quad (-\infty < x < \infty, 0 < t < \infty)$

(ii) 初期条件 $\quad \left. \begin{array}{l} u(x,0) = 0 \\ \dfrac{\partial u}{\partial t}(x,0) = \phi'(x) \end{array} \right\} \quad (-\infty < x < \infty)$

2.16* 次の初期値・境界値問題を無次元化せよ．

(i) 偏微分方程式 $\quad \dfrac{\partial u}{\partial t} = \alpha^2 \dfrac{\partial^2 u}{\partial x^2} \quad (0 < x < L, 0 < t < \infty)$

(ii) 境界条件 $\quad \left. \begin{array}{l} u(0,t) = T_1 \\ u(1,t) = 0 \end{array} \right\} \quad (0 < t < \infty)$

(iii) 初期条件 $\quad u(x,0) = T_2 \quad (0 \leq x \leq 1)$

2.17* 次の非線形方程式を各指示に従い線形化して，指数関数解を求めよ．

(1) $\dfrac{\partial u}{\partial t} + u \dfrac{\partial u}{\partial x} = 0$

$u_0 \neq 0$ を定数，$u = u_0 + u_1$，$|u_1| \ll |u_0|$ として線形化せよ．

(2) $\dfrac{\partial u}{\partial t} = \dfrac{\partial^2 u^2}{\partial x^2}$

$u_0 \neq 0$ を定数，$u = u_0 + u_1$，$|u_1| \ll |u_0|$ として線形化せよ．

第 II 部
解析的方法

第3章 フーリエ級数，フーリエ変換，
　　　ラプラス変換
第4章 初期値・境界値問題の解法
第5章 初期値問題および
　　　定常問題の解法

第3章

フーリエ級数，フーリエ変換，ラプラス変換

　第 I 部では，いろいろな形の偏微分方程式のもつ意味と，それらの簡単な解析法あるいはその解の見通しを得る方法を述べた．すなわち，第 1 章では，広がりをもつ現象をどのように数学的にとらえればよいかということを述べた．そのためには現象を支配している法則を偏微分方程式で書き表し，それを解く必要があることを述べた．第 2 章でその特徴をとらえるための比較的簡単な方法について述べてきた．しかし，かなり初歩的な数学に頼ったその方法だけでは一般的な問題に正確な解（厳密解）を与えることは難しい．この第 II 部では，本格的，系統的な（といってもたいてい線形方程式についてであるが）解析的方法について述べる．第 3 章ではそのための数学的道具の導入を行う．ここで導入する数学的道具は，偏微分方程式を解くためだけではなく，広くさまざまな現象の解析に用いられる．

3.1 スペクトルと線形重ね合わせ

　まず，新しく導入する数学的道具が登場する背景について述べる．

3.1.1 スペクトル

　私たちが通常目にする現象は，とうてい手の付けようがないくらい複雑である．そこで，ここでは線形性もった現象の取り扱いを考えてみる．線形性をもった現象は複雑そうにみえても単純な要素を合わせたものとしてとらえることができる．

　たとえば，光の色をとりあげてみよう．光の色はさまざまで多彩である．しかし，光の伝播は，単純な重ね合わせの原理が成り立っている線形な現象である．17 世紀にニュートンが発見したように，光はプリズムで「**単色光**」(monochromatic light) に分けることができ，その単色光の混ざり具合や強度によって光の色合いが決まることになる（図 3.1）．実際，単色に分けた光をまたプリズムで合わせると，もとの光の色になることがニュートンにより発見されている．光を単色光に分けることを「**分光**」

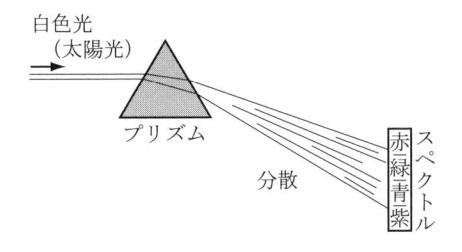

(spectroscopy) といい，その単色光の強度分布をもとの光の「**スペクトル**」(spectrum) という．

このように，線形の現象の場合は一見複雑にみえても，それを単純な要素に分解し，それぞれの要素について調べ，またそれを合わせればもとの現象をとらえることができる．ここで述べたスペクトルの概念は，もとは光について導入されたものであるが，さまざまな場面において用いられている．その例として 2.8 節に述べた音波について，もう少し詳しく説明してみよう．

■ 3.1.2 線形重ね合わせ

2.8 節で述べた気体中を音波が伝播する状況，すなわち質量密度 ρ_0，圧力 p_0 の一様静止平衡状態にある気体に微小な振動 $\rho_1(x,t)$, $p_1(x,t)$, $\boldsymbol{v}(x,t)$ がある場合を考える（式 (2.41) 参照）．ただし，ここでは簡単のために，音は一方向に伝播しており，その伝播する方向を x の正方向とする（$\boldsymbol{k} = (k, 0, 0)$）．

この振動は方程式 (2.42) さえ満たせばよいので，さまざまな関数をとりうる．たとえば，バイオリンから離れたある点 ($x = x_{\mathrm{obs}}$) でのそのバイオリンの音による圧力の微小振動 $p_1(x_{\mathrm{obs}}, t)$ を観測すると，図 3.2 のように複雑な波形が得られる．

2.8 節で述べたように，方程式 (2.42) の指数関数解から導かれる純音の圧力振動は

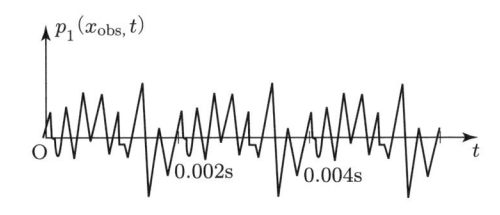

図 3.2 バイオリンの音の波形（ポンチ絵）．バイオリンの音の波形はぎざぎざの鋭い形をしている

音速 c, その振幅 A, 波数 k, 位相のずれ θ として

$$p_1(x,t) = A\sin[k(x-ct)+\theta]$$

で与えられる．方程式は斉次線形なので，その線形結合

$$p_1(x,t) = \sum_{n=1}^{\infty} A_n \sin[k_n(x-ct)+\theta_n] \tag{3.1}$$

あるいは

$$p_1(x,t) = \int_0^\infty A(k)\sin[k(x-ct)+\theta(k)]\,dk \tag{3.2}$$

もこの方程式の解である．ただし，A_n, k_n, θ_n ($n=0,1,2,\ldots$) は定数，$A(k)$, $\theta(k)$ は k の任意の関数である．ここで，この関数がもとの音波の波形と一致すれば，もとの複雑な音の波形は単に純音の重ね合わせとして理解できる．

実際，この章でみるように，係数 A_n, k_n, θ_n ($n=0,1,2,\ldots$) あるいは関数 $A(k)$, $\theta(k)$ を適切に選べば一致させることができる．ここで，係数 A_n あるいは $A(k)$ は，どのような波長の純音がどれだけの振幅でもとの音を構成しているかを示す量である．

後に詳しく述べるように，これが音のスペクトルであり，「**音響スペクトル**」(sound spectrum) とよばれている．音響スペクトルがわかれば，その音がどういう波長の純音から構成されているか定量的にわかることになる．

フーリエ級数やフーリエ変換は，とらえどころのない複雑な振動や波形をスペクトルに分解して，とらえる方法を与えるものである．これらの議論の基礎となるフーリエ級数の説明からはじめよう．

3.2 フーリエ級数

自然現象や実験で扱う現象は多種多様である．それらをとらえるには当然多種多様な関数が必要であろう．しかし，私たちが知っている関数の種類というのはたかが知れていてそれほど多くはない（代数関数，有理関数，指数関数，対数関数，三角関数など，せいぜい十数種類であろう）．ここでは，三角関数の和（無限級数）を用いて多種多様な関数を表す方法について説明しよう．

3.2.1 三角関数とその和

L を正の実数とすると関数

$$\sin\left(\frac{\pi}{L}x\right), \qquad \cos\left(\frac{\pi}{L}x\right)$$

は周期 $2L$ の三角関数である（以降，L は何のことわりもなければ $L > 0$ とする）．また，その周期が $2L$ の $1/n$ 倍であるような三角関数

$$\sin\left(\frac{n\pi}{L}x\right), \qquad \cos\left(\frac{n\pi}{L}x\right)$$

をもとの三角関数の n 次高調波とよぶ．ここで，n は 2 以上の自然数とする．また，高調波に対してもとの三角関数を基本波とよぶ．もちろん，高調波も周期 $2L$ をもつことになる．

(a)

(b)

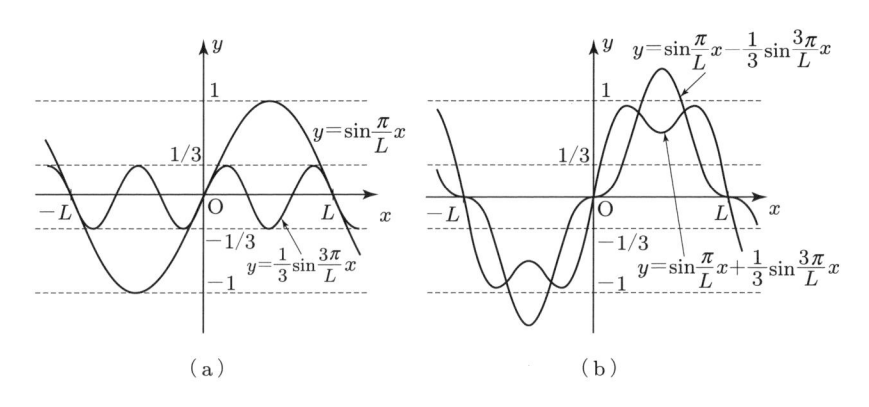

図 3.3　二つの三角関数とその和と差

図 3.3（a）では，周期 $2L$ の基本波 $y = \sin(\pi x/L)$ とその 3 次高調波 $y = (1/3) \times \sin(3\pi x/L)$ を示している．ここで，基本波と 3 次高調波の和 $\sin(\pi x/L) + (1/3) \times \sin(3\pi x/L)$ を考えてみよう．図 3.3（b）でみえるように，その形は台形のような平べったい形になる．

また，基本波と 3 次高調波の差 $\sin(\pi x/L) - (1/3)\sin(3\pi x/L)$ を考えると，図 3.3（b）でみられるように，今度はとがった関数が現れる．このように基本波と高調波の二つの線形重ね合わせ（線形結合）を考えるだけでも，さまざまな形の関数が現れることになる．ただし，関数の周期は基本波の周期である．

基本波には正弦関数 (sin) と余弦関数 (cos) の 2 種類あり，またその高調波は無限にあるのでそれらの線形重ね合わせを考えると，多種多様な関数を表すことができると期待できる．ここでは，余弦関数の 0 次高調波として定数 1 も入れる．

■ 3.2.2　フーリエ級数

まず，$-\infty < x < \infty$ で定義された周期 $2L$ の任意の関数 $f(x)$ は，周期 $2L$ の三角関数の基本波とその高調波のどのような線形重ね合わせで書くことができるかを考え

てみよう．ここで，区間 $-L \leq x \leq L$ での $f(x)$ が三角関数の線形結合で表されれば，両者はともに周期 $2L$ をもっているので，$-\infty < x < \infty$ で一致することになる．その線形重ね合わせの式を

$$f(x) = \frac{a_0}{2} + a_1 \cos\left(\frac{\pi}{L}x\right) + b_1 \sin\left(\frac{\pi}{L}x\right)$$
$$+ a_2 \cos\left(\frac{2\pi}{L}x\right) + b_2 \sin\left(\frac{2\pi}{L}x\right) + \cdots \qquad (3.3)$$

としよう．ただし，$a_0, a_1, a_2, \ldots, b_1, b_2, b_3, \ldots$ は定数である．ここで，この等式が成り立つようにそれらの定数がとるべき値を決める．ただし，線形重ね合わせの式 (3.3) は有限項から成り立つとはかぎらず，無限個の和を考えることにする．

まず，係数 $a_0, a_1, a_2, \ldots, b_1, b_2, b_3, \ldots$ を求める前に，三角関数どうしの積の積分を考える．余弦関数どうしの積について考えよう．$m \neq n$ を自然数とすると加法定理を用いて

$$\int_{-L}^{L} \cos\left(\frac{n\pi}{L}x\right) \cos\left(\frac{m\pi}{L}x\right) dx$$
$$= \int_{-L}^{L} \frac{1}{2}\left[\cos\left(\frac{(n+m)\pi}{L}x\right) + \cos\left(\frac{(n-m)\pi}{L}x\right)\right] dx$$
$$= 0$$

一方，$m = n$ のときは

$$\int_{-L}^{L} \cos\left(\frac{n\pi}{L}x\right) \cos\left(\frac{n\pi}{L}x\right) dx = \int_{-L}^{L} \frac{1}{2}\left[\cos\left(\frac{2n\pi}{L}x\right) + 1\right] dx = L$$

となる．また，$m = 0$，n が自然数のときは

$$\int_{-L}^{L} \cos\left(\frac{n\pi}{L}x\right) dx = 0$$

さらに $m = n = 0$ のときは

$$\int_{-L}^{L} 1\, dx = 2L$$

となる．クロネッカーのデルタ記号

$$\delta_{mn} = \begin{cases} 1 & (m = n) \\ 0 & (m \neq n) \end{cases}$$

を用いてまとめると

$$\int_{-L}^{L} \cos\left(\frac{n\pi}{L}x\right)\cos\left(\frac{m\pi}{L}x\right) dx = L\delta_{mn}$$
$$(m, n = 0, 1, 2, \ldots. \text{ ただし, } m \text{ と } n \text{ は同時にゼロでない})$$

と書ける．m と n が同時にゼロになるときは，うえで示したように積分値は $2L$ となる．同様に正弦関数についても計算すると

$$\int_{-L}^{L} \sin\left(\frac{n\pi}{L}x\right)\sin\left(\frac{m\pi}{L}x\right) dx = L\delta_{mn} \qquad (m, n = 1, 2, 3, \ldots)$$
$$\int_{-L}^{L} \cos\left(\frac{n\pi}{L}x\right)\sin\left(\frac{m\pi}{L}x\right) dx = 0 \qquad (m = 1, 2, \ldots, n = 0, 1, 2, \ldots)$$

となることがわかる．

問 3.1 うえと同様に，$\int_{-L}^{L} \sin\left(\frac{m\pi}{L}x\right)\sin\left(\frac{n\pi}{L}x\right) dx = \begin{cases} 0 & (m \neq n) \\ L & (m = n) \end{cases}$ であることを示せ．また，$\int_{-L}^{L} \sin\left(\frac{m\pi}{L}x\right)\cos\left(\frac{n\pi}{L}x\right) dx = 0$ についても示せ．

さて，いよいよ係数 $a_0, a_1, a_2, \ldots, b_1, b_2, b_3, \ldots$ を求めてみよう．$f(x)$ に $\cos(n\pi x/L)$ $(n = 1, 2, \ldots)$ をかけて $-L$ から L まで積分すると，

$$\int_{-L}^{L} f(x)\cos\left(\frac{n\pi}{L}x\right) dx$$
$$= \int_{-L}^{L} \frac{a_0}{2}\cos\left(\frac{n\pi}{L}x\right) dx$$
$$\quad + \int_{-L}^{L} a_1 \cos\left(\frac{\pi}{L}x\right)\cos\left(\frac{n\pi}{L}x\right) dx + \int_{-L}^{L} b_1 \sin\left(\frac{\pi}{L}x\right)\cos\left(\frac{n\pi}{L}x\right) dx$$
$$\quad + \int_{-L}^{L} a_2 \cos\left(\frac{2\pi}{L}x\right)\cos\left(\frac{n\pi}{L}x\right) dx + \int_{-L}^{L} b_2 \sin\left(\frac{2\pi}{L}x\right)\cos\left(\frac{n\pi}{L}x\right) dx + \cdots$$
$$= a_n L$$

よって，
$$a_n = \frac{1}{L}\int_{-L}^{L} f(x)\cos\left(\frac{n\pi}{L}x\right) dx \qquad (n = 1, 2, \ldots)$$

と決めることができる．a_0 については

$$\int_{-L}^{L} f(x) dx = \cdots = a_0 L$$

なので，

$$a_0 = \frac{1}{L} \int_{-L}^{L} f(x)\,dx$$

となる．まとめて，

$$a_n = \frac{1}{L} \int_{-L}^{L} f(x) \cos\left(\frac{n\pi}{L}x\right) dx \qquad (n = 0, 1, 2, \ldots)$$

と書ける．同様に，関数 $f(x)$ に $\sin(n\pi x/L)$ $(n = 1, 2, \ldots)$ をかけて $-L$ から L まで積分することにより，

$$b_n = \frac{1}{L} \int_{-L}^{L} f(x) \sin\left(\frac{n\pi}{L}x\right) dx \qquad (n = 1, 2, \ldots)$$

と決めることができる．式 (3.3) の無限級数が $f(x)$ に収束するためには，少なくとも上記の係数でなくてはならない．

ここで，区間 $-\infty < x < \infty$ で定義された周期 $2L$ の関数 $f(x)$ に対して無限級数

$$\begin{aligned}
f(x) &\Rightarrow \frac{a_0}{2} + a_1 \cos\left(\frac{\pi}{L}x\right) + b_1 \sin\left(\frac{\pi}{L}x\right) + a_2 \cos\left(\frac{2\pi}{L}x\right) + b_2 \sin\left(\frac{2\pi}{L}x\right) + \cdots \\
&= \frac{a_0}{2} + \sum_{n=1}^{\infty} \left\{ a_n \cos\left(\frac{n\pi}{L}x\right) + b_n \sin\left(\frac{n\pi}{L}x\right) \right\}
\end{aligned} \qquad (3.4)$$

ただし，

$$\begin{aligned}
a_n &= \frac{1}{L} \int_{-L}^{L} f(x) \cos\left(\frac{n\pi}{L}x\right) dx \qquad (n = 0, 1, 2, \ldots) \\
b_n &= \frac{1}{L} \int_{-L}^{L} f(x) \sin\left(\frac{n\pi}{L}x\right) dx \qquad (n = 1, 2, \ldots)
\end{aligned} \qquad (3.5)$$

を関数 $f(x)$ の「フーリエ級数」(Fourier series) とよぶ．また，式 (3.5) で与えられる係数 $a_0, a_1, a_2, \ldots, b_1, b_2, \ldots$ を「フーリエ係数」とよぶ．

フーリエ級数は，先にみたように周期 $2L$ の三角関数の基本波とその高周波の 1 次式として $f(x)$ を表しうる唯一のものであるが，この級数が $f(x)$ に収束するかどうかは必ずしも明らかではない．実際，収束しない場合もある．

■ 3.2.3 ディリクレの判定条件

フーリエ級数の収束性を保障する定理はいろいろあるが，ここではよく用いられるディリクレ (Dirichlet) の判定条件を示しておく．

── ディリクレの判定条件 ──────────────

$-\infty < x < \infty$ で定義された周期 $2L$ の関数 $f(x)$ が，区間 $-L \leq x \leq L$ で有限個の極大極小をもつ連続関数，あるいは有限個の第一種不連続点 ($f(x \pm 0)$ が存

在し，$f(x+0) \neq f(x-0))$ をもつ関数ならば，フーリエ級数は $-L \leq x \leq L$ の各点 x で $\frac{1}{2}\{f(x+0) + f(x-0)\}$ に収束する（図 3.4）．

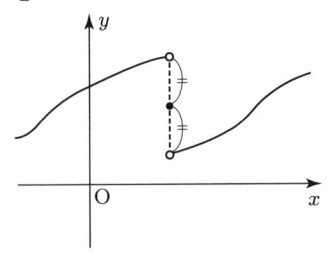

図 3.4 ディリクレの判定条件とフーリエ級数の収束値

もちろんこれは連続点ではその関数そのものの値になる．

ある関数のフーリエ級数を求め，その級数でもとの関数を表すことを，その関数をフーリエ級数に展開するという．

例題 3.1 $-\infty < x < \infty$ で定義された周期 2 をもつ次の関数をフーリエ級数に展開せよ（図 3.5 (a)）．

$$f(x) = 1 - x^2 \quad (-1 \leq x \leq 1)$$

【解】 $f(x)$ は偶関数なので
$$b_n = 0$$
である．また，
$$a_0 = \int_{-1}^{1} f(x)\,dx = 2\int_0^1 (1-x^2)\,dx = \frac{4}{3}$$
であり，$n = 1, 2, 3, \ldots$ として
$$a_n = \int_{-1}^{1} f(x)\cos n\pi x\,dx = 2\int_0^1 (1-x^2)\cos n\pi x\,dx = \left(\frac{2}{n\pi}\right)^2 (-1)^{n+1}$$
よって，フーリエ級数は
$$f(x) = \frac{2}{3} + \sum_{n=1}^{\infty} (-1)^{n+1}\left(\frac{2}{n\pi}\right)^2 \cos n\pi x$$
となる．$n = 12$ までの和をとったものを図 3.5 (b) に示す． ■

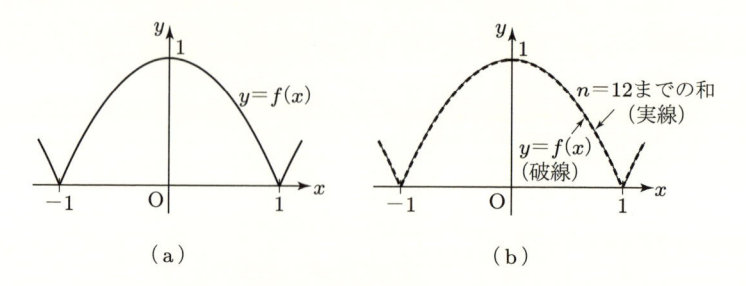

図 3.5 フーリエ級数による関数の展開 ((b) では，もとの関数 $f(x)$ を表す破線とそのフーリエ級数の $n=12$ までの和を表す実線がほとんど重なっている）

例題 3.2 $-\infty < x < \infty$ で定義された周期 2 をもつ次の山型の関数をフーリエ級数に展開せよ（図 3.6 (a)）．

$$f(x) = 1 - |x| \quad (-1 \leq x \leq 1)$$

【解】 ここで $f(x)$ は偶関数なので $b_n = 0$ である．$n = 1, 2, 3, \ldots$ として

$$a_n = \int_{-1}^{1} f(x) \cos n\pi x \, dx = 2\int_{0}^{1} (1-x) \cos n\pi x \, dx$$

$$= \frac{2}{(n\pi)^2}\bigl[1-(-1)^n\bigr] = \begin{cases} \dfrac{4}{(n\pi)^2} & (n \text{ が奇数}) \\ 0 & (n \text{ が偶数}) \end{cases}$$

$n = 0$ では，

$$a_0 = \int_{-1}^{1}(1-|x|)\,dx = 1$$

よって，

$$f(x) = \frac{1}{2} + \sum_{m=1}^{\infty}\frac{4}{((2m-1)\pi)^2}\cos(2m-1)\pi x$$

$m = 6$ までの和をとったものを図 3.6 (b) に示す．

問 3.2 $-\infty < x < \infty$ で定義された周期 2 をもつ次の関数をフーリエ級数で展開せよ．

$$f(x) = x(1-|x|) \quad (-1 \leq x \leq 1)$$

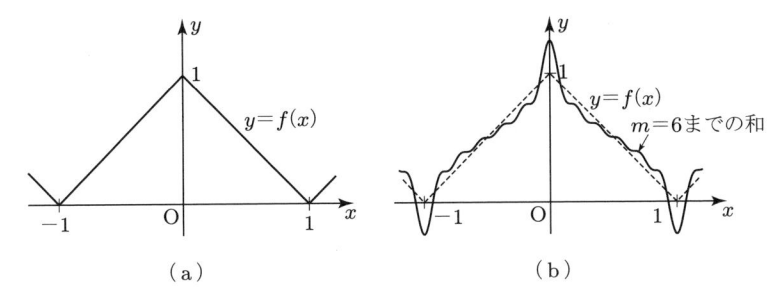

図 3.6 フーリエ級数による折れ曲がりのある関数の展開

答
$$f(x) = \sum_{m=1}^{\infty} \frac{8}{((2m-1)\pi)^3} \sin(2m-1)\pi x$$

3.2.4 不連続関数のフーリエ級数とギブス現象

例題 3.3 $-\infty < x < \infty$ で定義された周期 2 をもつ次の関数（鋸歯状関数）をフーリエ級数に展開せよ（図 3.7 (a)）．

$$f(x) = x \quad (-1 < x \leq 1)$$

【解】 フーリエ係数を求める．$f(x)$ は奇関数なので，$n = 0, 1, 2, \ldots$ として
$$a_n = \int_{-1}^{1} x \cos n\pi x \, dx = 0$$
次に，$n = 1, 2, \ldots$ として
$$b_n = \int_{-1}^{1} x \sin n\pi x \, dx = \frac{2}{n\pi}(-1)^{n+1}$$
よって，$-1 < x < 1$ の範囲で
$$x = \sum_{n=1}^{\infty} (-1)^{n+1} \frac{2}{n\pi} \sin n\pi x = \frac{2}{\pi} \sum_{n=1}^{\infty} \frac{(-1)^{n+1}}{n} \sin n\pi x$$
ここで，この関数の不連続点である $x = 1$ での収束値は 0 である．これはディリクレの収束条件に合致している．

求めたフーリエ級数の第 12 項までの和（部分和）を計算すると，図 3.7 (b) のようになる．不連続点（$x = \pm 1, \pm 3, \ldots$）付近以外ではフーリエ級数の部分和ともとの

(a)　　　　　　　　　　(b)

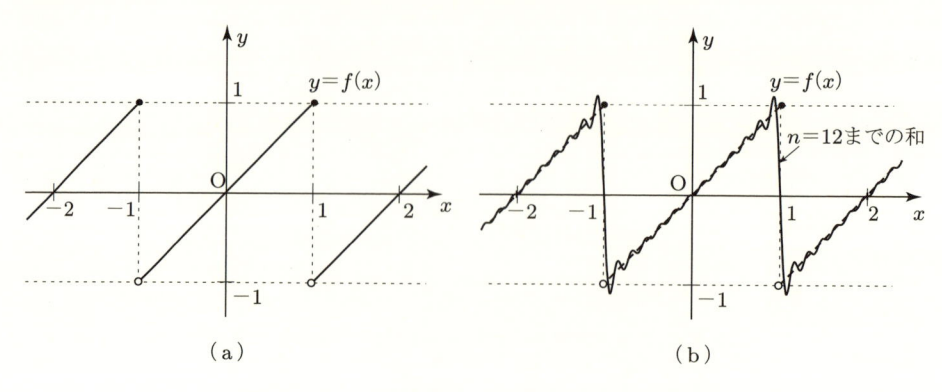

図 3.7 フーリエ級数による不連続周期関数の展開

関数はよく一致している．しかし，不連続点付近ではその前後で値がずれている．これは有限個の和を考えるとき，つねに不連続点付近で起こる現象で，「**ギブス現象**」(Gibbs' phenomena) とよばれている．

ここで，フーリエ級数の部分和は，不連続点以外でももとの関数のまわりに小さいながらも振動しているのがわかる．第 12 項までの部分和では，$0 \leq x \leq 1$ に 6 個の凹凸が見られる．部分和の項の数を $2n$ とすると n 個の凹凸が見られるようになる．項の数を増やすとフーリエ級数はもとの関数に平均値としては近づいていくが，その振動は激しくなる．このことは，もとの関数の導関数とフーリエ級数の部分和の導関数が異なることにつながっている．この例では，

$$f'(x) = 1 \qquad (-1 < x \leq 1)$$

でなくてはならないが，フーリエ級数の部分和の導関数は

$$2 \sum_{m=1}^{2n} (-1)^{m+1} \cos m\pi x$$

となり，明らかにこれは $f'(x) = 1$ に収束しない（たとえば，$x = 0$ での値を考えよ）．

■ 3.2.5　周期関数の離散スペクトル

周期 $2L$ をもつ関数 $f(x)$ はフーリエ級数

$$f(x) = \frac{a_0}{2} + \sum_{n=1}^{\infty} \left\{ a_n \cos\left(\frac{n\pi}{L}x\right) + b_n \sin\left(\frac{n\pi}{L}x\right) \right\}$$

で表せることをこれまでに述べた．ここで，$\theta_n \equiv \arctan(b_n/a_n)$ ($-\pi/2 \leq \theta_n \leq \pi/2$)，$A_n = \sqrt{a_n^2 + b_n^2}$ ($n = 1, 2, \ldots$)，$\theta_0 = 0$，$A_0 = a_0/2$ とすると，

$$f(x) = \sum_{n=0}^{\infty} A_n \cos\left(\frac{n\pi}{L}x - \theta_n\right)$$

または

$$f(x) = \sum_{n=0}^{\infty} A_n \sin\left(\frac{n\pi}{L}x - \left(\theta_n - \frac{\pi}{2}\right)\right)$$

とも書ける（ここで a_n, b_n と A_n, θ_n の関係を図 3.8 に示しておく）．よって，フーリエ級数は波長（あるいは周波数）の異なる余弦関数（あるいは正弦関数）の和で表すことができることがわかる．このとき，θ_n（あるいは $\theta_n - \pi/2$）は余弦関数（あるいは正弦関数）からの位相のずれを表す．また，A_n は各波長の余弦関数の振幅を表す．

A_n は白色光をプリズムによっていろいろな波長の単色光に分光したときの各色の強度に対応している（図 3.1）．ただ，この場合の分布は光のスペクトルのように連続的ではなく離散的である．そこで，数列 A_n をもとの関数の**離散スペクトル**という（図 3.9）．

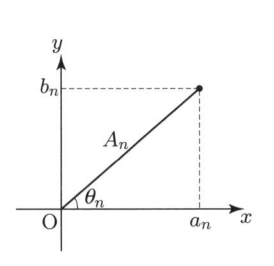

図 3.8 フーリエ級数の各項の振幅 A_n，位相のずれ θ_n とフーリエ係数 a_n, b_n の関係

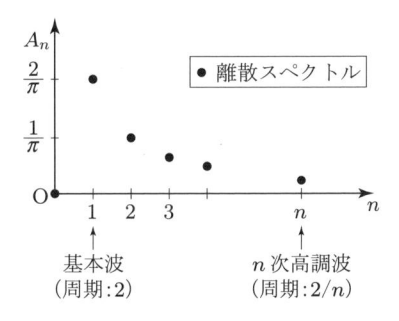

図 3.9 離散スペクトル

例題 3.4 例題 3.3 で考えた周期 2 の鋸歯状関数 $f(x)$ の離散スペクトルを求めよ．

【解】鋸歯状関数 $f(x)$ のフーリエ級数は

$$f(x) = \frac{2}{\pi}\left[\sin(\pi x) - \frac{1}{2}\sin(2\pi x) + \frac{1}{3}\sin(3\pi x) - \cdots\right]$$

であるから，離散スペクトル A_n は

$$A_n = \begin{cases} \dfrac{2}{n\pi} & (n = 1, 2, \ldots) \\ 0 & (n = 0) \end{cases}$$

である（図 3.9）．

問 3.3 例題 3.2 で考えた周期 2 の山型の関数 $f(x)$ の離散スペクトル A_n を示せ．

答

$$A_n = \begin{cases} \dfrac{1}{2} & (n = 0) \\ \dfrac{4}{n^2\pi^2} & (n\text{ が }1\text{ 以上の奇数}) \\ 0 & (n\text{ が }2\text{ 以上の偶数}) \end{cases}$$

3.2.6 指数型フーリエ級数

オイラーの関係式 $e^{i\theta} = \cos\theta + i\sin\theta$ を用いて，フーリエ級数をより単純な（扱いやすい）形に変形する．ただし，θ は実数，i は虚数単位 ($i^2 = -1$) である．ここでオイラーの関係式は関係式というよりもむしろ定義式と考えたほうがよいことは，すでに 2.3.2 項で述べた．これを用いると

$$\cos\theta = \frac{1}{2}(e^{i\theta} + e^{-i\theta})$$

$$\sin\theta = \frac{1}{2i}(e^{i\theta} - e^{-i\theta})$$

なのでフーリエ級数は次のように書ける．

$$\begin{aligned} f(x) &= \frac{a_0}{2} + \sum_{n=1}^{\infty}\left[\frac{a_n}{2}(e^{in\pi x/L} + e^{-in\pi x/L}) + \frac{b_n}{2i}(e^{in\pi x/L} - e^{-in\pi x/L})\right] \\ &= \frac{a_0}{2} + \sum_{n=1}^{\infty}\left[\frac{a_n - ib_n}{2}e^{in\pi x/L} + \frac{a_n + ib_n}{2}e^{-in\pi x/L}\right] \end{aligned}$$

ここで，

$$c_n = \frac{a_n - ib_n}{2} \quad (n = 1, 2, 3, \ldots)$$

$$c_{-n} = \frac{a_n + ib_n}{2} \quad (n = 1, 2, 3, \ldots)$$

$$c_0 = \frac{a_0}{2}$$

とおくと

$$f(x) = \sum_{n=-\infty}^{\infty} c_n e^{in\pi x/L}$$

と書ける．このような級数を $f(x)$ の「**指数型フーリエ級数**」という．

$n = 1, 2, 3, \ldots$ として

$$\begin{cases} c_{\pm n} = \dfrac{a_n \mp ib_n}{2} = \dfrac{1}{2L}\int_{-L}^{L} f(x)\cos\left(\dfrac{n\pi}{L}x\right)dx \mp \dfrac{i}{2L}\int_{-L}^{L} f(x)\sin\left(\dfrac{n\pi}{L}x\right)dx \\ \qquad\quad = \dfrac{1}{2L}\int_{-L}^{L} f(x) e^{\mp in\pi x/L}\, dx \\ c_0 = \dfrac{1}{2L}\int_{-L}^{L} f(x)\, dx \end{cases}$$

よって，

$$c_n = \frac{1}{2L}\int_{-L}^{L} f(x) e^{-in\pi x/L}\, dx \qquad (n = 0, \pm 1, \pm 2, \ldots)$$

とまとめることができる．以上をまとめると指数型フーリエ級数は

$$f(x) = \sum_{n=-\infty}^{\infty} c_n e^{in\pi x/L}$$

$$c_n = \frac{1}{2L}\int_{-L}^{L} f(x) e^{-in\pi x/L}\, dx \qquad (n = 0, \pm 1, \pm 2, \ldots)$$

というふうに，コンパクトに書けることがわかる．

ここで，c_n は指数型フーリエ級数におけるスペクトルに相当する．その絶対値 $2|c_n| = 2|c_{-n}|$ $(n = 0, 1, 2, \ldots)$ は離散スペクトル A_n を与える．これには，各波長の基本関数の寄与の大きさだけではなく，位相のずれの情報も入っている．このことは次のように書き直すとすぐわかる．c_n の偏角を θ_n とすると $(c_n = |c_n|e^{i\theta_n})$

$$f(x) = \sum_{n=-\infty}^{\infty} |c_n| e^{i(n\pi x/L + \theta_n)}$$

離散スペクトル A_n $(n = 0, 1, 2, \ldots)$ は

$$\begin{cases} A_0 = c_0 \\ A_n = 2|c_n| = 2|c_{-n}| \quad (n = 1, 2, \ldots) \end{cases}$$

の関係にある．また，c_n の偏角 θ_n（正確にはその逆符号 $-\theta_n$）は位相のずれである．

問 3.4 次のように区間 $-\pi \leq x \leq \pi$ での値が与えられている周期 2π の関数 $f(x)$ の複素フーリエ級数を求めよ．

$$f(x) = \begin{cases} 1 & \left(-\dfrac{\pi}{2} \leq x \leq \dfrac{\pi}{2}\right) \\ 0 & \left(\dfrac{\pi}{2} < |x| \leq \pi\right) \end{cases}$$

答

$$f(x) = \frac{1}{2} + \sum_{m=-\infty}^{\infty} \frac{(-1)^{m-1}}{(2m-1)\pi} e^{i(2m-1)x}$$

3.3 フーリエ変換

フーリエ級数による関数の表示のいちばんの難点は，$-\infty < x < \infty$ で定義された非周期的関数（たとえば $f(x) = e^{-|x|}$ など）を表すことができないということである．そこで，フーリエ級数をそのような非周期的関数の場合にも適用できるように拡張する．

3.3.1 フーリエ変換の導入

関数 $f(x)$ の周期 $2L$ の L が非常に大きい場合を考える（図 3.10）．

このとき，$\Delta k \equiv \pi/L$ は非常に小さな量となる．Δk は最長波長 $(2L)$ の波（基本波）の波数となっている．n は十分大きな数で，$k = n\Delta k$ は有限となる場合を考える．これは n 次高調波の波数である．指数型フーリエ級数にフーリエ係数の式を代入して，

$$f(x) = \sum_{n=-\infty}^{\infty} e^{in\pi x/L} \frac{1}{2L} \int_{-L}^{L} f(x') e^{-in\pi x'/L} \, dx' \quad (-L \leq x \leq L)$$

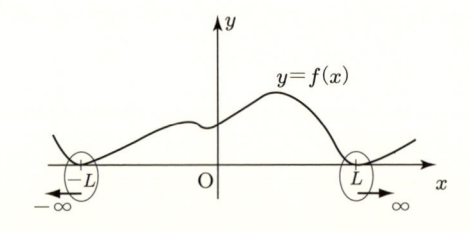

図 3.10 区間 $-\infty < x < \infty$ で定義された周期の長い関数 $f(x)$

$\Delta k = \pi/L$ を用いると，

$$f(x) = \sum_{n=-\infty}^{\infty} e^{in\Delta kx} \frac{\Delta k}{2\pi} \int_{-L}^{L} f(x') e^{-in\Delta kx'} dx' \quad (-L \leq x \leq L)$$

ここで新しい関数

$$F_L(k) = \frac{1}{2\pi} \int_{-L}^{L} f(x) e^{-ikx} dx$$

を定義すると

$$f(x) = \sum_{n=-\infty}^{\infty} e^{in\Delta kx} F_L(n\Delta k) \Delta k \quad (-L \leq x \leq L)$$

$L \longrightarrow \infty$ ($\Delta k \longrightarrow 0$) という極限をとると，これは積分に置き換えることができて，

$$\sum_{n=-\infty}^{\infty} e^{in\Delta kx} F_L(n\Delta k) \Delta k \longrightarrow \int_{-\infty}^{\infty} F_\infty(k) e^{ikx} dk$$

ここで，$F(k) = F_\infty(k)$ と書き直すと次式を得る．

$$F(k) = \frac{1}{2\pi} \int_{-\infty}^{\infty} f(x) e^{-ikx} dx \quad (-\infty < k < \infty)$$

$$f(x) = \int_{-\infty}^{\infty} F(k) e^{ikx} dk \quad (-\infty < x < \infty)$$

これは，非周期関数 $f(x)$ を新しい関数 $F(k)$ に変換し，逆にまた新しい関数を変換し，もとに戻すことができることを示している．それぞれ「**フーリエ変換**」(Fourier transform)，「**逆フーリエ変換**」(inverse Fourier transform) とよばれている．それぞれ次の記号を用いて書く．

$$F(k) = \mathcal{F}[f(x); x \triangleright k] = \frac{1}{2\pi} \int_{-\infty}^{\infty} f(x) e^{-ikx} dx$$

$$f(x) = \mathcal{F}^{-1}[F(k); k \triangleright x] = \int_{-\infty}^{\infty} F(k) e^{ikx} dk$$

ここで，セミコロン (;)[*1]の後ろの部分は関数のどの変数について変換をするか，また変換して得られる関数の新しい変数として何を使うかを明示するために添えられている．自明のときはしばしば省く．

ここで，複素数 z の複素共役を $\bar{z}$ と書くことにする．すると $f(x)$ が実関数の場合，

[*1] ここでのセミコロンは単なる区切りを表すもので，1.6 節で導入した反対称鏡の記号 (;) とは全く別である．

$$\overline{F(k)} = \frac{1}{2\pi}\int_{-\infty}^{\infty} f(x) e^{-(-ikx)}\,dx = F(-k)$$

となる．よって，複素数 z の実部を $\mathrm{Re}[z]$ と書くと

$$\begin{aligned}
f(x) &= \int_{0}^{\infty} F(k) e^{ikx}\,dk + \int_{-\infty}^{0} F(k) e^{ikx}\,dk \\
&= \int_{0}^{\infty} \left\{ F(k) e^{ikx} + \overline{F(k) e^{ikx}} \right\} dk \\
&= \int_{0}^{\infty} 2\,\mathrm{Re}\bigl[F(k) e^{ikx}\bigr]\,dk
\end{aligned}$$

となる．ここで，$F(k)$ の偏角を $\theta(k)$ とすると

$$\begin{aligned}
f(x) &= \int_{0}^{\infty} 2|F(k)| \cos(kx + \theta(k))\,dk \\
&= \int_{0}^{\infty} 2|F(k)| \sin\left(kx + \frac{\pi}{2} - \theta(k)\right) dk
\end{aligned}$$

となる．このことから，$2|F(k)|\ (k>0)$ が音響スペクトルについて述べた 3.1.2 項で示したスペクトルを与えることがわかる (式 (3.2) 参照)．このとき，k は連続的な値をとるのでこのスペクトルを「**連続スペクトル**」(continuous spectrum) という．また，$\pi/2 - \theta(k)$ は正弦波形からの位相のずれを表す．

■ 3.3.2 フーリエ変換の収束条件

ここでフーリエ変換の収束条件を示しておく．

フーリエ変換の収束条件

$f(x)\ (-\infty < x < \infty)$ が，任意の区間 $a \leq x \leq b$ で有限個の極大極小値をもつ連続関数あるいは有限個の第一種不連続点をもつ関数であり，かつ $\displaystyle\int_{-\infty}^{\infty}|f(x)|\,dx$ が存在するならば，フーリエ変換は収束する．また，フーリエの逆変換は

$$\frac{1}{2}\{f(x+0) + f(x-0)\}$$

に収束する．

3.3.3 フーリエ変換の例

例題 3.5 関数（拡張されたヘビサイド (Heaviside) 関数, 階段関数）
$$H_a(x) = \begin{cases} e^{-ax} & (x > 0) \\ \dfrac{1}{2} & (x = 0) \\ 0 & (x < 0) \end{cases}$$
のフーリエ変換を求めよ（図 3.11 (a)）. ただし, $a > 0$ とする.

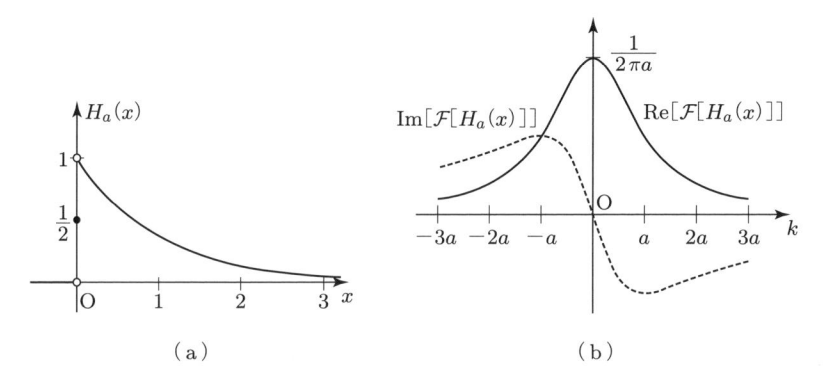

図 3.11 拡張されたヘビサイド関数とそのフーリエ変換

【解】
$$\begin{aligned}\mathcal{F}[H_a(x); x \triangleright k] &= \frac{1}{2\pi}\int_{-\infty}^{\infty} H_a(x)e^{-ikx}\,dx \\ &= \frac{1}{2\pi}\int_0^{\infty} e^{-ax}e^{-ikx}\,dx = \frac{1}{2\pi(a+ik)}\end{aligned}$$
よって,
$$\mathcal{F}[H_a(x); x \triangleright k] = \frac{1}{2\pi(a+ik)} = \frac{a-ik}{2\pi(a^2+k^2)}$$
図 3.11 (b) に, このフーリエ変換の実部と虚部を示す. ここで, 複素数 z に対して Re$[z]$, Im$[z]$ はそれぞれ z の実部, 虚部を表す.

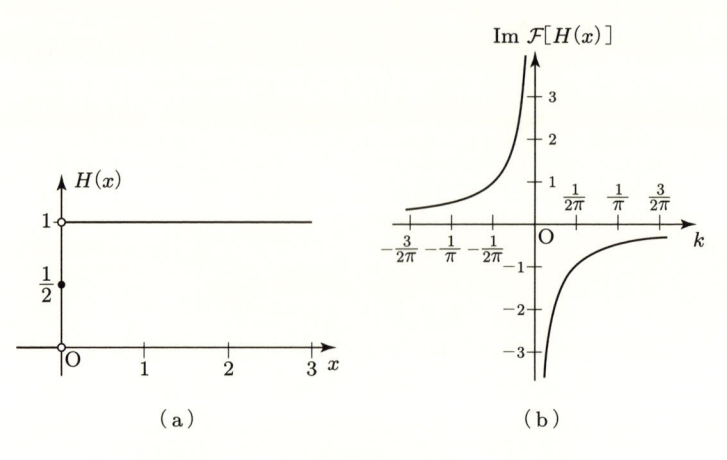

図 3.12 ヘビサイド関数とそのフーリエ変換

ここで，$a \longrightarrow 0$ を考えると，ヘビサイド関数

$$H(x) = \begin{cases} 1 & (x > 0) \\ \dfrac{1}{2} & (x = 0) \\ 0 & (x < 0) \end{cases}$$

のフーリエ変換を得る（図 3.12）．

$$\mathcal{F}[H(x); x \triangleright k] = \frac{1}{2\pi i k}$$

例題 3.6 次の関数のフーリエ変換を求めよ．ただし，$a > 0$ とする（図 3.13 (a)）．

$$f(x) = e^{-|x|/a}$$

【解】

$$\begin{aligned}
F(k) &= \mathcal{F}[e^{-|x|/a}; x \triangleright k] = \frac{1}{2\pi} \int_{-\infty}^{\infty} e^{-|x|/a} e^{-ikx}\, dx \\
&= \frac{1}{2\pi}\left[\int_{-\infty}^{0} e^{(1/a - ik)x}\, dx + \int_{0}^{\infty} e^{(-1/a - ik)x}\, dx\right] = \frac{a}{\pi(1 + a^2 k^2)}
\end{aligned}$$

よって，

$$F(k) = \frac{a}{\pi} \frac{1}{1 + a^2 k^2}$$

$F(k)$ のグラフを図 3.13 (b) に示す．

(a)

(b)

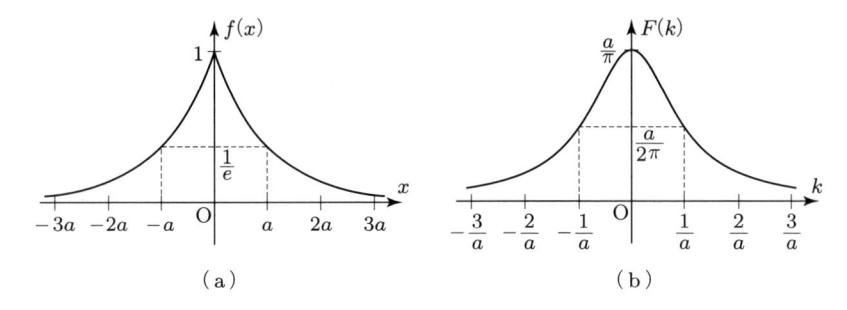

図 **3.13** 関数 $e^{-|x|/a}$ とそのフーリエ変換

この関数はローレンツ関数とよばれている．逆フーリエ変換で $x=0$ の場合を考えると

$$\int_{-\infty}^{\infty} F(k)\,dk = 1$$

よって，この曲線と k 軸ではさまれる領域の面積は a によらずにつねに 1 である．

例題 3.7 次の関数のフーリエ変換を求めよ．ただし，$a>0$ とする（図 3.14 (a)）．

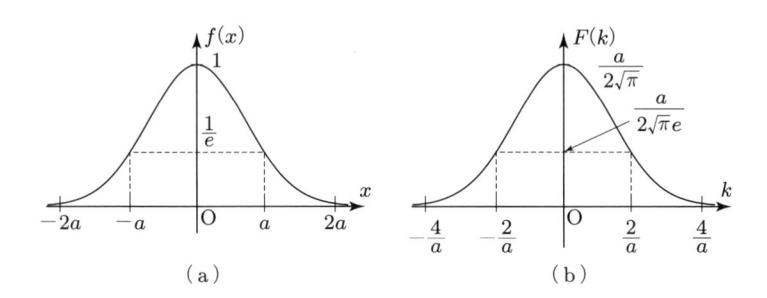

$$f(x) = e^{-x^2/a^2}$$

(a)

(b)

図 **3.14** ガウス正規関数を $\sqrt{\pi}\,a$ 倍した関数とそのフーリエ変換

【解】

$$F(k) = \mathcal{F}[e^{-x^2/a^2}; x \triangleright k] = \frac{1}{2\pi}\int_{-\infty}^{\infty} e^{-x^2/a^2} e^{-ikx}\,dx$$

$$= \frac{1}{2\pi}\int_{-\infty}^{\infty} \exp\left\{-\frac{1}{a^2}\left(x + \frac{1}{2}ia^2 k\right)^2 - \frac{1}{4}a^2 k^2\right\}dx$$

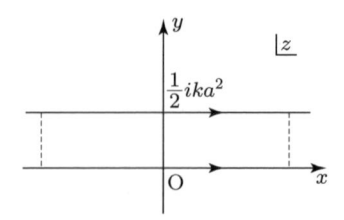

図 3.15 複素平面と二つの複素積分経路

$z = x + \dfrac{1}{2}ia^2 k$ と変数変換すると

$$F(k) = \frac{1}{2\pi} e^{-\frac{1}{4}a^2 k^2} \int_{-\infty + \frac{1}{2}ia^2 k}^{\infty + \frac{1}{2}ia^2 k} e^{-z^2/a^2} \, dz$$

ここで積分経路は図 3.15 に示すように直線 $y = \dfrac{1}{2}ka^2$ である．

関数 e^{-z^2/a^2} は複素平面全体で正則（また，非常に遠方での縦方向の積分はゼロ）なのでコーシーの定理を用いると，

$$F(k) = \frac{1}{2\pi} e^{-\frac{1}{4}a^2 k^2} \int_{-\infty}^{\infty} e^{-x^2/a^2} \, dx = \frac{a}{2\sqrt{\pi}} e^{-\frac{1}{4}a^2 k^2}$$

よって，

$$F(k) = \frac{a}{2\sqrt{\pi}} e^{-\frac{1}{4}a^2 k^2}$$

$F(k)$ のグラフを図 3.14（b）に示す．

同様に，$x = 0$ での逆フーリエ変換を考えると，

$$\int_{-\infty}^{\infty} F(k) \, dk = 1$$

関数 $\dfrac{1}{\sqrt{\pi}\, d} e^{-x^2/d^2}$ は「ガウスの正規関数」(Gaussian normal function) とよばれる（ただし，d は正の定数）．上式の $F(k)$ は $d = 2/a$ とした場合のガウスの正規関数になっている．フーリエ変換するもとの関数 $f(x) = e^{-x^2/a^2}$ も $d = a$ としたガウスの正規関数を $\sqrt{\pi}\, a$ 倍したものになっている．すなわち，ガウスの正規関数に比例する関数のフーリエ変換は，ガウスの正規関数に比例する関数になることがわかる．

問 3.5 次の関数のフーリエ変換を求めよ．

(1) $f(x) = \begin{cases} 1 & (-1 \leq x \leq 1) \\ 0 & (|x| > 1) \end{cases}$

(2) $f(x) = \begin{cases} e^{-ax} & (0 \leq x \leq 1) \\ 0 & (x < 0, x > 1) \end{cases}$ （ただし，$a > 0$ とする．）

(3) $f(x) = \begin{cases} e^{i\pi x} & (-1 \leq x \leq 1) \\ 0 & (|x| > 1) \end{cases}$

答 (1) $F(k) = \dfrac{\sin k}{\pi k}$. (2) $F(k) = \dfrac{1 - e^{-(a+ik)}}{2\pi(a+ik)}$. (3) $F(k) = \dfrac{\sin(k-\pi)}{\pi(k-\pi)}$.

■ 3.3.4 フーリエ変換の有用な性質

次にフーリエ変換を用いるときによく使うその性質をまとめておく．

◆性質 F.1（フーリエ変換対）

区間 $-\infty < x < \infty$ で定義された関数 $f(x)$ について，フーリエ変換は

$$F(k) = \mathcal{F}[f(x); x \triangleright k] = \frac{1}{2\pi} \int_{-\infty}^{\infty} f(x) e^{-ikx} \, dx$$

また，逆フーリエ変換は

$$f(x) = \mathcal{F}^{-1}[F(k); k \triangleright x] = \int_{-\infty}^{\infty} F(k) e^{ikx} \, dk$$

である．ここで重要なのは変換したものをまた元に戻す変換（逆変換）があるということである．

◆性質 F.2（変換の線形性）

a, b を定数，$f(x)$, $g(x)$ を $-\infty < x < \infty$ で定義された関数とすると，

$$\mathcal{F}[af(x) + bg(x)] = a\mathcal{F}[f(x)] + b\mathcal{F}[g(x)]$$

これはすぐに確かめられるであろう．ここで，$\mathcal{F}[u(x,t); x \triangleright k]$ を $\mathcal{F}[u]$ などと略して書いた（以下同様）．

◆性質 F.3（偏導関数の変換）

$-\infty < x < \infty$, $0 \leq t < \infty$ で定義された 2 変数関数 $u(x,t)$ の偏導関数のフーリエ変換についてまとめる．

$$\mathcal{F}\left[\frac{\partial u}{\partial x}; x \triangleright k\right] = ik\mathcal{F}[u; x \triangleright k]$$

同様に

$$\mathcal{F}\left[\frac{\partial^2 u}{\partial x^2}; x \triangleright k\right] = (ik)^2 \mathcal{F}[u; x \triangleright k]$$

また，

$$\mathcal{F}\left[\frac{\partial u}{\partial t}; x \triangleright k\right] = \frac{\partial}{\partial t}\mathcal{F}[u; x \triangleright k]$$

$$\mathcal{F}\left[\frac{\partial^2 u}{\partial t^2}; x \triangleright k\right] = \frac{\partial^2}{\partial t^2}\mathcal{F}[u; x \triangleright k]$$

これらも容易に確かめられる．

◆性質 F.4（べき乗関数倍）

$$\mathcal{F}[x^n f(x); \triangleright k] = i^n \frac{d^n}{dk^n}\mathcal{F}[f(x); \triangleright k]$$

ここでフーリエ変換される関数の変数が x であることは自明なので，セミコロン後に記すのは省略した．
【証明】

$$\begin{aligned}
\mathcal{F}[x^n f(x); \triangleright k] &= \frac{1}{2\pi}\int_{-\infty}^{\infty} x^n f(x) e^{-ikx}\,dx \\
&= \frac{1}{2\pi}\int_{-\infty}^{\infty} f(x)\left(i\frac{\partial}{\partial k}\right)^n e^{-ikx}\,dx \\
&= i^n \frac{d^n}{dk^n}\mathcal{F}[f(x); \triangleright k]
\end{aligned}$$

∎

◆性質 F.5 ①（畳み込みの性質①）

$$\mathcal{F}[f(x)g(x)] = \mathcal{F}[f(x)] * \mathcal{F}[g(x)]$$

ここで，$F(k) * G(k)$ は

$$F(k) * G(k) \equiv \int_{-\infty}^{\infty} F(k-k')G(k')\,dk'$$

と定義され，関数 $F(k)$ と $G(k)$ の「畳み込み」（convolution）とよばれる．
【証明】 ここで，$F(k) = \mathcal{F}[f(x)]$, $G(k) = \mathcal{F}[g(x)]$ とすると，

$$\begin{aligned}
f(x)g(x) &= \int_{-\infty}^{\infty} F(k'')e^{ik''x}\,dk'' \int_{-\infty}^{\infty} G(k')e^{ik'x}\,dk' \\
&= \int_{-\infty}^{\infty} dk' \int_{-\infty}^{\infty} dk''\, F(k'')G(k')e^{i(k''+k')x}
\end{aligned}$$

ここで，$k'' = k - k'$, $k' = k'$ という変数変換をすると

$$\frac{\partial(k'', k')}{\partial(k, k')} = \begin{vmatrix} \dfrac{\partial k''}{\partial k} & \dfrac{\partial k'}{\partial k} \\ \dfrac{\partial k''}{\partial k'} & \dfrac{\partial k'}{\partial k'} \end{vmatrix} = \begin{vmatrix} 1 & 0 \\ -1 & 1 \end{vmatrix} = 1$$

なので，
$$f(x)g(x) = \int_{-\infty}^{\infty} dk \int_{-\infty}^{\infty} dk' \, F(k-k')G(k')e^{ikx} = \mathcal{F}^{-1}[F(k) * G(k)]$$
よって，
$$\mathcal{F}[fg] = \mathcal{F}[f] * \mathcal{F}[g]$$
■

◆**性質 F.5②（畳み込みの性質②）**
$$\mathcal{F}\left[\frac{1}{2\pi}f(x) * g(x)\right] = \mathcal{F}[f(x)]\mathcal{F}[g(x)]$$

【証明】 性質 F.5①の証明とほとんど同じように証明できる． ■

◆**性質 F.6（虚数べき乗倍）**
$$\mathcal{F}[e^{ik_0 x}f(x); x \triangleright k] = \frac{1}{2\pi}\int_{-\infty}^{\infty} f(x)e^{-i(k-k_0)x}\,dx = \mathcal{F}[f(x); x \triangleright k - k_0]$$
あるいは，
$$\mathcal{F}^{-1}[F(k-k_0); k \triangleright x] = e^{ik_0 x}\mathcal{F}^{-1}[F(k); k \triangleright x]$$

すなわち，$e^{ik_0 x}$ を関数にかけることは，関数のスペクトルを全体に k_0 だけずらす効果がある（図 3.16）．これは，たとえば単色光（単波長スペクトルの波）$e^{ik_1 x}$ を考えてみればわかる．これに $e^{ik_0 x}$ をかけると $e^{i(k_0+k_1)x}$ となり，波長は k_0 だけずれる．

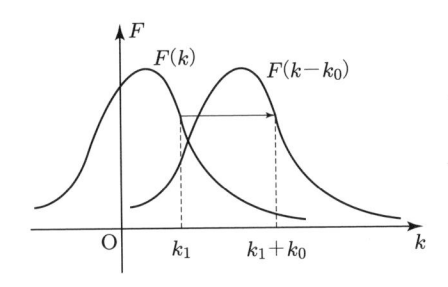

図 **3.16** 虚数べき乗倍された関数のフーリエ変換

◆**性質 F.7（平行移動した関数の変換）**
$$\mathcal{F}[f(x - x_0)] = e^{-ikx_0}\mathcal{F}[f(x)] \qquad (x_0 \text{ は定数})$$

【証明】 積分変数を $x' = x - x_0$ と変数変換する．

$$\mathcal{F}[f(x-x_0)] = \frac{1}{2\pi}\int_{-\infty}^{\infty} f(x-x_0)e^{-ikx}\,dx$$
$$= e^{-ikx_0}\frac{1}{2\pi}\int_{-\infty}^{\infty} f(x')e^{-ikx'}\,dx' = e^{-ikx_0}\mathcal{F}[f(x)] \qquad \blacksquare$$

◆性質 F.8（積分の変換）

$$\mathcal{F}\left[\int_{-\infty}^{x} f(x')dx'\right] = \frac{1}{ik}\mathcal{F}[f(x)]$$

ただし，$\int_{-\infty}^{\infty} f(x)\,dx = 0$ とする．

【証明】

$$F(x) = \int_{-\infty}^{x} f(x')\,dx'$$

とおく．$F(-\infty) = F(\infty) = 0$ なので，

$$\mathcal{F}[F(x)] = \frac{1}{2\pi}\int_{-\infty}^{\infty} dx\left(e^{-ikx}\int_{-\infty}^{x} f(x')\,dx'\right)$$
$$= \frac{1}{2\pi}\left[-\frac{e^{-ikx}}{ik}F(x)\right]_{-\infty}^{\infty} + \frac{1}{2\pi}\int_{-\infty}^{\infty}\frac{e^{-ikx}}{ik}f(x)\,dx = \frac{1}{ik}\mathcal{F}[f(x)] \qquad \blacksquare$$

例題 3.8 次の関数のフーリエ変換を求めよ．ただし，$a > 0$ とする．

(1) $f(x) = \dfrac{a}{x^2 + a^2}$

(2) $f(x) = \dfrac{2ax}{(x^2 + a^2)^2}$

(3) $f(x) = xe^{-|x|/a}$

【解】 (1) 例題 3.6 より

$$\frac{1}{\pi}\frac{a}{1+a^2k^2} = \mathcal{F}\left[e^{-|x|/a}\right]$$

の逆フーリエ変換を考えると（フーリエ変換の性質 F.1 を参照）

$$e^{-|x|/a} = \mathcal{F}^{-1}\left[\frac{1}{\pi}\frac{a}{1+a^2k^2}\right] = \int_{-\infty}^{\infty}\frac{1}{\pi}\frac{a}{1+a^2k^2}e^{ikx}\,dk$$

を得る．ここで変数を $x \Rightarrow -k$，$k \Rightarrow x$，$a \Rightarrow 1/a$ と置き換えると

$$e^{-a|k|} = \frac{1}{\pi}\int_{-\infty}^{\infty}\frac{1/a}{1+x^2/a^2}e^{-ikx}\,dx$$

よって，
$$\frac{1}{2}e^{-a|k|} = \frac{1}{2\pi}\int_{-\infty}^{\infty}\frac{a}{x^2+a^2}e^{-ikx}\,dx$$

となり，
$$\mathcal{F}\left[\frac{a}{a^2+x^2}\right] = \frac{1}{2}e^{-a|k|}$$

を得る．

(2) ここで，
$$f(x) = \frac{2ax}{(x^2+a^2)^2} = -\frac{d}{dx}\frac{a}{x^2+a^2}$$

なので，フーリエ変換の性質 F.3 を用いて
$$\mathcal{F}\left[\frac{2ax}{(x^2+a^2)^2}\right] = \mathcal{F}\left[-\frac{d}{dx}\left(\frac{a}{x^2+a^2}\right)\right] = -ik\mathcal{F}\left[\frac{a}{x^2+a^2}\right] = -\frac{ik}{2}e^{-a|k|}$$

(3) フーリエ変換の性質 F.4 を用いると
$$\begin{aligned}\mathcal{F}\left[xe^{-|x|/a}\right] &= i\frac{d}{dk}\mathcal{F}\left[e^{-|x|/a}\right] \\ &= i\frac{d}{dk}\left(\frac{a}{\pi}\frac{1}{1+a^2k^2}\right) = -\frac{2ia^3k}{\pi(1+a^2k^2)^2}\end{aligned}$$

■

■ 3.3.5 デルタ関数

関数 $f(x) = 1$ のフーリエ変換を考えてみよう．ここで，この関数はフーリエ変換の収束の条件を満たさず収束する保障はない．実際，そのフーリエ変換は通常の関数とはならない．しかし，そのような単純で基本的な関数のフーリエ変換が考えられないのは不便である．ここではそのような要請に答える通常関数とはいえない関数を導入する．

例題 3.6 で得られた結果
$$\mathcal{F}\left[e^{-|x|/a}\right] = \frac{a}{\pi}\frac{1}{1+a^2k^2} = F(k)$$

において $a \longrightarrow \infty$ の極限をとる（図 3.17）．もとの関数は $e^{-|x|/a} \longrightarrow 1$ となる．このとき $F(k)$ の極限を $\delta(k)$ と書くと
$$\mathcal{F}[1; x \triangleright k] = \delta(k)$$

ただし，
$$\delta(k) = \lim_{a\to\infty}\frac{a}{\pi}\frac{1}{1+a^2k^2}$$

となる．このときこの関数 $\delta(k)$ は次の性質をもつ．

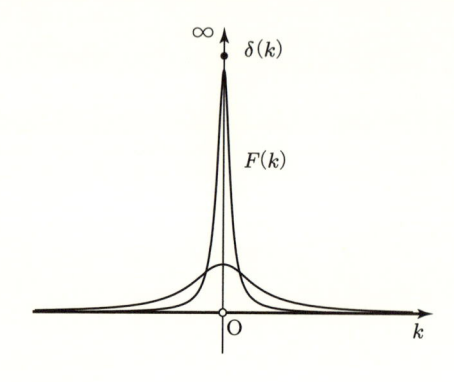

図 3.17 関数 $F(k) = \dfrac{a}{\pi}\dfrac{1}{1+a^2k^2}$ の極限 $(a \to \infty)$ とデルタ関数

◆**性質 D.1**

$$\delta(k) = \begin{cases} 0 & (k \neq 0) \\ \infty & (k = 0) \end{cases}$$

◆**性質 D.2**

$$\int_{-\infty}^{\infty} \delta(k)\,dk = 1$$

◆**性質 D.3** 関数 $\delta(x)$ は偶関数である．

$$\delta(-x) = \delta(x)$$

いたるところほとんどがゼロなのに積分が 1 になるということは通常の関数では考えられない．しかし，関数の概念を拡張し，これもひとつの関数として扱うことにする．このような性質をもった関数を「**ディラックのデルタ関数**」(Dirac's delta function) あるいは単に「**デルタ関数**」(delta function) という[*2]．こういう通常の関数としてはとらえられない関数を「**超関数**」(distribution) という．超関数は物理および工学において重要な役割を演ずる（便利な）関数である．

また，例題 3.7 においても $a \longrightarrow \infty$ という極限をとると同様な議論ができる．このときのデルタ関数は

$$\delta(k) = \lim_{a \to \infty} \frac{a}{2\sqrt{\pi}} e^{-a^2 k^2/4}$$

と定義される．このようにデルタ関数はさまざまな関数の極限として定義でき

[*2] ディラックのデルタ関数は，離散量で定義されたクロネッカーのデルタ記号 δ_{m0} の連続関数への拡張とみることができる．クロネッカーのデルタも次の性質をもつ．

性質 D.1′ $\delta_{m0} = \begin{cases} 0 & (m \neq 0) \\ 1 & (m = 0) \end{cases}$ **性質 D.2′** $\displaystyle\sum_{m=-\infty}^{\infty} \delta_{m0} = 1$

る*3. いずれにしても

$$\mathcal{F}[1; x \triangleright k] = \delta(k)$$

である．

通常デルタ関数にはさらに次の性質をもつものとする．

◆**性質 D.4** 任意の有界な連続関数 $\phi(x)$ に対して

$$\int_{-\infty}^{\infty} \phi(x)\delta(x-x_0)\,dx = \phi(x_0)$$

◆**性質 D.5** 3.3.3項で導入したヘビサイド関数 $H(x)$ について

$$H(x) = \int_{-\infty}^{x} \delta(x')\,dx'$$

あるいは

$$\delta(x) = H'(x)$$

これらの性質 D.4 と D.5 は性質 D.1 と D.2 から導くことができ整合性を確認できる．

例題 3.9 $f(x) = \cos k_0 x$ のフーリエ変換を求めよ．ただし，k_0 は定数．

【解】 まず，$e^{ik_0 x}$ のフーリエ変換を求める．

$$\begin{aligned}\mathcal{F}[e^{ik_0 x}; \triangleright k] &= \frac{1}{2\pi}\int_{-\infty}^{\infty} e^{-i(k-k_0)x}\,dx \\ &= \mathcal{F}[1, \triangleright k - k_0] = \delta(k-k_0)\end{aligned}$$

よって，フーリエ変換の線形性により

$$\mathcal{F}[\cos k_0 x] = \mathcal{F}\left[\frac{1}{2}\left(e^{ik_0 x} + e^{-ik_0 x}\right)\right] = \frac{1}{2}\delta(k-k_0) + \frac{1}{2}\delta(k+k_0)$$

問 3.6 $f(x) = \sin k_0 x$ のフーリエ変換を求めよ．ただし，k_0 は定数．

答 $\mathcal{F}[\sin k_0 x] = \frac{1}{2i}\delta(k-k_0) - \frac{1}{2i}\delta(k+k_0)$

---

*3 他にもたとえば，$\delta(x) = \lim_{k \to \infty} \dfrac{\sin kx}{\pi x}$，$\delta(x) = \lim_{h \to 0} \begin{cases} 0 & (|x| > h/2) \\ \dfrac{1}{h} & (|x| \leq h/2) \end{cases}$ などがある．

3.4 ラプラス変換

前節の最後の例でみたように，フーリエ変換は，無限遠点（$x \longrightarrow \pm\infty$）でゼロに収束しない関数は三角関数のような基本的な関数でさえ，それを変換するのに超関数が必要となり通常の関数では扱えない．同じ関数から関数への変換でも収束性を改良したものとしてラプラス変換がある．

3.4.1 ラプラス変換の導出

区分的に連続な連続関数 $f(t)$ が $0 \le t < \infty$ で与えられていたとする．ここで，$c > 0$ として $f(t)H_c(t)$ という関数（$t < 0$ のときの $f(t)$ には有限の値を与えておく）のフーリエ変換を考える．ここで，$H_c(t)$ は拡張されたヘビサイド階段関数 (3.3.3 項，例題 3.5 参照) である．

$$\tilde{F}(\omega) = \mathcal{F}[f(t)H_c(t); t \triangleright \omega] = \frac{1}{2\pi} \int_{-\infty}^{\infty} f(t) H_c(t) e^{-i\omega t} \, dt$$
$$= \frac{1}{2\pi} \int_{0}^{\infty} f(t) e^{-(c+i\omega)t} \, dt$$

逆フーリエ変換は，

$$f(t)H_c(t) = \mathcal{F}^{-1}[\tilde{F}(\omega); \omega \triangleright t] = \int_{-\infty}^{\infty} \tilde{F}(\omega) e^{i\omega t} \, d\omega$$

$t > 0$ では，

$$f(t) = e^{ct} \int_{-\infty}^{\infty} \tilde{F}(\omega) e^{i\omega t} \, d\omega = \int_{-\infty}^{\infty} \tilde{F}(\omega) e^{(c+i\omega)t} \, d\omega$$

新しく変数 $s = c + i\omega$ を導入すると，

$$f(t) = \int_{c-i\infty}^{c+i\infty} \tilde{F}\left(\frac{s-c}{i}\right) e^{st} \frac{1}{i} \, ds$$
$$= \frac{1}{2\pi i} \int_{c-i\infty}^{c+i\infty} \left[\int_{0}^{\infty} f(t') e^{-st'} \, dt' \right] e^{st} \, ds$$

ここで，

$$F(s) \equiv \int_{0}^{\infty} f(t) e^{-st} \, dt$$

とおくと

$$f(t) = \frac{1}{2\pi i} \int_{c-i\infty}^{c+i\infty} F(s) e^{st} \, ds \quad (t > 0)$$

を得る．

ここで関数 $f(t)$ から $F(s)$ への変換を「**ラプラス変換**」(Laplace transform)，関数 $F(s)$ から $f(t)$ への変換を「**逆ラプラス変換**」(inverse Laplace transform) といい，次のように書く．

$$F(s) = \mathcal{L}[f(t); t \triangleright s] = \int_0^\infty f(t) e^{-st}\, dt \qquad \text{(ラプラス変換)}$$

$$f(t) = \mathcal{L}^{-1}[F(s); s \triangleright t] = \frac{1}{2\pi i} \int_{c-i\infty}^{c+i\infty} F(s) e^{st}\, ds \qquad \text{(逆ラプラス変換)}$$

ここで，セミコロンより右の表示は変換する変数を明示するためのものであるが，しばしば省かれる．

フーリエ変換に比べてラプラス変換がもっている長所のひとつは，被積分関数に減衰因子 e^{-st} があるためにフーリエ変換よりも多くの関数の変換ができるということである．（フーリエ変換の場合の被積分関数は，変換される関数と e^{-ikx} の積であるが，e^{-ikx} の絶対値は 1 で減衰に効かない．）

以上，フーリエ変換，ラプラス変換などの積分を用いた変換を総称して「**積分変換**」(integral transform) という．

■ 3.4.2 ラプラス変換の収束条件

関数 $f(t)$ がラプラス変換をもつことを保障する正確な条件は次の定理により与えられる．

ラプラス変換の収束条件

1. 任意の正の数 A に対して $f(t)$ が区間 $0 \leq t \leq A$ で区分的に連続である．
2. ある定数 T より大きな t のすべての値に対して

$$|f(t)| < Me^{at}$$

となるような，M と a を見出すことができる．

上記の二つの条件が成り立つとき $\mathrm{Re}[s] > a$ に対してラプラス変換

$$\mathcal{L}[f(t); t \triangleright s] = \int_0^\infty f(t) e^{-st}\, dt$$

が存在する．ただし，$\mathrm{Re}[s]$ は複素数 s の実部を表す．

3.4.3 ラプラス変換の例

例題 3.10 次の関数のラプラス変換を求めよ．ただし，$a > 0$ である．
(1) $f(t) = 1 \quad (0 \leq t < \infty)$
(2) $f(t) = e^{at} \quad (0 \leq t < \infty)$
(3) $f(t) = \sin \omega t, \ f(t) = \cos \omega t \quad (0 \leq t < \infty)$
(4) $f(t) = e^{t^2} \quad (0 \leq t < \infty)$
(5) $f(t) = \dfrac{2}{\sqrt{\pi}} e^{-at^2} \quad (0 \leq t < \infty)$

【解】 (1)
$$F(s) = \mathcal{L}[1; \triangleright s] = \int_0^\infty e^{-st}\, dt = \frac{1}{s}$$
ただし，Re$[s] > 0$（図 3.18）．ここで変換する関数の変数の明示は省略した．

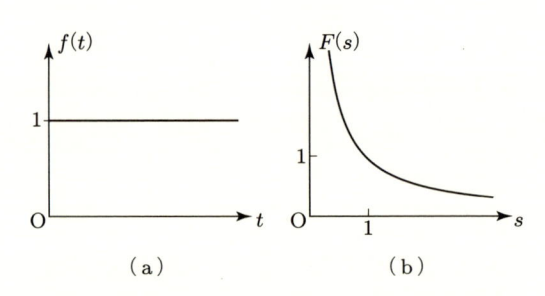

図 **3.18** 関数 $y = 1 \ (t \geq 0)$ とそのラプラス変換

(2)
$$F(s) = \mathcal{L}[e^{at}; \triangleright s] = \int_0^\infty e^{at} e^{-st}\, dt = \frac{1}{s-a}$$
ただし，Re$[s] > a$（図 3.19）．

(3)
$$F(s) = \mathcal{L}[\sin \omega t; t \triangleright s] = \int_0^\infty \sin \omega t\, e^{-st}\, dt = \frac{1}{2i} \int_0^\infty (e^{i\omega t} - e^{-i\omega t}) e^{-st}\, dt$$
$$= \frac{\omega}{\omega^2 + s^2}$$

$$\mathcal{L}[\cos \omega t; t \triangleright s] = \int_0^\infty \cos \omega t\, e^{-st}\, dt = \frac{1}{2} \int_0^\infty (e^{i\omega t} + e^{-i\omega t}) e^{-st}\, dt$$
$$= \frac{s}{\omega^2 + s^2}$$

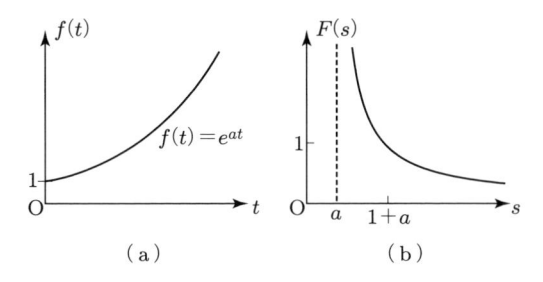

図 **3.19** 関数 $y = e^{at}$ $(t \geq 0)$ とそのラプラス変換

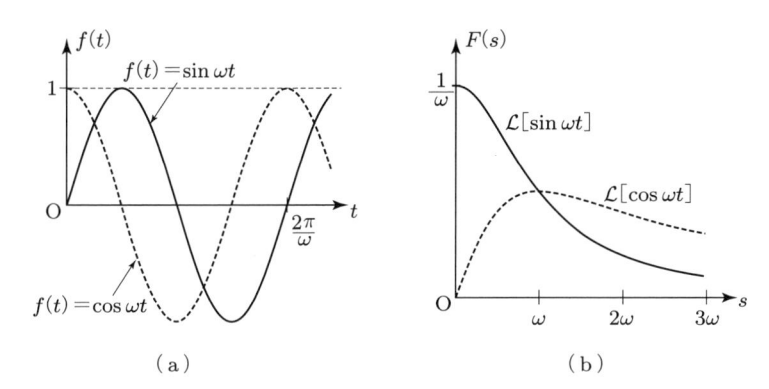

図 **3.20** 三角関数とそのラプラス変換

ただし，$\text{Re}[s] > 0$ である（図 3.20）．
(4) ラプラス変換できない．
(5)
$$\mathcal{L}\left[\frac{2}{\sqrt{\pi}}e^{-at^2}\right] = \int_0^\infty \frac{2}{\sqrt{\pi}}e^{-at^2}e^{-st}\,dt$$
$$= \frac{2}{\sqrt{\pi}}\int_0^\infty \exp\left\{-a\left(t+\frac{s}{2a}\right)^2\right\}\exp\left(\frac{s^2}{4a}\right)dt$$

ここで，変数変換 $\xi = \sqrt{a}\left(t + \dfrac{s}{2a}\right)$ をすると
$$\mathcal{L}\left[\frac{2}{\sqrt{\pi}}e^{-at^2}\right] = \frac{1}{\sqrt{a}}e^{s^2/4a}\frac{2}{\sqrt{\pi}}\int_{s/(2\sqrt{a})}^\infty e^{-\xi^2}\,d\xi$$

余誤差関数（図 3.21）
$$\text{erfc}(x) \equiv \frac{2}{\sqrt{\pi}}\int_x^\infty e^{-\xi^2}\,d\xi$$

を用いると，
$$\mathcal{L}\left[\frac{2}{\sqrt{\pi}}e^{-at^2}\right] = \frac{e^{s^2/(4a)}}{\sqrt{a}}\,\text{erfc}\left(\frac{s}{2\sqrt{a}}\right)$$

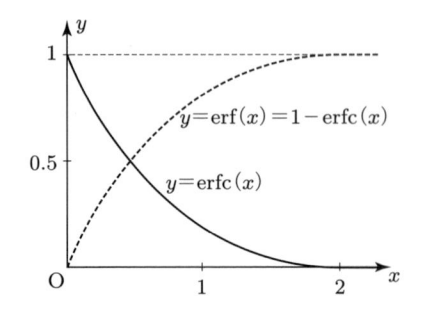

図 3.21　余誤差関数 erfc(x) と誤差関数 erf(x)

問 3.7　次の関数のラプラス変換を求めよ．

(1)　$f(t) = \begin{cases} 1 & (0 \leq t \leq 1) \\ 0 & (1 < t < \infty) \end{cases}$

(2)　$f(t) = t \quad (0 \leq t < \infty)$

(3)　$f(t) = \begin{cases} e^{-t} & (1 \leq t < \infty) \\ 0 & (0 \leq t < 1) \end{cases}$

答　(1) $\mathcal{L}[f(t)] = \dfrac{1}{s}[1 - e^{-s}]$, (2) $\mathcal{L}[f(t)] = \dfrac{1}{s^2}$, (3) $\mathcal{L}[f(t)] = \dfrac{1}{1+s}e^{-(1+s)}$

■ 3.4.4　ラプラス変換の有用な性質

ここでラプラス変換の重要な性質をまとめておく．

◆**性質 L.1（ラプラス変換対）**

$f(t)$ を $0 \leq t < \infty$ で定義された関数とする．

$$F(s) = \mathcal{L}[f(t); t \triangleright s] = \int_0^\infty f(t) e^{-st}\, dt \quad \text{（ラプラス変換）}$$

$$f(t) = \mathcal{L}^{-1}[F(s); s \triangleright t] = \frac{1}{2\pi i} \int_{c-i\infty}^{c+i\infty} F(s) e^{st}\, ds \quad \text{（逆ラプラス変換）}$$

ただし，c は任意の定数．

◆**性質 L.2（線形性）**

a, b を任意の定数，$f(t), g(t)$ を $0 \leq t < \infty$ で定義された関数とすると

$$\mathcal{L}[af(t) + bg(t)] = a\mathcal{L}[f(t)] + b\mathcal{L}[g(t)]$$

◆**性質 L.3（偏導関数の変換）**

2 変数の関数 $u(x, t)$ が $0 \leq t < \infty$, $-\infty < x < \infty$ あるいは適当な区間にお

いて定義されているとする．

$$\mathcal{L}\left[\frac{\partial u}{\partial t};t \triangleright s\right] = s\mathcal{L}[u(x,t);t \triangleright s] - u(x,0)$$

$$\mathcal{L}\left[\frac{\partial^2 u}{\partial t^2};t \triangleright s\right] = s^2\mathcal{L}[u(x,t);t \triangleright s] - su(x,0) - \frac{\partial u}{\partial t}(x,0)$$

$$\mathcal{L}\left[\frac{\partial u}{\partial x};t \triangleright s\right] = \frac{\partial}{\partial x}\mathcal{L}[u(x,t);t \triangleright s]$$

$$\mathcal{L}\left[\frac{\partial^2 u}{\partial x^2};t \triangleright s\right] = \frac{\partial^2}{\partial x^2}\mathcal{L}[u(x,t);t \triangleright s]$$

◆性質 L.4（積分のラプラス変換）

$$\mathcal{L}\left[\int_0^t f(\tau)d\tau;t \triangleright s\right] = \frac{1}{s}\mathcal{L}[f(t)]$$

【証明】

$$\begin{aligned}\mathcal{L}\left[\int_0^t f(\tau)\,d\tau\right] &= \int_0^\infty dt \int_0^t f(\tau)\,d\tau\, e^{-st} \\ &= \left[-\frac{1}{s}\int_0^t f(\tau)\,d\tau\, e^{-st}\right]_{t=0}^{t=\infty} - \int_0^\infty f(t)\left(\frac{-1}{s}e^{-st}\right)dt \\ &= \frac{1}{s}\int_0^\infty f(t)e^{-st}\,dt = \frac{1}{s}\mathcal{L}[f]\end{aligned}$$ ∎

◆性質 L.5（畳み込みの性質）

二つの関数 $f(t)$ と $g(t)$ の「有限畳み込み」を次のように定義する．

$$f(t) \star g(t) = \int_0^t f(\tau)g(t-\tau)\,d\tau = \int_0^t f(t-\tau)g(\tau)\,d\tau$$

すると

$$\mathcal{L}[f(t) \star g(t)] = \mathcal{L}[f(t)]\mathcal{L}[g(t)]$$

あるいは

$$\mathcal{L}^{-1}\bigl[\mathcal{L}[f(t)]\mathcal{L}[g(t)]\bigr] = f(t) \star g(t)$$

が成り立つ[*4]．

[*4] ここでは「畳み込み」と区別するために，「有限畳み込み」の場合に記号 $\star$ を用いることにした．慣例では「畳み込み」と「有限畳み込み」は同じ記号 $*$ を用いる．

【証明】
$$\mathcal{L}[f \star g] = \int_0^\infty (f \star g)(t)e^{-st}\,dt = \int_0^\infty dt \int_0^t f(\tau)g(t-\tau)\,d\tau\,e^{-st}$$

ここで，変数 t $(0 \leq t < \infty)$ と τ $(0 \leq \tau \leq t)$ を
$$t' = t - \tau \quad (0 \leq t' < \infty)$$
$$t'' = \tau \quad (0 \leq t'' < \infty)$$
と変換する．ここでの変換のヤコビアンは
$$\frac{\partial(t',t'')}{\partial(t,\tau)} = \begin{vmatrix} \dfrac{\partial t'}{\partial t} & \dfrac{\partial t''}{\partial t} \\ \dfrac{\partial t'}{\partial \tau} & \dfrac{\partial t''}{\partial \tau} \end{vmatrix} = \begin{vmatrix} 1 & 0 \\ -1 & 1 \end{vmatrix} = 1$$

より，
$$\mathcal{L}[f \star g] = \int_0^\infty dt' \int_0^\infty dt'' f(t'')g(t')e^{-s(t'+t'')}$$
$$= \int_0^\infty dt'' f(t'')e^{-st''} \int_0^\infty dt' g(t')e^{-st'} = \mathcal{L}[f]\mathcal{L}[g] \quad \blacksquare$$

◆性質 L.6（第 1 移動定理）
$$\mathcal{L}\left[e^{-at}f(t); t \triangleright s\right] = \mathcal{L}[f(t); t \triangleright s + a]$$

【証明】
$$\mathcal{L}\left[e^{-at}f(t)\right] = \int_0^\infty f(t)e^{-(s+a)t}\,dt = \mathcal{L}[f(t); t \triangleright s + a] \quad \blacksquare$$

例題 3.11 ラプラス変換の性質を用いて次の関数のラプラス変換を求めよ．
(1) $f(t) = te^{-at^2}$
(2) $f(t) = \mathrm{erf}\left(\dfrac{t}{2a}\right)$
(3) $f(t) = \mathrm{erfc}\left(\dfrac{a}{2\sqrt{t}}\right)$

ただし，$\mathrm{erfc}(x)$ は余誤差関数で
$$\mathrm{erfc}(x) \equiv \frac{2}{\sqrt{\pi}} \int_x^\infty e^{-\xi^2}\,d\xi$$
で定義される．$a > 0$ とする．

【解】 (1) 例題 3.10 と性質 L.3 を用いると

$$\mathcal{L}\left[te^{-at^2}\right] = \mathcal{L}\left[-\frac{1}{2a}\frac{d}{dt}e^{-at^2}\right] = -\frac{1}{2a}\left[s\mathcal{L}\left[e^{-at^2}\right] - 1\right]$$

$$= -\frac{1}{2a}\left[s\frac{1}{2}\sqrt{\frac{\pi}{a}}e^{s^2/(4a)}\operatorname{erfc}\left(\frac{s}{2\sqrt{a}}\right) - 1\right]$$

よって,

$$\mathcal{L}\left[te^{-at^2}\right] = \frac{1}{2a}\left[1 - \frac{1}{2}\sqrt{\frac{\pi}{a}}se^{s^2/(4a)}\operatorname{erfc}\left(\frac{s}{2\sqrt{a}}\right)\right]$$

(2) 例題 3.10 と性質 L.4 を用いると

$$\mathcal{L}\left[\int_0^t \frac{2}{\sqrt{\pi}}e^{-(\tau/(2a))^2}d\tau\right] = \frac{2a}{s}e^{a^2s^2}\operatorname{erfc}(as)$$

ここで $\tau' = \tau/(2a)$ とおくと

$$\mathcal{L}\left[\int_0^{t/(2a)} \frac{2}{\sqrt{\pi}}e^{-\tau'^2}2a\,d\tau'\right] = \frac{2a}{s}e^{a^2s^2}\operatorname{erfc}(as)$$

よって,

$$\mathcal{L}\left[\operatorname{erf}\left(\frac{t}{2a}\right)\right] = \frac{1}{s}e^{a^2s^2}\operatorname{erfc}(as)$$

(3)

$$\mathcal{L}[f(t)] = \int_0^\infty f(t)e^{-st}\,dt = \frac{2}{\sqrt{\pi}}\int_0^\infty dt \int_{a/(2\sqrt{t})}^\infty d\xi\, e^{-\xi^2-st}$$

ここで, 積分範囲, $0 \le t < \infty$, $a/(2\sqrt{t}) \le \xi < \infty$ は範囲, $0 \le \xi < \infty$, $a^2/(4\xi^2) \le t < \infty$ と書き直すことができるので,

$$\mathcal{L}[f(t)] = \frac{2}{\sqrt{\pi}}\int_0^\infty d\xi \int_{a^2/(4\xi^2)}^\infty dt\, e^{-\xi^2-st}$$

$$= \frac{2}{\sqrt{\pi}}\int_0^\infty \frac{1}{s}e^{-\xi^2-sa^2/(4\xi^2)}d\xi = \frac{1}{s}e^{-\sqrt{s}a}\frac{2}{\sqrt{\pi}}\int_0^\infty e^{-(\xi-\sqrt{s}a/(2\xi))^2}d\xi$$

ここで, $c > 0$ のとき $\int_0^\infty e^{-(x-c/x)^2}dx = \sqrt{\pi}/2$ という定積分[*5]を用いると

$$\mathcal{L}[f(t)] = \frac{1}{s}e^{-\sqrt{s}a}$$

となる.

[*5] この定積分は $y = x - c/x$ $(x \ge 0)$ すなわち $x = y + \sqrt{y^2+4c}$ という変数変換をして求める. このとき積分範囲は $-\infty < y < \infty$ である.

例題 3.12 フーリエ変換，ラプラス変換について次式が成り立つことを示せ．ただし，$a > 0$ は定数とする．

$$\mathcal{F}[f(ax); x \triangleright k] = \frac{1}{a}\mathcal{F}\left[f(x); x \triangleright \frac{k}{a}\right], \qquad \mathcal{L}[f(at); t \triangleright s] = \frac{1}{a}\mathcal{L}\left[f(t); t \triangleright \frac{s}{a}\right]$$

【解】 フーリエ変換，ラプラス変換は積分変換 $\mathcal{I}[f(t)]$ として

$$\mathcal{I}[f(t)] = \int f(t)K(st)\,dt$$

と書ける．ここで，$K(st) = e^{-ist}$ とし積分範囲を $-\infty < t < \infty$ とすれば，$\mathcal{I}$ はフーリエ変換になり，$K(st) = e^{-st}$ とし，積分範囲を $0 \leq t < \infty$ とすれば，$\mathcal{I}$ はラプラス変換になる．$F(s) = \mathcal{I}[f(t)]$ とすると，

$$\mathcal{I}[f(at)] = \int f(at)K(st)\,dt$$

$t' = at$ と変数変換すると，

$$\mathcal{I}[f(at)] = \frac{1}{a}\int f(t')K\left(\frac{s}{a}t'\right) = \frac{1}{a}F\left(\frac{s}{a}\right)$$

演習問題

3.1 $-\infty < x < \infty$ で定義された次の関数のフーリエ級数を求めよ．

(1)* 周期 2 の関数 $\quad f(x) = \begin{cases} 1 & \left(\dfrac{1}{3} \leq x \leq \dfrac{2}{3}\right) \\ -1 & \left(-\dfrac{2}{3} \leq x \leq -\dfrac{1}{3}\right) \\ 0 & \left(|x| < \dfrac{1}{3}, \dfrac{2}{3} < |x| \leq 1\right) \end{cases}$

(2)* 周期 2π の関数 $\quad f(x) = |x| \quad (-\pi \leq x \leq \pi)$

(3) 周期 2 の関数 $\quad f(x) = \begin{cases} -x + 1 & (0 \leq x \leq 1) \\ -x - 1 & (-1 \leq x < 0) \end{cases}$

ヒント $f(x)$ は区間 $(-1, 1)$ で奇関数．厳密にいうと $x = 0$ の点はのぞく．

3.2 $-\infty < x < \infty$ で定義された次の関数のフーリエ級数を求めよ．

(1) 周期 2 の関数 $\quad f(x) = \begin{cases} 1 - \cos(2\pi x) & (0 \leq x \leq 1) \\ -1 + \cos(2\pi x) & (-1 \leq x < 0) \end{cases}$

(2)* 周期 2 の関数 $f(x) = \begin{cases} 1 - 4\left|x - \dfrac{1}{2}\right| & \left(\left|x - \dfrac{1}{2}\right| \leq \dfrac{1}{4}\right) \\ 0 & \left(\dfrac{1}{4} < \left|x - \dfrac{1}{2}\right| \leq \dfrac{1}{2}, \dfrac{1}{4} < \left|x + \dfrac{1}{2}\right| \leq \dfrac{1}{2}\right) \\ 4\left|x + \dfrac{1}{2}\right| - 1 & \left(\left|x + \dfrac{1}{2}\right| \leq \dfrac{1}{4}\right) \end{cases}$

(3)* 周期 2 の関数 $f(x) = \begin{cases} 1 & \left(|x| \leq \dfrac{1}{2}\right) \\ 0 & \left(\dfrac{1}{2} < |x| \leq 1\right) \end{cases}$

(4) 周期 2 の関数 $f(x) = \begin{cases} 1 - 2\left|x - \dfrac{1}{2}\right| & (0 \leq x \leq 1) \\ -1 + 2\left|x + \dfrac{1}{2}\right| & (-1 \leq x < 0) \end{cases}$

3.3 次のように区間 $-\pi \leq x \leq \pi$ での値が与えられている周期 2π の関数の複素フーリエ級数を求めよ．

(1)* $f(x) = x$ $(-\pi \leq x \leq \pi)$
(2) $f(x) = |x|$ $(-\pi \leq x \leq \pi)$
(3) $f(x) = x^2$ $(-\pi \leq x \leq \pi)$

3.4 次の関数のフーリエ変換を求めよ．

(1)* $f(x) = \begin{cases} 1 & (0 \leq x \leq 1) \\ -1 & (-1 \leq x < 0) \\ 0 & (|x| > 1) \end{cases}$

(2) $f(x) = \begin{cases} 1 & (0 < x \leq 1) \\ 2 & (1 < x < 2) \\ 0 & (その他) \end{cases}$

(3) $f(x) = \begin{cases} 1 & (1 < x < 3) \\ -4 & (6 < x < 8) \\ 0 & (その他) \end{cases}$

(4)* $f(x) = \begin{cases} x & (|x| \leq 1) \\ 0 & (|x| > 1) \end{cases}$

(5) $f(x) = \begin{cases} e^x & (x < 1) \\ 0 & (x \geq 1) \end{cases}$

(6)* $f(x) = \begin{cases} e^{-2x} & (-1 < x < 1) \\ 0 & (その他) \end{cases}$

(7)* $f(x) = e^{-|x|} \cos x$

ヒント $\cos x = \dfrac{e^{ix} + e^{-ix}}{2}$ を用いよ.

(8)* $f(x) = e^{-x^2} + e^{-|x|}$

3.5 次の関数のラプラス変換を求めよ. ただし, a, b は実数とする.

(1)* $f(t) = \cosh t = \dfrac{e^t + e^{-t}}{2}$

(2) $f(t) = \sinh t = \dfrac{e^t - e^{-t}}{2}$

(3)* $f(t) = \dfrac{1}{\sqrt{\pi t}}$

ヒント $t = x^2$ と変数変換し, $\displaystyle\int_0^\infty e^{-ax^2}\,dx = \dfrac{1}{2}\sqrt{\dfrac{\pi}{a}}\ (a > 0)$ を用いよ.

(4)* $e^{at} \sin bt$

(5) $e^{at} \cos bt$

(6) t^n (n は自然数)

(7) $H(t-a)$

第4章

初期値・境界値問題の解法

第2章において，斉次線形偏微分方程式を解く際に，変数分離法や指数関数解によりその特解を求められることを述べた．また，方程式の線形性により解の重ね合わせが可能であり，それらの特解の線形結合も解となることを述べた．それでは，求まった特解の線形結合の無限級数によって，与えられたさまざまな初期条件，境界条件を満たす解を表すことはできないであろうか．

第2章で扱った例においては，特解の初期値は三角関数であった．よって，特解の無限項からなる線形結合の初期値は，三角関数の線形結合になる．このような無限項からなる三角関数の線形結合は，第3章で述べたフーリエ級数そのものである．この章ではフーリエ級数を用いた境界のある場合の初期値問題（初期値・境界値問題）についての解法を示す．

4.1 拡散方程式

まず，次のような基本例題を考えてみよう．

拡散方程式の基本例題 次の初期値・境界値問題を解け．

(i) 偏微分方程式 (PDE) $\dfrac{\partial u}{\partial t} = \alpha^2 \dfrac{\partial^2 u}{\partial x^2}$ $(0 < x < L,\ 0 < t < \infty)$

(ii) 境界条件 (BdC) $u(0,t) = u(L,t) = 0$ $(0 < t < \infty)$

(iii) 初期条件 (InC) $u(x,0) = \phi(x)$ $(0 \leq x \leq L)$

ただし，$\phi(x)$ は初期の温度分布を表す関数である（図 4.1）．また，$\alpha > 0$ は定数．

【解】 2.3.1 項で示したように変数分離法を用いて，偏微分方程式の特解を求めると，

$$u(x,t) = e^{-k^2\alpha^2 t}\{A\sin(kx) + B\cos(kx)\}$$

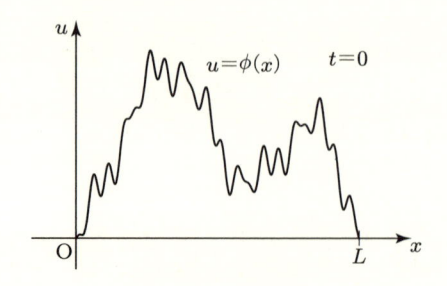

図 4.1 拡散問題

ただし，A, B, k は定数である．次に，これに境界条件を課すと

$$u(x,t) = Ae^{-(\alpha n\pi/L)^2 t}\sin\left(\frac{n\pi}{L}x\right) \qquad (n=1,2,3,\ldots)$$

を得る．方程式は斉次線形方程式なので，特解 $u_n(x,t) = e^{-(\alpha n\pi/L)^2 t}\sin(n\pi x/L)$ の線形結合も方程式の解となる（2.2 節の定理 2.1 参照）．その線形結合を $A_1, A_2, \ldots$ を定数として

$$u(x,t) = A_1 u_1(x,t) + A_2 u_2(x,t) + \cdots$$

とすると

$$\begin{aligned}u(0,t) &= A_1 u_1(0,t) + A_2 u_2(0,t) + \cdots = 0\\ u(L,t) &= A_1 u_1(L,t) + A_2 u_2(L,t) + \cdots = 0\end{aligned}$$

となるので，これは境界条件も満たすことがわかる．このような境界条件を「**斉次線形境界条件**」という．よって，この線形結合 $u(x,t) = A_1 u_1(x,t) + A_2 u_2(x,t) + \cdots$ が初期条件さえ満たせば，求めるべき解となることがわかる．すなわち，あと満たすべき条件は

$$u(x,0) = A_1 u_1(x,0) + A_2 u_2(x,0) + \cdots = \sum_{n=1}^{\infty} A_n \sin\left(\frac{n\pi}{L}x\right) = \phi(x) \qquad (4.1)$$

となる．

関数 $u(x,0) = \phi(x)$ をこのように三角関数の級数で表すために，フーリエ級数による展開を考える．フーリエ級数が一意に決まるためには，関数の定義域を $-\infty < x < \infty$ にまで広げる必要がある．そこで，1.6 節で導入した対称・反対称鏡による「鏡像法」を用いる．

$u(x,t)$ $(t>0)$ の境界が固定境界条件 $u=0$ になっていることから，その両端に反対称鏡 $(;)$ をおいて定義域を拡張する．すると，関数 $u(;x;,0)$ は $-\infty<x<\infty$ で定義された周期 $2L$ の関数となる．関数 $u(x,0) = \phi(x)$ $(0\leq x\leq 1)$ が連続とすると関数 $u(;x;,0)$ も連続となるので，そのフーリエ級数は $u(;x;,0)$ に収束することが保障される（3.2.3 項の「ディリクレの判定条件」）．

$$u(;x;,0) = \frac{a_0}{2} + \sum_{n=1}^{\infty}\left\{a_n\cos\left(\frac{n\pi}{L}x\right) + b_n\sin\left(\frac{n\pi}{L}x\right)\right\}$$

$$\begin{cases} a_n = \dfrac{1}{L}\displaystyle\int_{-L}^{L} u(\,;x\,;,0)\cos\left(\dfrac{n\pi}{L}x\right)dx & (n=0,1,2,\ldots) \\ b_n = \dfrac{1}{L}\displaystyle\int_{-L}^{L} u(\,;x\,;,0)\sin\left(\dfrac{n\pi}{L}x\right)dx & (n=1,2,\ldots) \end{cases}$$

ここで, $u(\,;x\,;,0)=\phi(\,;x\,;)$ は奇関数なので, $a_n=0\ (n=0,1,2,\ldots)$,

$$b_n = \dfrac{2}{L}\int_{0}^{L} \phi(x)\sin\left(\dfrac{n\pi}{L}x\right)dx \qquad (n=1,2,\ldots)$$

となる. 区間 $0\leq x \leq L$ では $u(x,0)$ と $u(\,;x\,;,0)$ は一致するので, 式 (4.1) の係数は $A_n=b_n$ ととればよいことがわかる.

このように, $A_n=b_n\ (n=1,2,\ldots)$ を与えれば, 線形結合 $u(x,t)=A_1 u_1(x,t)+A_2 u_2(x,t)+\cdots$ はすべての条件を満たすことになり, この問題の解であることがわかる. すなわち, この問題の解は

$$u(x,t) = \sum_{n=1}^{\infty} A_n e^{-(\alpha n\pi/L)^2 t}\sin\left(\dfrac{n\pi}{L}x\right) \qquad (4.2)$$

$$A_n = \dfrac{2}{L}\int_{0}^{L}\phi(x)\sin\left(\dfrac{n\pi}{L}x\right)dx$$

である.

得られた関数の初期値 (4.1) と時刻 t での値 (4.2) を比較すると, 各項に $e^{-(n\pi\alpha/L)^2 t}$ がかかっているかどうかの違いだけである. それゆえ, この解は次のように解釈できる. すなわち, 初期値 $\phi(x)$ を関数 $\sin(n\pi x/L)$ の線形結合として展開し, それぞれの項に時間発展因子 $e^{-(n\pi\alpha/L)^2 t}$ をかけることにより時間発展する関数解を得る.

このように自由に線形結合に展開したり合成したりできるのは, 方程式や境界条件が斉次線形であるためである. それらが線形でない場合 (非線形) はこのような単純で自由な取り扱いはできないので, 解くのは格段と難しくなる.

得られた解 (4.2) の各項をみてみると, 各項は $e^{-(n\pi\alpha/L)^2 t}$ で減衰していくことがわかる. このとき特徴的な減衰時間 (振幅が初期の $1/e$ になる時間) は $\tau_n=(L/(\alpha n\pi))^2$ である. n が大きくなるとその項の減衰は急になる. すなわち, こまかい構造ほど早くならされることがわかる. よって, 初期のギザギザはまっ先になめらかにされ, 十分時間がたてば $n=1$ のモードのみが残ることになる (図 4.2). もちろん, そのような成分が初期にあればの話ではある $(a_1\neq 0)$ が, $t\gg \tau_1$ では,

$$u(x,t) \approx a_1 e^{-(\pi\alpha/L)^2 t}\sin\left(\dfrac{\pi}{L}x\right)$$

と近似できる.

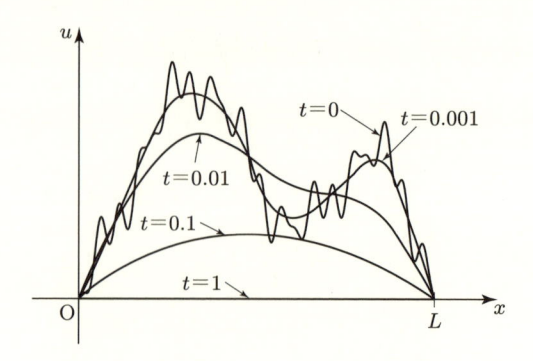

図 4.2 初期にこまかい構造がある場合の拡散現象．ここで，時間の単位は $(L/\alpha)^2$ である．$t=1$ のときは振幅が 5×10^{-5} の正弦三角関数となり，この図では x 軸に重なっている

問 4.1 次の拡散問題を先の基本例題にならって解け．

(i) 偏微分方程式 (PDE) $\quad \dfrac{\partial u}{\partial t} = \alpha^2 \dfrac{\partial^2 u}{\partial x^2} \quad (0 < x < L,\ 0 < t < \infty)$

(ii) 境界条件 (BdC) $\quad \dfrac{\partial u}{\partial x}(0,t) = \dfrac{\partial u}{\partial x}(L,t) = 0 \quad (0 < t < \infty)$

(iii) 初期条件 (InC) $\quad u(x,0) = \phi(x) \quad (0 \leq x \leq L)$

ヒント 対称鏡 (∵) を用いる．

答
$$u(x,t) = \dfrac{a_0}{2} + \sum_{n=1}^{\infty} a_n e^{-(\alpha n\pi/L)^2 t} \cos\left(\dfrac{n\pi}{L}x\right)$$
$$a_n = \dfrac{2}{L}\int_0^L \phi(x)\cos\left(\dfrac{n\pi}{L}x\right)dx \quad (n=0,1,2,\ldots)$$

4.1.1 連続関数・不連続関数を初期値とする拡散問題

これまで任意の拡散係数 α^2，区間の長さ L の拡散問題を取り扱ってきたが，2.7 節で述べたように無次元化の手法を用いると一般性を失うことなく $\alpha=1$，$L=1$ とできる．そのため，以降は $\alpha=1$，$L=1$ の場合の拡散問題についてとりあげる．

例題 4.1 次の拡散問題を解け（図 4.3）．

(i) 偏微分方程式 (PDE) $\quad \dfrac{\partial u}{\partial t} = \dfrac{\partial^2 u}{\partial x^2} \quad (0 < x < 1,\ 0 < t < \infty)$

(ii) 境界条件 (BdC) $\quad u(0,t) = u(1,t) = 0 \quad (0 < t < \infty)$

(iii) 初期条件 (InC) $\quad u(x,0) = x(1-x) \quad (0 \leq x \leq 1)$

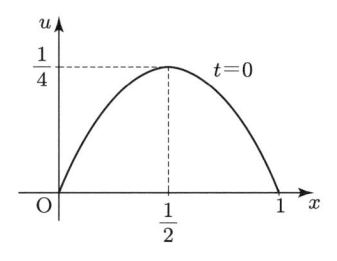

図 **4.3** 連続関数を初期値とする拡散問題

【解】 まず，偏微分方程式の特解から求める．ここでは指数関数解を用いて求める．
$$u(x,t) \propto e^{ikx-i\omega t}$$
とおいて偏微分方程式に代入すると
$$-i\omega = -k^2$$
を得る．すなわち，$u(x,t) = e^{ikx-k^2 t} = e^{-k^2 t}(\cos kx + i \sin kx)$ が解であることがわかる．方程式の斉次線形性により
$$u(x,t) = e^{-k^2 t}(A\cos kx + B\sin kx)$$
が解であることがわかる（A, B は任意の定数）．ここで境界条件を満たすものは基本例題のところで考えたように
$$A = 0, \quad k = n\pi \quad (n = 1, 2, \ldots)$$
でなくてはならない．よって偏微分方程式，境界条件を満たす特解は
$$u(x,t) = Be^{-(n\pi)^2 t}\sin n\pi x$$
であることがわかる．また，偏微分方程式，境界条件は斉次線形なので
$$u(x,t) = \sum_{n=1}^{\infty} B_n e^{-(n\pi)^2 t}\sin n\pi x$$
も解である．ここで初期条件
$$u(x,0) = \sum_{n=1}^{\infty} B_n \sin n\pi x = x(1-x) \quad (0 \leq x \leq 1)$$
を満たせば求めるべき解となる．ここで，基本例題と同様に，$u(;u;,0)$ のフーリエ級数を考える．$u(;x;,0)$ は周期 2 の奇関数である．また，$u(;x;,0)$ は連続関数となるので，そのフーリエ級数は $u(;x;,0)$ に収束する．
$$u(;x;,0) = \sum_{n=1}^{\infty} b_n \sin n\pi x$$

$$b_n = \int_{-1}^{1} u(\,;x\,;,0) \sin n\pi x \, dx$$

$$= 2 \int_0^1 x(1-x) \sin n\pi x \, dx = \begin{cases} \dfrac{8}{(n\pi)^3} & (n=1,3,\ldots) \\ 0 & (n=2,4,\ldots) \end{cases}$$

また，$0 \leq x \leq 1$ では $u(x,0) = u(\,;x\,;,0)$ なので，$B_n = b_n$ $(n = 1, 2, \ldots)$ とできることがわかる．よって求めるべき解は

$$u(x,t) = \sum_{m=1}^{\infty} \frac{8}{((2m-1)\pi)^3} e^{-((2m-1)\pi)^2 t} \sin(2m-1)\pi x$$

ここで，$m = 10$ の項までとって計算した結果を図 4.4 に示す．　∎

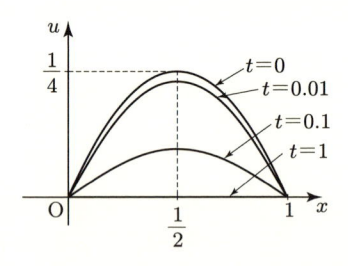

図 4.4　連続関数を初期値とする拡散問題の解

例題 4.2　次の拡散問題を解け（図 4.5）．
 (i)　偏微分方程式 (PDE)　$\dfrac{\partial u}{\partial t} = \dfrac{\partial^2 u}{\partial x^2}$　　$(0 < x < 1,\ 0 < t < \infty)$
 (ii)　境界条件 (BdC)　$u(0,t) = u(1,t) = 0$　　$(0 < t < \infty)$
 (iii)　初期条件 (InC)　$u(x,0) = \Lambda(x)$　　$(0 \leq x \leq 1)$
ただし，

$$\Lambda(x) \equiv \begin{cases} 1 - 4\left|x - \dfrac{1}{2}\right| & \left(\dfrac{1}{4} \leq x \leq \dfrac{3}{4}\right) \\ 0 & \left(0 \leq x < \dfrac{1}{4},\ \dfrac{3}{4} < x \leq 1\right) \end{cases}$$

【解】　この初期値を与える関数 $\Lambda(x)$ は，図 4.5 のようにすそ野のある山型をしている．あるいは魔女の帽子のシルエットに似ているので，このような形をした関数を「魔女の帽子型関数」と本書ではよぶ．

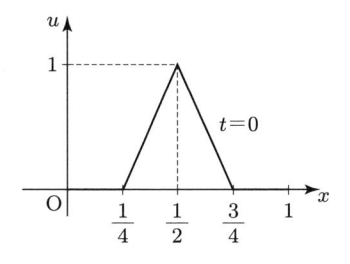

図 4.5 魔女の帽子-型関数を初期値とする拡散問題

拡散方程式の基本例題と例題 4.1 で求めたように，変数分離あるいは指数関数解の方法を用いて，偏微分方程式と境界条件を満たす特解

$$u(x,t) = Ae^{-(n\pi)^2 t} \sin n\pi x \qquad (n = 1, 2, \ldots)$$

を求める（A は任意の定数）．偏微分方程式，境界条件の斉次線形性により，$A_n \ (n=1,2,\ldots)$ を定数として

$$u(x,t) = \sum_{n=1}^{\infty} A_n e^{-(n\pi)^2 t} \sin n\pi x$$

が方程式と境界条件を満たすことがわかる．あとはこの関数が初期条件

$$u(x,0) = \sum_{n=1}^{\infty} A_n \sin n\pi x = \Lambda(x) \qquad (0 \le x \le 1)$$

を満たすように定数 A_n がとれれば解が求まる．

ここで，関数 $u(x,0) = \Lambda(x)$ を上式のように三角関数の級数で表すために，そのフーリエ級数を考える．$u(x,t)$ の境界条件が固定境界条件であるので，反対称鏡 $(\,;\,)$ を用いて定義域を $-\infty < x < \infty$ に広げる．定義域を広げられた関数 $\Lambda(\,;x\,;)$ は周期 2 をもつ連続な奇関数となるので，そのフーリエ級数は関数 $\Lambda(\,;x\,;)$ に収束する．

$$\Lambda(\,;x\,;) = \sum_{n=1}^{\infty} b_n \sin n\pi x$$

$$b_n = \int_{-1}^{1} \Lambda(\,;x\,;) \sin n\pi x \, dx$$

$$= 2 \int_{0}^{1} \Lambda(x) \sin n\pi x \, dx \qquad (n = 1, 2, \ldots)$$

次に具体的に $b_n \ (n=1,2,\ldots)$ を計算する．

$$\begin{aligned} b_n &= 2 \int_{1/4}^{3/4} \left\{ 1 - 4 \left| x - \frac{1}{2} \right| \right\} \sin n\pi x \, dx \\ &= 2 \int_{1/4}^{1/2} (4x-1) \sin n\pi x \, dx + 2 \int_{1/2}^{3/4} (3-4x) \sin n\pi x \, dx \\ &= 2(1-(-1)^n) \int_{1/4}^{1/2} (4x-1) \sin n\pi x \, dx \end{aligned}$$

よって，n が偶数のときはゼロとなる．n が奇数のとき，部分積分を用いて，

$$b_n = \left(\frac{4}{n\pi}\right)^2 \left[\sin\left(\frac{n\pi}{2}\right) - \sin\left(\frac{n\pi}{4}\right)\right]$$

ここで，n は奇数なので $n = 4m - 3$ または $n = 4m - 1$ $(m = 1, 2, \ldots)$ とおける

$$\begin{cases} b_{4m-3} = \left(\dfrac{4}{(4m-3)\pi}\right)^2 \left[1 + \dfrac{(-1)^m}{\sqrt{2}}\right] \\ b_{4m-1} = \left(\dfrac{4}{(4m-1)\pi}\right)^2 \left[-1 + \dfrac{(-1)^m}{\sqrt{2}}\right] \end{cases}$$

よって，

$$\begin{aligned} u(x,t) = \sum_{m=1}^{\infty} &\left\{\left(1 + \frac{(-1)^m}{\sqrt{2}}\right)\left(\frac{4}{(4m-3)\pi}\right)^2 e^{-((4m-3)\pi)^2 t}\sin(4m-3)\pi x \right. \\ &\left. + \left(-1 + \frac{(-1)^m}{\sqrt{2}}\right)\left(\frac{4}{(4m-1)\pi}\right)^2 e^{-((4m-1)\pi)^2 t}\sin(4m-1)\pi x\right\} \end{aligned}$$

という解を得る．ここで，$m = 10$ の項までとった値を計算したものを図 4.6 に示す．

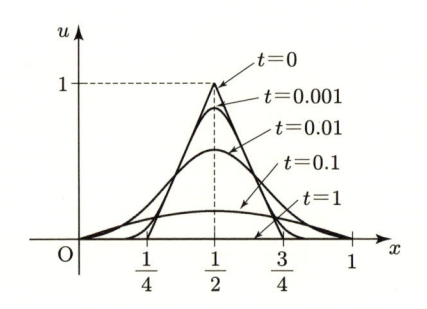

図 4.6 魔女の帽子型関数を初期値とする拡散問題の解

例題 4.3 次の拡散問題を解け（図 4.7）．
 (i) 偏微分方程式 (PDE)　　$\dfrac{\partial u}{\partial t} = \dfrac{\partial^2 u}{\partial x^2}$ 　　$(0 < x < 1,\ 0 < t < \infty)$
 (ii) 境界条件 (BdC)　　$u(0,t) = u(1,t) = 0$ 　　$(0 < t < \infty)$
 (iii) 初期条件 (InC)　　$u(x,0) = \Omega(x) = \begin{cases} 1 & \left(\dfrac{1}{3} \leq x \leq \dfrac{2}{3}\right) \\ 0 & \left(0 \leq x < \dfrac{1}{3},\ \dfrac{2}{3} < x \leq 1\right) \end{cases}$

【解】 この問題は，初期値が不連続な関数で与えられている場合にあたる．その波形がシルクハットのシルエットに似ているので，このような形をした関数を「シルクハット型関数」と

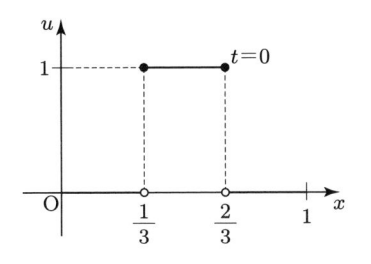

図 4.7 不連続関数 (シルクハット型関数) を初期値とする拡散問題

本書ではよぶ．偏微分方程式，境界条件を満たす特解を，変数分離または指数関数解の方法により求める．重ね合わせの原理より，特解の線形結合

$$u(x,t) = \sum_{n=1}^{\infty} A_n e^{-(n\pi)^2 t} \sin n\pi x$$

が偏微分方程式と境界条件を満たすことがわかる（A_n は定数）．これが初期条件

$$u(x,0) = \sum_{n=1}^{\infty} A_n \sin n\pi x = \Omega(x) \qquad (0 \leq x \leq 1)$$

を満たすような A_n $(n=1,2,\ldots)$ があれば，解が求まる．例題 4.2 と同様に，$u(x,t)$ $(t>0)$ の境界条件が固定境界条件なので，反対称鏡 $(\,;\,)$ を用いて関数 $\Omega(x)$ の定義域の拡張を行う．関数 $\Omega(\,;x\,;)$ は，$-\infty < x < \infty$ で定義された周期 2 の奇関数である．また，$x = \dfrac{1}{3}+p$, $\dfrac{2}{3}+p$ $(p=0,\pm 1,\pm 2,\ldots)$ をのぞいて連続なので，そのフーリエ級数は不連続な点をのぞいて $\Omega(\,;x\,;)$ に収束する．

$$\Omega(\,;x\,;) = \sum_{n=1}^{\infty} b_n \sin n\pi x$$

$$b_n = \int_{-1}^{1} \Omega(\,;x\,;) \sin n\pi x\, dx = 2\int_0^1 \Omega(x) \sin n\pi x\, dx$$

ここで，$A_n = b_n$ となることがわかる．次に具体的に $A_n = b_n$ $(n=1,2,\ldots)$ を求める．

$$b_n = 2\int_{1/3}^{2/3} \sin n\pi x\, dx = \frac{2}{n\pi}\left(1-(-1)^n\right)\cos\left(\frac{n\pi}{3}\right)$$

n が偶数のとき b_n はゼロとなる．n が奇数として $n=2m-1$ $(m=1,2,\ldots)$ とおくと，

$$b_{2m-1} = \frac{4}{(2m-1)\pi}\cos\left(\frac{(2m-1)\pi}{3}\right)$$

ここで，$m=3l-2$, $m=3l-1$, $m=3l$ $(l=1,2,\ldots)$ に分けて考えると，

$$\begin{cases} b_{2(3l-2)-1} = \dfrac{2}{(2(3l-2)-1)\pi} \\ b_{2(3l-1)-1} = -\dfrac{2}{(2(3l-1)-1)\pi} \\ b_{6l-1} = \dfrac{2}{(6l-1)\pi} \end{cases}$$

となる.

$$\begin{aligned}u(x,t) = \sum_{l=1}^{\infty} \Bigl\{ &\frac{2}{(6l-5)\pi} e^{-((6l-5)\pi)^2 t} \sin(6l-5)\pi x \\ &- \frac{4}{(6l-3)\pi} e^{-((6l-3)\pi)^2 t} \sin(6l-3)\pi x \\ &+ \frac{2}{(6l-1)\pi} e^{-((6l-1)\pi)^2 t} \sin(6l-1)\pi x \Bigr\}\end{aligned}$$

という解を得る.ここで,$l=10$ の項までとって計算したものを図 4.8 に示す.フーリエ級数の有限個の項をとった和では $t=0$ での値はギブス現象のために再現できない.それにもかかわらず $t>0$ では有限個の項の和でも精度よく解を与えることができる.というのは,l が大きい項は $t>0$ の場合,指数関数の指数の絶対値が大きくなり,その項は無視できるくらい小さくなるためである.

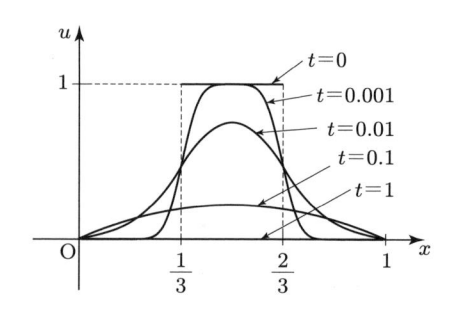

図 4.8 不連続関数 (シルクハット型関数) を初期値とする拡散問題の解

問 4.2 次の拡散問題を解け.

(i) 偏微分方程式 $\quad \dfrac{\partial u}{\partial t} = \dfrac{\partial^2 u}{\partial x^2} \quad (0 < x < 1,\, 0 < t < \infty)$

(ii) 境界条件 $\quad u(0,t) = u(1,t) = 0 \quad (0 < t < \infty)$

(iii) 初期条件 $\quad u(x,0) = M(x) = 1 - 2\left|x - \dfrac{1}{2}\right| \quad (0 \leq x \leq 1)$

答 $u(x,t) = \displaystyle\sum_{m=1}^{\infty} \frac{(-1)^{m+1} 8}{\{(2m-1)\pi\}^2} e^{-((2m-1)\pi)^2 t} \sin(2m-1)\pi x$

■ 4.1.2 自由境界の拡散問題

> **例題 4.4** 両端が自由境界である次の拡散問題を解け.
> (i) 偏微分方程式 (PDE) $\quad \dfrac{\partial u}{\partial t} = \dfrac{\partial^2 u}{\partial x^2} \quad (0 < x < 1,\ 0 < t < \infty)$
> (ii) 境界条件 (BdC) $\quad \dfrac{\partial u}{\partial x}(0, t) = \dfrac{\partial u}{\partial x}(1, t) = 0 \quad (0 < t < \infty)$
> (iii) 初期条件 (InC) $\quad u(x, 0) = x \quad (0 \le x \le 1)$

【解】 この問題は,境界条件が自由境界条件になっている場合である.初期条件は境界条件を満たしていないが,これは境界条件の適用範囲が $0 < t$ となっているので矛盾はない.しかし,$t > 0$ では境界で $\partial u/\partial x = 0$ でなくてはならないので,境界では $t = 0$ の直後に急激な変化があると予想される.

まず,変数分離あるいは指数関数解の方法で偏微分方程式の特解

$$u(x, t) = e^{-k^2 t}(A \cos kx + B \sin kx)$$

を得る.ここで,A, B, $k \ge 0$ は定数である.この特解に境界条件を課す.$x = 0$ の境界条件は

$$\frac{\partial u}{\partial x}(0, t) = kBe^{-k^2 t} = 0$$

なので,$k = 0$ または $B = 0$ となり,特解の正弦関数の項はなくなる.すると,$x = 1$ での境界条件は

$$\frac{\partial u}{\partial x}(1, t) = -kAe^{-k^2 t} \sin k = 0$$

とできる.$u(x, t) = 0$ とならないためには $\sin k = 0$ でなくてはならない.よって,

$$k = n\pi \quad (n = 0, 1, 2, \ldots)$$

このようにして,偏微分方程式と境界条件を満たす特解

$$u(x, t) = A e^{-(n\pi)^2 t} \cos n\pi x \quad (n = 0, 1, 2, \ldots)$$

を得る.偏微分方程式,境界条件の斉次線形性より

$$u(x, t) = \sum_{n=0}^{\infty} A_n e^{-(n\pi)^2 t} \cos n\pi x$$

は偏微分方程式と境界条件を満たすことがわかる(A_n は定数).あとは初期条件

$$u(x, 0) = \sum_{n=1}^{\infty} A_n \cos n\pi x = x \quad (0 \le x \le 1)$$

を満たすように係数 A_n を決めることができれば解が求まる.

ここで, $u(x,0)$ $(0 \leq x \leq 1)$ をフーリエ級数で展開してみる. $u(x,t)$ $(t>0)$ の境界が自由境界であることを考えると, 対称鏡 (:) により定義域を拡大した関数 $u(:x:,0)$ を考えるのがよい. 関数 $u(:x:,0)$ は周期 2 をもつ偶関数となる (1.6 節参照). また, この関数は連続なのでフーリエ級数は $u(:x:,0)$ に収束する.

$$u(:x:,0) = \frac{a_0}{2} + \sum_{n=1}^{\infty} a_n \cos n\pi x$$

$$a_n = \int_{-1}^{1} u(:x:,0) \cos n\pi x \, dx = 2 \int_{0}^{1} x \cos n\pi x \, dx \quad (n=0,1,2,\ldots)$$

よって, $A_0 = a_0/2$, $A_n = a_n$ $(n=1,2,\ldots)$ とすればよいことがわかる.

a_n を具体的に求めてみよう. $n=0$ のとき

$$a_0 = 2 \int_0^1 x \, dx = 1$$

$n=1,2,\ldots$ として

$$a_n = 2 \int_0^1 x \cos n\pi x \, dx = \frac{2}{(n\pi)^2} \left[(-1)^n - 1 \right]$$

n が偶数のときゼロとなる. まとめると,

$$a_0 = 1, \qquad a_{2m} = 0, \qquad a_{2m-1} = -\frac{4}{((2m-1)\pi)^2} \qquad (m=1,2,\ldots)$$

求めるべき解は

$$u(x,t) = \frac{1}{2} + \sum_{m=1}^{\infty} -\frac{4}{((2m-1)\pi)^2} e^{-((2m-1)\pi)^2 t} \cos(2m-1)\pi x$$

となる. ここで, $m=10$ の項までとって計算したものを図 4.9 に示す.

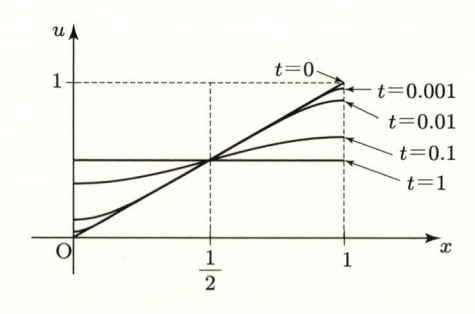

図 **4.9** 自由境界条件のときの拡散問題の解

問 4.3 例題 4.4 で初期条件が

$$u(x,0) = \Omega(x) \qquad (0 \leq x \leq 1)$$

の場合の解を求めよ．ただし，$\Omega(x)$ は 4.1.1 項，例題 4.3 で定義したシルクハット型関数である．

答

$$u(x,t) = \frac{1}{3} + \sum_{l=1}^{\infty}\left[\frac{-\sqrt{3}}{(3l-2)\pi}e^{-\{(6l-4)\pi\}^2 t}\cos(6l-4)\pi x \right.$$
$$\left. + \frac{\sqrt{3}}{(3l-1)\pi}e^{-\{(6l-2)\pi\}^2 t}\cos(6l-2)\pi x\right]$$

例題 4.5 片方の端が自由境界である次の拡散問題を解け．

(i)　偏微分方程式 (PDE)　$\dfrac{\partial u}{\partial t} = \dfrac{\partial^2 u}{\partial x^2}$　$(0 < x < 1,\ 0 < t < \infty)$

(ii)　境界条件 (BdC)　$u(0,t) = \dfrac{\partial u}{\partial x}(1,t) = 0$　$(0 < t < \infty)$

(iii)　初期条件 (InC)　$u(x,0) = x(2-x)$　$(0 \leq x \leq 1)$

【解】 まず，変数分離法により偏微分方程式の特解を求める．

$$u(x,t) = e^{-k^2 t}(A\cos kx + B\sin kx)$$

ここで，A，B，k は定数．$x=0$ での境界条件を課すと

$$u(0,t) = e^{-k^2 t} A = 0$$

より $A=0$ となる．$x=1$ での境界条件は

$$\frac{\partial u}{\partial x}(1,t) = Bk e^{-k^2 t} = 0$$

となり，$B \neq 0$ かつ $k \neq 0$ であるためには $\cos k = 0$ すなわち $k = \pi/2 + n\pi$ $(n=0,1,2,\ldots)$ でなくてはならない．よって，偏微分方程式と境界条件を満たす特解として

$$u(x,t) = B e^{-(\pi/2 + n\pi)^2 t}\sin\left(\frac{\pi}{2} + n\pi\right) x \qquad (n=0,1,2,\ldots)$$

を得る．偏微分方程式と境界条件は斉次線形なので，B_n $(n=0,1,2,\ldots)$ を定数として

$$u(x,t) = \sum_{n=0}^{\infty} B_n e^{-(\pi/2+n\pi)^2 t}\sin\left(\frac{\pi}{2}+n\pi\right) x$$

もそれらを満たす．これが初期条件を満たせば問題の解となる．
$$u(x,0) = \sum_{n=0}^{\infty} B_n \sin\left(\frac{\pi}{2} + n\pi\right)x = x(2-x) \qquad (0 \leq x \leq 1)$$

ここで，$u(x,0) = x(2-x)$ $(0 \leq x \leq 1)$ をフーリエ級数で展開することを考える．$u(x,t)$ $(t>0)$ の $x=0,1$ での境界条件がそれぞれ固定境界，自由境界条件となっているので，反対称鏡 (;) と対称鏡 (:) を用いて $u(x,0)$ の定義域を拡張する．拡張された関数 $u(;x:,0)$ は周期 4 の奇関数となる（第 1 章，演習問題 1.10 参照）．また，明らかに連続関数となるので，そのフーリエ級数はその関数に収束する．

$$u(;x:,0) = \sum_{n=1}^{\infty} b_n \sin\left(\frac{n\pi}{2}x\right)$$

$$b_n = \frac{1}{2}\int_{-2}^{2} u(;x:,0)\sin\left(\frac{n\pi}{2}x\right)dx = \int_0^2 u(x:,0)\sin\left(\frac{n\pi}{2}x\right)dx$$
$$= \int_0^2 x(2-x)\sin\left(\frac{n\pi}{2}x\right)dx$$

ここで，関数 $x(2-x)$ が $x=1$ で対称であることを用いた．計算すると，

$$b_n = \begin{cases} 4\left(\dfrac{2}{n\pi}\right)^3 & (n\text{ が奇数}) \\ 0 & (n\text{ が偶数}) \end{cases}$$

よって，$m = 0, 1, 2, \ldots$ とすると

$$b_{2m+1} = 4\left(\frac{2}{(2m+1)\pi}\right)^3, \qquad b_{2m+2} = 0$$

すなわち，

$$u(x,0) = \sum_{m=0}^{\infty} 4\left(\frac{2}{(2m+1)\pi}\right)^3 \sin\left(\frac{\pi}{2} + m\pi\right)x = \sum_{n=0}^{\infty} B_n \sin\left(\frac{\pi}{2} + m\pi\right)x$$

よって，

$$B_n = 4\left(\frac{2}{(2n+1)\pi}\right)^3 \qquad (n = 0, 1, 2, \ldots)$$

とすればよいことがわかる．求めるべき解は

$$u(x,t) = \sum_{n=0}^{\infty} 4\left(\frac{2}{(2n+1)\pi}\right)^3 e^{-(\pi/2+n\pi)^2 t} \sin\left(\frac{\pi}{2} + n\pi\right)x$$

である．

問 4.4 次の拡散問題を解け．

(i) 偏微分方程式 $\quad \dfrac{\partial u}{\partial t} = \dfrac{\partial^2 u}{\partial x^2} \quad (0 < x < 1,\ 0 < t < \infty)$

(ii) 境界条件 $\quad \dfrac{\partial u}{\partial x}(0,t) = u(1,t) = 0 \quad (0 < t < \infty)$

(iii) 初期条件 $\quad u(x,0) = 1 - x^2 \quad (0 \leq x \leq 1)$

答 $\quad u(x,t) = \dfrac{2}{3} + \displaystyle\sum_{n=1}^{\infty}(-1)^{n+1}\left(\dfrac{2}{n\pi}\right)^2 e^{-(n\pi)^2 t}\cos n\pi x$

4.1.3 境界条件や方程式が非斉次の拡散問題

いままで，偏微分方程式，境界条件ともに斉次・線形である場合の解法を扱ってきた．それらの条件から外れる場合も工夫することにより既知の問題に帰着させて解けることを示す．

例題 4.6 次の拡散問題を解け．

(i) 偏微分方程式 (PDE) $\quad \dfrac{\partial u}{\partial t} = \dfrac{\partial^2 u}{\partial x^2} \quad (0 < x < 1,\ 0 < t < \infty)$

(ii) 境界条件 (BdC) $\quad u(0,t) = T_0,\ u(1,t) = T_1 \quad (0 < t < \infty)$

(iii) 初期条件 (InC) $\quad u(x,0) = \phi(x) \quad (0 \leq x \leq 1)$

ただし，$T_0 \neq T_1$ とする．

【解】 この問題の境界条件は斉次とはなっておらず，これまでの手法はそのままでは使えない．しかし，次のようにすれば問題の境界条件を斉次にすることができる．

まず，この問題で時間が十分たったときにいたる定常状態を考える．偏微分方程式において $\dfrac{\partial u_0}{\partial t} = 0$ とすると，$\dfrac{\partial^2 u_0}{\partial x^2} = 0$ を得る．この一般解は $u_0(x) = ax + b$ (ただし，a と b は定数) である．初期条件を課すと，

$$b = T_0, \quad a + b = T_1$$

よって，定常解 $u_0(x) = (T_1 - T_0)x + T_0$ を得る．求めるべき解は，この解に漸近的に近づいてゆくはずである．そこで定常解からのずれ

$$v(x,t) = u(x,t) - u_0(x,t)$$

を導入する．すると問題は次のように $v(x,t)$ の問題として書くことができる．

(i) 偏微分方程式 (PDE) $\quad \dfrac{\partial v}{\partial t} = \dfrac{\partial^2 v}{\partial x^2} \quad (0 < x < 1,\ 0 < t < \infty)$

(ii) 境界条件 (BdC) $\quad v(0,t) = 0,\ v(1,t) = 0 \quad (0 < t < \infty)$

(iii) 初期条件 (InC) $\quad v(x,0) = \phi(x) - u_0(x) \quad (0 \leq x \leq 1)$

この問題は，これまで扱ってきた斉次線形の問題になっている．その解は

$$v(x,t) = \sum_{n=1}^{\infty} b_n e^{-(n\pi)^2 t} \sin n\pi x$$

$$b_n = 2 \int_0^1 \{\phi(x) - (T_1 - T_0)x - T_0\} \sin n\pi x\, dx$$

となる．よって，求めるべき解は

$$u(x,t) = \sum_{n=1}^{\infty} b_n e^{-(n\pi)^2 t} \sin n\pi x + (T_1 - T_0)x + T_0$$

∎

例題 4.7 次の拡散問題を解け．

(i) 偏微分方程式 (PDE) $\quad \dfrac{\partial u}{\partial t} = \dfrac{\partial^2 u}{\partial x^2} + s_0 \quad (0 < x < 1,\ 0 < t < \infty)$

(ii) 境界条件 (BdC) $\quad u(0,t) = 0,\ u(1,t) = 0 \quad (0 < t < \infty)$

(iii) 初期条件 (InC) $\quad u(x,0) = \phi(x) \quad (0 \leq x \leq 1)$

ただし，$s_0 \neq 0$ は定数とする．

【解】 この問題では偏微分方程式が斉次ではなくなっている．これも次のようにすれば斉次方程式の問題に帰着することができる．この場合もまず定常解から求める．$\dfrac{\partial u_0}{\partial t} = 0$ とすると，$\dfrac{\partial^2 u_0}{\partial x^2} + s_0 = 0$ となる．この一般解は $u_0(x) = -\dfrac{s_0}{2}x^2 + ax + b$ (a, b は定数) である．境界条件を課すと，

$$b = 0, \quad -\dfrac{s_0}{2} + a = 0$$

よって，$a = s_0/2$．定常状態は

$$u_0(x) = -\dfrac{s_0}{2}x(x-1)$$

であることがわかる．前の例題 4.6 と同様に，解の定常状態からのずれ

$$v(x,t) = u(x,t) - u_0(x)$$

を導入すると，問題は次のようになる．

(i)	偏微分方程式 (PDE)	$\dfrac{\partial v}{\partial t} = \dfrac{\partial^2 v}{\partial x^2}$	$(0 < x < 1,\ 0 < t < \infty)$
(ii)	境界条件 (BdC)	$v(0,t) = 0,\ v(1,t) = 0$	$(0 < t < \infty)$
(iii)	初期条件 (InC)	$v(x,0) = \phi(x) + \dfrac{s_0}{2}x(x-1)$	$(0 \leq x \leq 1)$

この問題はすでにみてきたものであり，その解は

$$v(x,t) = \sum_{n=1}^{\infty} b_n e^{-(n\pi)^2 t} \sin n\pi x$$

$$b_n = 2\int_0^1 \left\{\phi(x) - \dfrac{s_0}{2}x(1-x)\right\} \sin n\pi x\, dx$$

となる．よって，求めるべき解は

$$u(x,t) = \sum_{n=1}^{\infty} b_n e^{-(n\pi)^2 t} \sin n\pi x + \dfrac{s_0}{2}x(1-x)$$

4.2 波動方程式

次に変数分離法による波動問題の解法を述べる．次の基本例題を考えてみよう．

波動方程式の基本例題　次の初期値・境界値問題を解け．

(i)	偏微分方程式 (PDE)	$\dfrac{\partial^2 u}{\partial t^2} = c^2 \dfrac{\partial^2 u}{\partial x^2}$	$(0 < x < L,\ 0 < t < \infty)$
(ii)	境界条件 (BdC)	$u(0,t) = u(L,t) = 0$	$(0 < t < \infty)$
(iii)	初期条件 (InC)	$\left.\begin{array}{l} u(x,0) = \phi(x) \\ \dfrac{\partial u}{\partial t}(x,0) = \theta(x) \end{array}\right\}$	$(0 \leq x \leq L)$

ただし，$\phi(x),\ \theta(x)$ はそれぞれ $u,\ \partial u/\partial t$ の初期値である．また，c は定数とする．

【解】　この問題を変数分離法と線形重ね合わせの原理（定理 2.1）により解く．まず，境界条件を満たす偏微分方程式を求めてみよう．ここで，$u(x,t) = X(x)T(t)$ という形の特解を求める．

$$XT'' = c^2 X''T \quad \text{または，} \quad \dfrac{T''}{c^2 T} = \dfrac{X''}{X} = -\lambda$$

ここで，λ は，x と t いずれにもよらないので定数である．

$$T'' + \lambda c^2 T = 0, \quad X'' + \lambda X = 0$$

一方，境界条件は

$$X(0) = 0, \qquad X(L) = 0$$

である．

(a) $\lambda < 0$ のときの X の一般解は

$$X(x) = C_1 e^{\sqrt{-\lambda}\,x} + C_2 e^{-\sqrt{-\lambda}\,x}$$

である．ただし，C_1, C_2 は定数である．境界条件を満たすためには

$$C_1 + C_2 = 0, \qquad C_1 e^{\sqrt{-\lambda}\,L} + C_2 e^{-\sqrt{-\lambda}\,L} = 0$$

ここで，$\lambda < 0$, $L \neq 0$ なので，$C_1 = C_2 = 0$ となり，$X = 0$ 以外に解はなく不適．

(b) $\lambda = 0$ のときの X の一般解は

$$X(x) = C_1 + C_2 x$$

である．ただし，C_1, C_2 は定数である．境界条件を満たすためには

$$C_1 = 0, \qquad C_1 + C_2 L = 0$$

であり，$C_1 = C_2 = 0$ となる．これまた，$X = 0$ 以外に解はなく不適．

(c) $\lambda > 0$ のときの X の一般解は

$$X(x) = C_1 \cos \sqrt{\lambda}\,x + C_2 \sin \sqrt{\lambda}\,x$$

である．ただし，C_1, C_2 は定数である．境界条件は

$$C_1 = 0$$
$$C_1 \cos \sqrt{\lambda}\,L + C_2 \sin \sqrt{\lambda}\,L = 0$$

となる．$X = 0$ 以外の解を得るには $C_2 \neq 0$ でなくてはならないので，$\sin(\sqrt{\lambda}\,L) = 0$ である必要があり，これを満たせば十分である．よって，

$$\sqrt{\lambda}\,L = n\pi \qquad (n = 1, 2, \ldots)$$

すなわち，

$$\lambda = \lambda_n = \left(\frac{n\pi}{L}\right)^2 \qquad (n = 1, 2, \ldots)$$

よって，

$$X(x) = X_n(x) = C_2 \sin \sqrt{\lambda_n}\,x = C_2 \sin\left(\frac{n\pi}{L}x\right)$$

$\lambda = \lambda_n$ とすると，T についての常微分方程式の一般解は

$$T(t) = T_n(t) = A_n \cos \sqrt{\lambda_n}\,ct + B_n \sin \sqrt{\lambda_n}\,ct$$

で与えられる．ただし，A_n, B_n は任意の定数．よって，偏微分方程式と境界条件を満たす特解は

$$u_n(x,t) = \left\{ A_n \cos\left(\frac{n\pi}{L}ct\right) + B_n \sin\left(\frac{n\pi}{L}ct\right) \right\} \sin\left(\frac{n\pi}{L}x\right)$$

となる．偏微分方程式と境界条件が斉次・線形であることから解の線形重ね合わせの原理が使え，

$$u(x,t) = \sum_{n=1}^{\infty} u_n(x,t) = \sum_{n=1}^{\infty} \left\{ A_n \cos\left(\frac{n\pi}{L}ct\right) + B_n \sin\left(\frac{n\pi}{L}ct\right) \right\} \sin\left(\frac{n\pi}{L}x\right)$$

も偏微分方程式と境界条件を満たすことがわかる．あとは，初期条件を満たすように係数 A_n, B_n ($n = 1, 2, \ldots$) を決めてやればよい．$t = 0$ とおいて，

$$u(x,0) = \sum_{n=1}^{\infty} A_n \sin\left(\frac{n\pi}{L}x\right) = \phi(x)$$

$$\frac{\partial u}{\partial t}(x,0) = \sum_{n=1}^{\infty} B_n \frac{n\pi c}{L} \sin\left(\frac{n\pi}{L}x\right) = \theta(x)$$

となる．

フーリエ級数を用いて係数 A_n, B_n ($n = 1, 2, \ldots$) を求めてみよう．$u(x,t)$, $\frac{\partial u}{\partial t}(x,t)$ ($t > 0$) のいずれも固定境界条件なので，反対称鏡 (;) を用いて定義域を拡張する．$-\infty < x < \infty$ で定義された関数 $u(\,;x;,0)$, $\frac{\partial u}{\partial t}(\,;x;,0)$ は周期 $2L$ の奇関数である．また，$\phi(x)$, $\theta(x)$ が連続関数とすると拡張された関数も連続なのでそのフーリエ級数はもとの関数に収束する．

$$u(\,;x;,0) = \sum_{n=1}^{\infty} b_n \sin\left(\frac{n\pi}{L}x\right)$$

$$\begin{aligned} b_n &= \frac{1}{L} \int_{-L}^{L} u(\,;x;,0) \sin\left(\frac{n\pi}{L}x\right) dx \\ &= \frac{2}{L} \int_0^L \phi(x) \sin\left(\frac{n\pi}{L}x\right) dx \quad (n = 1, 2, \ldots) \end{aligned}$$

$$\frac{\partial u}{\partial t}(\,;x;,0) = \sum_{n=1}^{\infty} b_n' \sin\left(\frac{n\pi}{L}x\right)$$

$$\begin{aligned} b_n' &= \frac{1}{L} \int_{-L}^{L} \frac{\partial u}{\partial t}(\,;x;,0) \sin\left(\frac{n\pi}{L}x\right) dx \\ &= \frac{2}{L} \int_0^L \theta(x) \sin\left(\frac{n\pi}{L}x\right) dx \quad (n = 1, 2, \ldots) \end{aligned}$$

となる．

$$u(x,0) = \sum_{n=1}^{\infty} b_n \sin\left(\frac{n\pi}{L}x\right) = \sum_{n=1}^{\infty} A_n \sin\left(\frac{n\pi}{L}x\right)$$

$$\frac{\partial u}{\partial t}(x,0) = \sum_{n=1}^{\infty} b'_n \sin\left(\frac{n\pi}{L}x\right) = \sum_{n=1}^{\infty} B_n \frac{n\pi c}{L} \sin\left(\frac{n\pi}{L}x\right)$$

より

$$\begin{cases} A_n = b_n = \dfrac{2}{L} \displaystyle\int_0^L \phi(x) \sin\left(\dfrac{n\pi}{L}x\right) dx \\ B_n = \dfrac{L}{n\pi c} b'_n = \dfrac{2}{n\pi c} \displaystyle\int_0^L \theta(x) \sin\left(\dfrac{n\pi}{L}x\right) dx \end{cases}$$

と求まる.これで問題の解が得られた.

$$u(x,t) = \sum_{n=1}^{\infty} \left[A_n \cos\left(\frac{n\pi}{L}ct\right) + B_n \sin\left(\frac{n\pi}{L}ct\right) \right] \sin\left(\frac{n\pi}{L}x\right)$$

拡散方程式のときと同様に無次元化により $c=1$,$L=1$ としても一般性は失われない(2.7 節参照).これ以降はそのような場合について述べる.

■ 4.2.1 さまざまな境界条件の波動問題

例題 4.8 両端が固定境界である次の波動問題を解け.

(i) 偏微分方程式 (PDE) $\quad \dfrac{\partial^2 u}{\partial t^2} = \dfrac{\partial^2 u}{\partial x^2} \quad (0 < x < 1,\ 0 < t < \infty)$

(ii) 境界条件 (BdC) $\quad u(0,t) = u(1,t) = 0 \quad (0 < t < \infty)$

(iii) 初期条件 (InC) $\quad \left.\begin{array}{l} u(x,0) = M(x) = 1 - 2\left|x - \dfrac{1}{2}\right| \\ \dfrac{\partial u}{\partial t}(x,0) = 0 \end{array}\right\} (0 \leq x \leq 1)$

【解】 この問題は,両端を $x=0$,$x=1$ で固定された糸の中央をゆっくりつまみ上げて放した場合に相当する.

基本例題で求めたように変数分離法により偏微分方程式の特解を求め,それに境界条件を課し,さらに方程式,境界条件の斉次線形性により

$$u(x,t) = \sum_{n=1}^{\infty} \{A_n \cos n\pi t + B_n \sin n\pi t\} \sin n\pi x$$

が方程式・境界条件を満たすことがわかる.ただし,A_n,B_n $(n=1,2,\ldots)$ は定数.次に係数 A_n,B_n $(n=1,2,\ldots)$ を適切に選んで初期条件が満たされれば解を得たことになる.

初期条件は

$$u(x,0) = \sum_{n=1}^{\infty} A_n \sin n\pi x = M(x) \qquad (0 \leq x \leq 1)$$

$$\frac{\partial u}{\partial t}(x,0) = \sum_{n=1}^{\infty} n\pi B_n \sin n\pi x = 0 \qquad (0 \leq x \leq 1)$$

ここで，初期条件のうち第2式では $B_n = 0\ (n=1,2,\ldots)$ とすればよい．初期条件のはじめの式の係数 A_n があるかどうかみるために，$u(x,0) = M(x)$ の定義域を $-\infty < x < \infty$ に広げてフーリエ級数を考える．ここで境界で $u(x,t)$ が固定境界条件を使っているので，反対称鏡 (;) を用いる．関数 $u(;x;,0)$ は周期2をもつ奇関数となる．しかも連続関数なのでそのフーリエ級数は $u(;x;,0)$ に収束する．

$$u(;x;,0) = \sum_{n=1}^{\infty} b_n \sin n\pi x$$

$$\begin{aligned}b_n &= \int_{-1}^{1} u(;x;,0) \sin n\pi x \, dx \\ &= 2\int_{0}^{1}\left(1 - 2\left|x - \frac{1}{2}\right|\right)\sin n\pi x\, dx \\ &= \begin{cases} (-1)^{\frac{n-1}{2}}\dfrac{8}{(n\pi)^2} & (n=1,3,5,\ldots) \\ 0 & (n=2,4,6,\ldots) \end{cases}\end{aligned}$$

よって，$A_n = b_n\ (n=1,2,\ldots)$ となり，求めるべき解は

$$u(x,t) = \sum_{m=1}^{\infty} (-1)^{m-1} \frac{8}{((2m-1)\pi)^2} \cos(2m-1)\pi t \sin(2m-1)\pi x \qquad ■$$

問 4.5 次の波動問題を解け．

(i) 偏微分方程式 $\quad \dfrac{\partial^2 u}{\partial t^2} = \dfrac{\partial^2 u}{\partial x^2} \qquad (0 < x < 1,\ 0 < t < \infty)$

(ii) 境界条件 $\quad u(0,t) = u(1,t) = 0 \qquad (0 < t < \infty)$

(iii) 初期条件 $\quad \left.\begin{array}{l} u(x,0) = 0 \\ \dfrac{\partial u}{\partial t}(x,0) = M(x) = 1 - 2\left|x - \dfrac{1}{2}\right| \end{array}\right\} \quad (0 \leq x \leq 1)$

答 $\quad u(x,t) = \displaystyle\sum_{m=1}^{\infty}(-1)^{m-1}\dfrac{8}{\{(2m-1)\pi\}^3}\sin(2m-1)\pi t \sin(2m-1)\pi x$

例題 4.9 両端が自由境界である次の波動問題を解け.

(i) 偏微分方程式 (PDE) $\quad \dfrac{\partial^2 u}{\partial t^2} = \dfrac{\partial^2 u}{\partial x^2} \quad (0 < x < 1,\ 0 < t < \infty)$

(ii) 境界条件 (BdC) $\quad \dfrac{\partial u}{\partial x}(0,t) = \dfrac{\partial u}{\partial x}(1,t) = 0 \quad (0 < t < \infty)$

(iii) 初期条件 (InC) $\quad \left.\begin{array}{l} u(x,0) = 0 \\ \dfrac{\partial u}{\partial t}(x,0) = x - \dfrac{1}{2} \end{array}\right\} \quad (0 \leq x \leq 1)$

【解】 変数分離法により偏微分方程式の特解を求めると, A, B, C_1, C_2, k を任意の定数として

$$u(x,t) = (A\cos kt + B\sin kt)(C_1 \cos kx + C_2 \sin kx)$$

を得る. これに $x = 0$ での境界条件を課すと

$$\dfrac{\partial u}{\partial x}(0,t) = (A\cos kt + B\sin kt)C_2 k = 0$$

となり, $k = 0$ または $C_2 = 0$ となり $\sin kx$ の項はなくなる. さらに $x = 1$ での境界条件を課すと

$$\dfrac{\partial u}{\partial x}(1,t) = (A\cos kt + B\sin kt)C_1 k \sin k = 0$$

となる. ここで, $u(x,t) = 0$ 以外の解を得るには $\sin k = 0$ すなわち $k = n\pi$ $(n = 1, 2, \ldots)$ である必要がある. よって, 偏微分方程式と境界条件を満たす特解として

$$u(x,t) = C_1(A\cos n\pi t + B\sin n\pi t)\cos n\pi x$$

を得る. 方程式と境界条件の斉次線形性により

$$u(x,t) = \sum_{n=1}^{\infty}(A_n \cos n\pi t + B_n \sin n\pi t)\cos n\pi x$$

が方程式と境界条件を満たすことがわかる. ただし, A_n, B_n $(n = 1, 2, \ldots)$ は定数である. ここで初期条件

$$\left.\begin{array}{l} u(x,0) = \displaystyle\sum_{n=1}^{\infty} A_n \sin n\pi x = 0 \quad (0 \leq x \leq 1) \\ \dfrac{\partial u}{\partial t}(x,0) = \displaystyle\sum_{n=1}^{\infty} n\pi B_n \sin n\pi x = x - \dfrac{1}{2} \quad (0 \leq x \leq 1) \end{array}\right\} \quad (4.3)$$

を満たすように, A_n, B_n $(n = 1, 2, \ldots)$ を決めることができれば解が得られたことになる. ここで, $A_n = 0$ $(n = 1, 2, \ldots)$ とすれば, はじめの初期条件は満たされる.

初期条件の第2式を満たすように B_n $(n=1,2,\ldots)$ を選ぶために $\dfrac{\partial u}{\partial t}(x,0)$ をフーリエ級数で展開する．ここで，$\dfrac{\partial u}{\partial t}(x,t)$ $(t>0)$ の境界条件が自由境界条件であるので対称鏡 $(:)$ を用いて関数の定義域を拡張する．$\dfrac{\partial u}{\partial t}(:x:,t)$ は周期2の連続な偶関数であるのでそのフーリエ級数はその関数に収束する．

$$\frac{\partial u}{\partial t}(:x:,0) = \frac{a_0}{2} + \sum_{n=1}^{\infty} a_n \cos n\pi x$$

$$\begin{aligned}
a_n &= \int_{-1}^{1} \frac{\partial u}{\partial t}(:x:,0) \cos n\pi x \, dx \\
&= 2\int_{0}^{1} \left(x - \frac{1}{2}\right) \cos n\pi x \, dx \\
&= \begin{cases} -\dfrac{4}{(n\pi)^2} & (n=1,3,\ldots) \\ 0 & (n=0,2,4,\ldots) \end{cases}
\end{aligned}$$

ここで，

$$\frac{\partial u}{\partial t}(x,0) = \sum_{n=1}^{\infty} a_n \cos n\pi x = \sum_{n=1}^{\infty} n\pi B_n \cos n\pi x \qquad (0 \le x \le 1)$$

なので，$B_n = a_n/(n\pi)$ $(n=1,2,\ldots)$ となる．求めるべき解は

$$u(x,t) = \sum_{m=1}^{\infty} \frac{-4}{((2m-1)\pi)^3} \sin(2m-1)\pi t \cos(2m-1)\pi x$$

■

問 4.6 次の波動問題を解け．

(i) 偏微分方程式 $\quad \dfrac{\partial^2 u}{\partial t^2} = \dfrac{\partial^2 u}{\partial x^2} \qquad (0 < x < 1,\ 0 < t < \infty)$

(ii) 境界条件 $\quad \dfrac{\partial u}{\partial x}(0,t) = \dfrac{\partial u}{\partial x}(1,t) = 0 \qquad (0 < t < \infty)$

(iii) 初期条件 $\quad \left.\begin{array}{l} u(x,0) = x - \dfrac{1}{2} \\ \dfrac{\partial u}{\partial t}(x,0) = 0 \end{array}\right\} \quad (0 \le x \le 1)$

答 $\quad u(x,t) = \displaystyle\sum_{m=1}^{\infty} -\frac{4}{\{(2m-1)\pi\}^2} \cos(2m-1)\pi t \cos(2m-1)\pi x$

4.2.2 非斉次波動方程式の問題

例題 4.10 次の波動問題を解け.
(i) 偏微分方程式 (PDE) $\dfrac{\partial^2 u}{\partial t^2} = \dfrac{\partial^2 u}{\partial x^2} + \sin \pi x$
$(0 < x < 1, \ 0 < t < \infty)$
(ii) 境界条件 (BdC) $u(0,t) = u(1,t) = 0 \quad (0 < t < \infty)$
(iii) 初期条件 (InC) $\left. \begin{array}{l} u(x,0) = M(x) = 1 - 2\left|x - \dfrac{1}{2}\right| \\ \dfrac{\partial u}{\partial t}(x,0) = 0 \end{array} \right\} (0 \le x \le 1)$

【解】 偏微分方程式を満たす特解を求める. 2.4 節の例 2.18 で求めたように, この偏微分方程式の特解は

$$u_0(x,t) = \frac{1}{\pi^2} \sin \pi x$$

である. よって, これに対応する斉次方程式 $\dfrac{\partial^2 u}{\partial t^2} = \dfrac{\partial^2 u}{\partial x^2}$ の解 (斉次解) を加えても解である.

$$u(x,t) = (A \cos kt + B \sin kt)(C_1 \cos kx + C_2 \cos kx) + \frac{1}{\pi^2} \sin \pi x$$

ここで, A, B, C_1, C_2, k は定数である. $x = 0$ での境界条件を課すと

$$u(0,t) = (A \cos kt + B \sin kt)C_1 = 0$$

となり, $C_1 = 0$ であることがわかる. $x = 1$ での境界条件は

$$u(1,t) = (A \cos kt + B \sin kt)C_2 \sin k = 0$$

となり, $C_2 \ne 0$ とするためには $k = n\pi \ (n = 1, 2, \ldots)$ でなくてはならない. ここで斉次方程式・境界条件の解の重ね合わせの原理より A_n, $B_n \ (n = 1, 2, \ldots)$ を定数として

$$u(x,t) = \sum_{n=1}^{\infty} (A_n \cos n\pi t + B_n \sin n\pi t) \sin n\pi x + \frac{1}{\pi^2} \sin \pi x$$

も偏微分方程式と境界条件を満たすことがわかる. これが初期条件を満たせば求めるべき解になる.

$$u(x,0) = \sum_{n=1}^{\infty} A_n \sin n\pi x + \frac{1}{\pi^2} \sin \pi x = M(x) \quad (0 \le x \le 1)$$

$$\frac{\partial u}{\partial t}(x,0) = \sum_{n=1}^{\infty} n\pi B_n \sin n\pi x = 0 \quad (0 \le x \le 1)$$

ここで, $B_n = 0$ $(n = 1, 2, \ldots)$ とすればよいことは明らか. 次に, $u(x, 0) = M(x)$ $(0 \leq x \leq 1)$ をフーリエ級数で展開する. $u(x, t)$ $(t > 0)$ は $x = 0, 1$ で固定境界条件となっているので, 反対称鏡 (;) を用いて $u(x, 0)$ の定義域を拡張する. $u(\,;x;,0)$ は周期 2 の連続な奇関数となるので, そのフーリエ級数は $u(\,;x;,0)$ に収束する.

$$u(\,;x;,0) = \sum_{n=1}^{\infty} b_n \sin n\pi x$$

$$b_n = \int_{-1}^{1} u(\,;x;,0) \sin n\pi x \, dx = 2 \int_0^1 \left(1 - 2\left|x - \frac{1}{2}\right|\right) \sin n\pi x \, dx$$

$$= \begin{cases} (-1)^{\frac{n-1}{2}} \dfrac{8}{(n\pi)^2} & (n = 1, 3, 5, \ldots) \\ 0 & (n = 2, 4, 6, \ldots) \end{cases}$$

となる. ここで

$$\sum_{n=1}^{\infty} \left(A_n + \frac{1}{\pi^2}\delta_{n1}\right) \sin n\pi x = M(x) = \sum_{n=1}^{\infty} b_n \sin n\pi x$$

なので, $A_n = b_n - \delta_{n1}/\pi^2$ $(n = 1, 2, \ldots)$ とできることがわかる. よって求めるべき解は

$$u(x, t) = \sum_{m=1}^{\infty} (-1)^{m-1} \frac{8}{((2m-1)\pi)^2} \cos(2m-1)\pi t \sin(2m-1)\pi x + \frac{1}{\pi^2}(1 - \cos \pi t) \sin \pi x$$

である. ∎

問 4.7 次の波動問題を解け.

(i) 偏微分方程式 $\quad \dfrac{\partial^2 u}{\partial t^2} = \dfrac{\partial^2 u}{\partial x^2} + \cos \pi x \quad (0 < x < 1,\ 0 < t < \infty)$

(ii) 境界条件 $\quad \dfrac{\partial u}{\partial x}(0, t) = \dfrac{\partial u}{\partial x}(1, t) = 0 \quad (0 < t < \infty)$

(iii) 初期条件 $\quad \left. \begin{aligned} u(x, 0) &= x - \frac{1}{2} \\ \frac{\partial u}{\partial t}(x, 0) &= 0 \end{aligned} \right\} \quad (0 \leq x \leq 1)$

ヒント 対称鏡 (:) を用いる.

答 $u(x, t) = \dfrac{1}{\pi^2}(1 - \cos \pi t) \cos \pi x$

$\qquad\qquad - \displaystyle\sum_{m=1}^{\infty} \frac{4}{\{(2m-1)\pi\}^2} \cos(2m-1)\pi t \cos(2m-1)\pi x$

■ 4.2.3　長方形の膜の振動

例題 4.11　長方形の枠(わく)に膜を張り，その振動を考える．枠は固定されており，振動 u は膜に垂直でその振幅は小さいとする．この振動現象は次の数学モデルでとらえられる（1.4.4 項の問 1.7 参照）．

(i)　偏微分方程式 (PDE)　　$\dfrac{\partial^2 u}{\partial t^2} = c^2 \left(\dfrac{\partial^2 u}{\partial x^2} + \dfrac{\partial^2 u}{\partial y^2} \right)$

$$(0 < x < a,\ 0 < y < b,\ 0 < t < \infty)$$

(ii)　境界条件 (BdC)　　$u(0, y, t) = u(a, y, t) = 0$

$$(0 \leq y \leq b,\ 0 < t < \infty)$$

$$u(x, 0, t) = u(x, b, t) = 0$$

$$(0 \leq x \leq a,\ 0 < t < \infty)$$

(iii)　初期条件 (InC)　　$\left. \begin{array}{l} u(x, y, 0) = \sin\left(\dfrac{\pi}{a} x\right) \sin\left(\dfrac{\pi}{b} y\right) \\[2mm] \dfrac{\partial u}{\partial t}(x, y, 0) = 0 \end{array} \right\}$

$$(0 \leq x \leq a,\ 0 \leq y \leq b)$$

ここで c は定数である．また，簡単のために初期条件として簡単な関数を設定したが，一般的な場合にも言及せよ．

【解】　まず，偏微分方程式 (i) を満たす特解を変数分離法で求める．

$$u(x, y, t) = T(t) X(x) Y(y)$$

とおくと，方程式は

$$T'' XY = c^2 (T X'' Y + T X Y'')$$

となる．両辺を $c^2 TXY$ で割ると

$$\frac{T''}{c^2 T} = \frac{X''}{X} + \frac{Y''}{Y} = -\lambda^2$$

となる．ここで，λ は左辺からみて x, y の関数ではないことがわかる．同様に，中央の辺より λ は t にもよらないので，λ は定数であることがわかる．さらに

$$\frac{X''}{X} = -\lambda_1{}^2, \qquad \frac{Y''}{Y} = -\lambda_2{}^2$$

とおくと，明らかに λ_1, λ_2 はそれぞれ y, x の関数ではないが，$\lambda_1{}^2 + \lambda_2{}^2 = \lambda^2$ なので x, y の関数でもなく定数であることがわかる．よって，次のような常微分方程式を得る．

$$X'' = -\lambda_1{}^2 X$$

$$Y'' = -\lambda_2{}^2 Y$$
$$T'' = -c^2\lambda^2 T$$

ただし，$\lambda^2 = \lambda_1{}^2 + \lambda_2{}^2$ である．それぞれの一般解は

$$X(x) = A_1\cos\lambda_1 x + B_1\sin\lambda_1 x$$
$$Y(y) = A_2\cos\lambda_2 y + B_2\sin\lambda_2 y$$
$$T(t) = A\cos c\lambda t + B\sin c\lambda t$$

ここで，A_1, B_1, A_2, B_2, A, B は任意の定数である．よって，偏微分方程式 (i) の特解

$$u(x,y,t) = (A\cos c\lambda t + B\sin c\lambda t)(A_1\cos\lambda_1 x + B_1\sin\lambda_1 x)(A_2\cos\lambda_2 y + B_2\sin\lambda_2 y)$$

を得る．これに境界条件を課すと，

$$\begin{aligned}
u(0,y,t) &= (A\cos c\lambda t + B\sin c\lambda t)A_1(A_2\cos\lambda_2 y + B_2\sin\lambda_2 y)\\
&= 0\\
u(a,y,t) &= (A\cos c\lambda t + B\sin c\lambda t)(A_1\cos\lambda_1 a + B_1\sin\lambda_1 a)(A_2\cos\lambda_2 y + B_2\sin\lambda_2 y)\\
&= 0\\
u(x,0,t) &= (A\cos c\lambda t + B\sin c\lambda t)(A_1\cos\lambda_1 x + B_1\sin\lambda_1 x)A_2\\
&= 0\\
u(x,b,t) &= (A\cos c\lambda t + B\sin c\lambda t)(A_1\cos\lambda_1 x + B_1\sin\lambda_1 x)(A_2\cos\lambda_2 b + B_2\sin\lambda_2 b)\\
&= 0
\end{aligned}$$

となる．$u(x,y,t) \neq 0$ とすると，

$$A_1 = A_2 = 0, \qquad \sin\lambda_1 a = \sin\lambda_2 b = 0$$

を得る．よって，$\lambda_1 a = m\pi$, $\lambda_2 b = n\pi$ $(m,n = 1,2,\ldots)$ となり，条件 (i), (ii) を満たす関数として

$$u(x,y,t) = (A\cos c\lambda t + B\sin c\lambda t)\sin\left(\frac{m\pi}{a}x\right)\sin\left(\frac{n\pi}{b}y\right)$$

を得る．ただし，$\lambda^2 = (m\pi/a)^2 + (n\pi/b)^2$ である．ここで，一般性を失わずに $B_1 = B_2 = 1$ とできることを用いた．次に，初期条件を課すと

$$u(x,y,0) = A\sin\left(\frac{m\pi}{a}x\right)\sin\left(\frac{n\pi}{b}y\right) = \sin\left(\frac{\pi}{a}x\right)\sin\left(\frac{\pi}{b}y\right)$$
$$\frac{\partial u}{\partial t}(x,y,0) = c\lambda B\sin\left(\frac{m\pi}{a}x\right)\sin\left(\frac{n\pi}{b}y\right) = 0$$

これが恒等的に成り立つには

$$A = 1, \qquad B = 0, \qquad m = n = 1$$

であればよい．このように数学モデルの解として
$$u(x,y,t) = \cos\left[c\sqrt{\left(\frac{\pi}{a}\right)^2 + \left(\frac{\pi}{b}\right)^2}\,t\right]\sin\left(\frac{\pi}{a}x\right)\sin\left(\frac{\pi}{b}y\right)$$
を得る．これは定在波となっている．

一般の初期条件
$$u(x,y,0) = \phi(x,y)$$
$$\frac{\partial u}{\partial t}(x,y,0) = \psi(x,y)$$
のときは関数 ϕ と ψ が上記の特解の初期条件を参考にして
$$\phi(x,y) = \sum_{m,n=1,2,\ldots} \Phi_{mn}\sin\left(\frac{m\pi}{a}x\right)\sin\left(\frac{n\pi}{b}y\right)$$
$$\psi(x,y) = \sum_{m,n=1,2,\ldots} \Psi_{mn}\sin\left(\frac{m\pi}{a}x\right)\sin\left(\frac{n\pi}{b}y\right)$$
と展開できればただちに
$$u(x,t) = \sum_{m,n=1,2,\ldots}\left[\Phi_{mn}\cos\left(c\sqrt{\left(\frac{m\pi}{a}\right)^2 + \left(\frac{n\pi}{b}\right)^2}\,t\right)\right.$$
$$\left. + \frac{\Psi_{mn}}{c\sqrt{\left(\frac{m\pi}{a}\right)^2 + \left(\frac{n\pi}{b}\right)^2}}\sin\left(c\sqrt{\left(\frac{m\pi}{a}\right)^2 + \left(\frac{n\pi}{b}\right)^2}\,t\right)\right]\sin\left(\frac{m\pi}{a}x\right)\sin\left(\frac{n\pi}{b}y\right)$$
という解を得ることができる．ここで，$\phi(x,y)$ および $\psi(x,y)$ のフーリエ級数での展開を考える．定義域を $-\infty < x < \infty$, $-\infty < y < \infty$ に広げるために反対称鏡 (;) を用いる．$\phi(;x;,;y;)$, $\psi(;x;,;y;)$ は x, y 方向にそれぞれ $2a$, $2b$ の周期性をもった奇関数となる．よってそのフーリエ級数は
$$\phi(;x;,;y;) = \sum_{m,n=1}^{\infty} b_{mn}\sin\left(\frac{m\pi}{a}x\right)\sin\left(\frac{n\pi}{b}y\right)$$
$$\psi(;x;,;y;) = \sum_{m,n=1}^{\infty} b'_{mn}\sin\left(\frac{m\pi}{a}x\right)\sin\left(\frac{n\pi}{b}y\right)$$
$$b_{mn} = \frac{1}{ab}\int_{-a}^{a}dx\int_{-b}^{b}dy\,\phi(;x;,;y;)\sin\left(\frac{m\pi}{a}x\right)\sin\left(\frac{n\pi}{b}y\right)$$
$$= \frac{4}{ab}\int_{0}^{a}dx\int_{0}^{b}dy\,\phi(x,y)\sin\left(\frac{m\pi}{a}x\right)\sin\left(\frac{n\pi}{b}y\right)$$
$$b'_{mn} = \frac{1}{ab}\int_{-a}^{a}dx\int_{-b}^{b}dy\,\psi(;x;,;y;)\sin\left(\frac{m\pi}{a}x\right)\sin\left(\frac{n\pi}{b}y\right)$$
$$= \frac{4}{ab}\int_{0}^{a}dx\int_{0}^{b}dy\,\psi(x,y)\sin\left(\frac{m\pi}{a}x\right)\sin\left(\frac{n\pi}{b}y\right)$$

ここで，$\Phi_{mn} = b_{mn}$, $\Psi_{mn} = b'_{mn}$ とできるので，

$$\Phi_{mn} = \frac{4}{ab} \int_0^a dx \int_0^b dy\, \phi(x,y) \sin\left(\frac{m\pi}{a}x\right) \sin\left(\frac{n\pi}{b}y\right)$$

$$\Psi_{mn} = \frac{4}{ab} \int_0^a dx \int_0^b dy\, \psi(x,y) \sin\left(\frac{m\pi}{a}x\right) \sin\left(\frac{n\pi}{b}y\right)$$

として求めることができる．

演習問題

4.1* 次の拡散問題を解け．

  (i) 偏微分方程式 $\quad \dfrac{\partial u}{\partial t} = \dfrac{\partial^2 u}{\partial x^2} \quad (0 < x < 1, \, 0 < t < \infty)$

  (ii) 境界条件 $\quad u(0,t) = u(1,t) = 0 \quad (0 < t < \infty)$

  (iii) 初期条件 $\quad u(x,0) = \sin 2\pi x + \dfrac{1}{3}\sin 4\pi x + \dfrac{1}{5}\sin 6\pi x \quad (0 \leq x \leq 1)$

4.2* 次の拡散問題を解け．

  (i) 偏微分方程式 $\quad \dfrac{\partial u}{\partial t} = \dfrac{\partial^2 u}{\partial x^2} \quad (0 < x < 1, \, 0 < t < \infty)$

  (ii) 境界条件 $\quad u(0,t) = u(1,t) = 0 \quad (0 < t < \infty)$

  (iii) 初期条件 $\quad u(x,0) = 1 - \cos 2\pi x \quad (0 \leq x \leq 1)$

4.3 次の拡散問題を解け．

  (i) 偏微分方程式 $\quad \dfrac{\partial u}{\partial t} = \dfrac{\partial^2 u}{\partial x^2} \quad (0 < x < 1, \, 0 < t < \infty)$

  (ii) 境界条件 $\quad u(0,t) = u(1,t) = 0 \quad (0 < t < \infty)$

  (iii) 初期条件 $\quad u(x,0) = \sin\left(\dfrac{\pi x}{2}\right) - x \quad (0 \leq x \leq 1)$

4.4 次の拡散問題を解け．

  (i) 偏微分方程式 $\quad \dfrac{\partial u}{\partial t} = \dfrac{\partial^2 u}{\partial x^2} \quad (0 < x < 1, \, 0 < t < \infty)$

  (ii) 境界条件 $\quad u(0,t) = u(1,t) = 0 \quad (0 < t < \infty)$

  (iii) 初期条件 $\quad u(x,0) = \begin{cases} 1 & \left(\dfrac{1}{4} \leq x \leq \dfrac{3}{4}\right) \\ 0 & \left(0 \leq x < \dfrac{1}{4},\ \dfrac{3}{4} < x \leq 1\right) \end{cases}$

4.5* 次の拡散問題を解け.

(i) 偏微分方程式 $\dfrac{\partial u}{\partial t} = \dfrac{\partial^2 u}{\partial x^2}$ $(0 < x < 1,\ 0 < t < \infty)$

(ii) 境界条件 $\dfrac{\partial u}{\partial x}(0, t) = \dfrac{\partial u}{\partial x}(1, t) = 0$ $(0 < t < \infty)$

(iii) 初期条件 $u(x, 0) = \Lambda(x)$ $(0 \leq x \leq 1)$

ただし関数 $\Lambda(x)$ は 4.1.1 項, 例題 4.2 で定義された魔女の帽子型関数である.

4.6 次の拡散問題を解け.

(i) 偏微分方程式 $\dfrac{\partial u}{\partial t} = \dfrac{\partial^2 u}{\partial x^2}$ $(0 < x < 1,\ 0 < t < \infty)$

(ii) 境界条件 $\dfrac{\partial u}{\partial x}(0, t) = \dfrac{\partial u}{\partial x}(1, t) = 0$ $(0 < t < \infty)$

(iii) 初期条件 $u(x, 0) = \begin{cases} 1 & \left(0 \leq x \leq \dfrac{1}{2}\right) \\ 0 & \left(\dfrac{1}{2} < x \leq 1\right) \end{cases}$

4.7* 次の波動問題を解け.

(i) 偏微分方程式 $\dfrac{\partial^2 u}{\partial t^2} = \dfrac{\partial^2 u}{\partial x^2}$ $(0 < x < 1,\ 0 < t < \infty)$

(ii) 境界条件 $\left.\begin{array}{l} u(0, t) = 0 \\ u(1, t) = 0 \end{array}\right\}$ $(0 < t < \infty)$

(iii) 初期条件 $\left.\begin{array}{l} u(x, 0) = x(1 - x) \\ \dfrac{\partial u}{\partial t}(x, 0) = 0 \end{array}\right\}$ $(0 \leq x \leq 1)$

4.8 次の波動問題を解け.

(i) 偏微分方程式 $\dfrac{\partial^2 u}{\partial t^2} = \dfrac{\partial^2 u}{\partial x^2}$ $(0 < x < 1,\ 0 < t < \infty)$

(ii) 境界条件 $\left.\begin{array}{l} u(0, t) = 0 \\ u(1, t) = 0 \end{array}\right\}$ $(0 < t < \infty)$

(iii) 初期条件 $\left.\begin{array}{l} u(x, 0) = 0 \\ \dfrac{\partial u}{\partial t}(x, 0) = x(1 - x) \end{array}\right\}$ $(0 \leq x \leq 1)$

4.9 次の波動問題を解け.

(i) 偏微分方程式 $\dfrac{\partial^2 u}{\partial t^2} = \dfrac{\partial^2 u}{\partial x^2}$ $(0 < x < 1,\, 0 < t < \infty)$

(ii) 境界条件 $\left.\begin{array}{l} u(0,t) = 0 \\ u(1,t) = 0 \end{array}\right\}$ $(0 < t < \infty)$

(iii) 初期条件 $\left.\begin{array}{l} u(x,0) = x(1-x) \\ \dfrac{\partial u}{\partial t}(x,0) = x(1-x) \end{array}\right\}$ $(0 \le x \le 1)$

4.10 次の波動問題を解け.

(i) 偏微分方程式 $\dfrac{\partial^2 u}{\partial t^2} = \dfrac{\partial^2 u}{\partial x^2}$ $(0 < x < 1,\, 0 < t < \infty)$

(ii) 境界条件 $\left.\begin{array}{l} \dfrac{\partial u}{\partial x}(0,t) = 0 \\ \dfrac{\partial u}{\partial x}(1,t) = 0 \end{array}\right\}$ $(0 < t < \infty)$

(iii) 初期条件 $\left.\begin{array}{l} u(x,0) = 1 - 2\left|x - \dfrac{1}{2}\right| \\ \dfrac{\partial u}{\partial t}(x,0) = -\left(1 - 2\left|x - \dfrac{1}{2}\right|\right) \end{array}\right\}$ $(0 \le x \le 1)$

第5章

初期値問題および定常問題の解法

この章では境界のない場合の初期値問題および定常問題の解法を扱う．対象とする系が無限に広がっている場合はフーリエ変換，ラプラス変換といった積分変換を用いるのが有効である．まず，フーリエ変換を用いた方法について述べる．

5.1 フーリエ変換による拡散方程式の解法

拡散問題で境界のない場合，すなわち拡散する領域が無限に広がっている場合についての解法を示す．このときフーリエ変換が有効である．

5.1.1 ガウス正規関数を初期値とする拡散問題

例題 5.1 次の拡散問題（コーシー問題）を解け．

(i) 偏微分方程式 (PDE) $\dfrac{\partial u}{\partial t} = \alpha^2 \dfrac{\partial^2 u}{\partial x^2}$

$$(-\infty < x < \infty,\ 0 < t < \infty)$$

(ii) 初期条件 (InC) $u(x,0) = e^{-x^2/h^2}$ $(-\infty < x < \infty)$

ここで，$\alpha > 0,\ h > 0$ とする．初期値はガウスの正規関数を $\sqrt{\pi}h$ 倍した関数となっている．以後，拡散係数 α^2 の α は正とする．

【解】［第1段階］ 偏微分方程式の両辺をフーリエ変換すると

$$\mathcal{F}\left[\frac{\partial u}{\partial t}; x \triangleright k\right] = \mathcal{F}\left[\alpha^2 \frac{\partial^2 u}{\partial x^2}; x \triangleright k\right]$$

ここで，フーリエ変換の性質を用い，$U(k,t) = \mathcal{F}[u(x,t); x \triangleright k]$ として

$$\frac{\partial U}{\partial t} = -\alpha^2 k^2 U$$

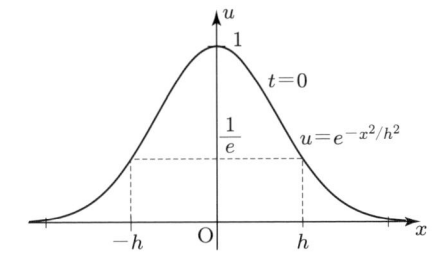

図 5.1 ガウスの正規関数を $\sqrt{\pi}\,h$ 倍した関数を初期値とする拡散問題

[第2段階] この方程式は t に関する常微分方程式である．その一般解は解が $t=0$ で $U(k,0)$ であることを考慮すると

$$U(k,t) = U(k,0)e^{-\alpha^2 k^2 t}$$

ここで，

$$U(k,0) = \mathcal{F}[u(x,0)] = \mathcal{F}\bigl[e^{-x^2/h^2}\bigr]$$

3.3 節，例題 3.7 の結果

$$\mathcal{F}\bigl[e^{-x^2/a^2}\bigr] = \frac{a}{2\sqrt{\pi}} e^{-(ak/2)^2} \qquad (a>0) \tag{5.1}$$

を使うと

$$U(k,0) = \mathcal{F}\bigl[e^{-x^2/h^2}\bigr] = \frac{h}{2\sqrt{\pi}} e^{-(hk/2)^2}$$

となり，

$$U(k,t) = \frac{h}{2\sqrt{\pi}} e^{-(hk/2)^2} e^{-\alpha^2 k^2 t}$$

を得る．

[第3段階] 逆フーリエ変換すると

$$u(x,t) = \mathcal{F}^{-1}[U(k,t); k \triangleright x] = \mathcal{F}^{-1}\left[\frac{h}{2\sqrt{\pi}} e^{-(h^2/4 + \alpha^2 t)k^2}; k \triangleright x\right]$$

ここで，公式 (5.1) で $a = \sqrt{4\alpha^2 t + h^2}$ とおくと

$$u(x,t) = \frac{1}{\sqrt{1 + \dfrac{4\alpha^2 t}{h^2}}} e^{-x^2/(h^2 + 4\alpha^2 t)}$$

という解を得る．これが問題のすべての条件を満たすことは直接確認できる．

ここで，得られた解において $x=0$ とおいた値

$$u(0,t) = \frac{1}{\sqrt{1 + \dfrac{4\alpha^2 t}{h^2}}}$$

は時刻 t での分布のピークの値を表している．また，

$$u\left(\pm\sqrt{4\alpha^2 t + h^2},\, t\right) = \frac{1}{e} u(0,t)$$

なので，$x = \pm\sqrt{h^2 + 4\alpha^2 t}$ ではピーク値の $1/e \approx 1/3$ になる．それゆえ，$\sqrt{h^2 + 4\alpha^2 t}$ は時刻 t での分布の幅を示していることがわかる．時間がたつにつれて，ピークが小さくなり分布の幅は大きくなる（図 5.2）．これは，実際に温度の時間変化で期待されることである．∎

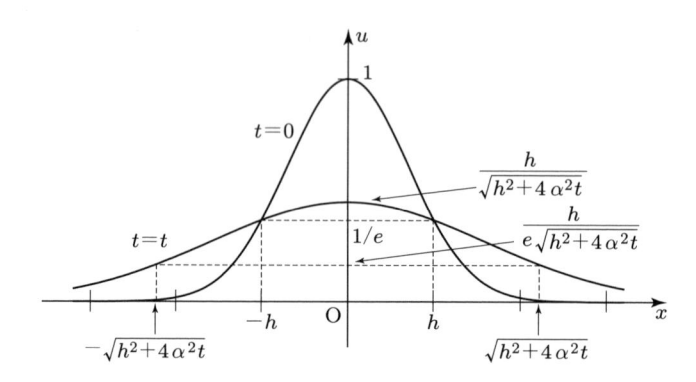

図 5.2 ガウスの正規関数を $\sqrt{\pi}\, h$ 倍した関数を初期値とする拡散問題の解

> **問 5.1** 次の初期値問題を解け．
>
> (i) 偏微分方程式 $\quad \dfrac{\partial u}{\partial t} = \dfrac{\partial^2 u}{\partial x^2} \quad (-\infty < x < \infty, \ 0 < t < \infty)$
>
> (ii) 初期条件 $\quad u(x,0) = xe^{-x^2} \quad (-\infty < x < \infty)$
>
> **答** $\quad (x,t) = \dfrac{x}{(1+4t)^{3/2}} e^{-x^2/(1+4t)}$

■ 5.1.2 初期値が不連続関数のときの拡散問題

> **例題 5.2** 次の拡散問題（コーシー問題）を解け．
>
> (i) 偏微分方程式 (PDE) $\quad \dfrac{\partial u}{\partial t} = \alpha^2 \dfrac{\partial^2 u}{\partial x^2} \quad (-\infty < x < \infty, \ 0 < t < \infty)$
>
> (ii) 初期条件 (InC) $\quad u(x,0) = H(x) \quad (-\infty < x < \infty)$
>
> ここで，$H(x)$ はヘビサイド関数である（3.3.3 項参照）．

【解】［第 1 段階］偏微分方程式の両辺をフーリエ変換すると

$$\mathcal{F}\left[\dfrac{\partial u}{\partial t}; x \triangleright k\right] = \mathcal{F}\left[\alpha^2 \dfrac{\partial^2 u}{\partial x^2}; x \triangleright k\right]$$

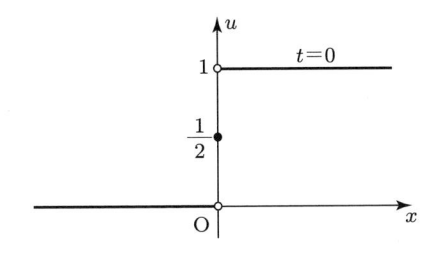

図 5.3 ヘビサイド関数を初期値とする拡散問題

ここでフーリエ変換の性質を用い，$U(k,t) = \mathcal{F}[u(x,t); x \triangleright k]$ として

$$\frac{\partial U}{\partial t} = -\alpha^2 k^2 U$$

［第 2 段階］　その方程式の解は $t=0$ で $U(k,0)$ であることを考慮すると

$$U(k,t) = U(k,0)e^{-\alpha^2 k^2 t}$$

となる．ここで，

$$U(k,0) = \mathcal{F}[u(x,0)] = \mathcal{F}[H(x)] = \frac{1}{2\pi i k}$$

であることは，3.3.3 項で示した．よって，

$$U(k,t) = \frac{1}{2\pi i k} e^{-\alpha^2 k^2 t}$$

を得る．

［第 3 段階］　逆フーリエ変換すると

$$u(x,t) = \mathcal{F}^{-1}[U(k,t); k \triangleright x] = \mathcal{F}^{-1}\left[\frac{1}{2\pi i k} e^{-\alpha^2 k^2 t}; k \triangleright x\right]$$

ここで，

$$\mathcal{F}^{-1}\left[\frac{1}{2\pi i k}\right] = H(x)$$

$$\mathcal{F}^{-1}\left[e^{-\alpha^2 k^2 t}\right] = \sqrt{\frac{\pi}{\alpha^2 t}} e^{-x^2/(4\alpha^2 t)}$$

なので畳み込みの性質 F.5 ② を利用して計算すると，

$$u(x,t) = \frac{1}{2\pi} H(x) * \sqrt{\frac{\pi}{\alpha^2 t}} e^{-x^2/(4\alpha^2 t)} = \frac{1}{2\pi} \int_{-\infty}^{\infty} H(x-x') \sqrt{\frac{\pi}{\alpha^2 t}} e^{-x'^2/(4\alpha^2 t)} dx'$$

$$= \frac{1}{2}\sqrt{\frac{1}{\pi \alpha^2 t}} \int_{-\infty}^{x} e^{-x'^2/(4\alpha^2 t)} dx' = \frac{1}{\sqrt{\pi}} \int_{-x/\sqrt{4\alpha^2 t}}^{\infty} e^{-\xi^2} d\xi$$

ここで，$\xi = -x'/\sqrt{4\alpha^2 t}$ と変数変換した．余誤差関数 erfc(x) を用いると求めるべき解は

$$u(x,t) = \frac{1}{2} \operatorname{erfc}\left(-\frac{x}{2\alpha\sqrt{t}}\right)$$

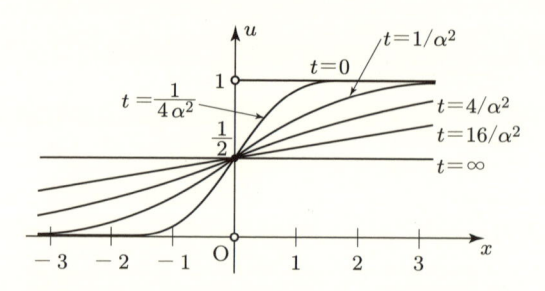

図 5.4 ヘビサイド関数を初期値とする拡散問題の解

> **問 5.2** 次の初期値問題を解け.
> (i) 偏微分方程式　$\dfrac{\partial u}{\partial t} = \dfrac{\partial^2 u}{\partial x^2}$ 　$(-\infty < x < \infty,\ 0 < t < \infty)$
> (ii) 初期条件　$u(x,0) = 1 - H(x) = H(-x)$ 　$(-\infty < x < \infty)$
>
> **答**　$u(x,t) = \dfrac{1}{2}\,\mathrm{erfc}\left(\dfrac{x}{2\sqrt{t}}\right)$

5.2 グリーン関数

ここで, 偏微分方程式の取り扱いでしばしば登場する「グリーン関数」(Green function) の概念を, 次の基本例題を用いてみじかに説明する.

5.2.1 グリーン関数とは

> **グリーン関数の基本例題**　初期値が一般の関数 $\phi(x)$ で与えられる次の拡散問題を解け.
> (i) 偏微分方程式 (PDE)　$\dfrac{\partial u}{\partial t} = \alpha^2 \dfrac{\partial^2 u}{\partial x^2}$ 　$(-\infty < x < \infty,\ 0 < t < \infty)$
> (ii) 初期条件 (InC)　$u(x,0) = \phi(x)$ 　$(-\infty < x < \infty)$

【解】［第 1 段階］ これまでと同様に両辺をフーリエ変換する. $U(k,t) = \mathcal{F}[u(x,t); x \triangleright k]$ として

$$\frac{\partial U}{\partial t} = -\alpha^2 k^2 U$$

［第 2 段階］ この方程式の解は

$$U(k,t) = U(k,0) e^{-\alpha^2 k^2 t}$$

となる．ここで，
$$U(k,0) = \mathcal{F}[u(x,0)] = \mathcal{F}[\phi(x)] \equiv \Phi(x)$$
とおくと，
$$U(k,t) = \Phi(k)e^{-\alpha^2 k^2 t}$$
と書ける．

[第3段階] 逆フーリエ変換する．
$$u(x,t) = \mathcal{F}^{-1}[U(k,t); k \triangleright x] = \mathcal{F}^{-1}[\Phi(k)e^{-\alpha^2 k^2 t}; k \triangleright x]$$
ここで，畳み込みの性質 F.5②を使うと，
$$\begin{aligned} u(x,t) &= \mathcal{F}^{-1}\left[\Phi(k)e^{-\alpha^2 k^2 t}\right] = \mathcal{F}^{-1}[\Phi(k)] * \mathcal{F}^{-1}\left[e^{-\alpha^2 k^2 t}\right] \\ &= \phi(x) * \sqrt{\frac{\pi}{\alpha^2 t}} e^{-x^2/(4\alpha^2 t)} = \frac{1}{2\pi}\sqrt{\frac{\pi}{\alpha^2 t}} \int_{-\infty}^{\infty} \phi(x') e^{-(x-x')^2/(4\alpha^2 t)}\, dx' \end{aligned}$$
よって，求める解は
$$u(x,t) = \int_{-\infty}^{\infty} \phi(x') G(x-x',t)\, dx' \tag{5.2}$$
$$G(x-x',t) \equiv \frac{1}{2\alpha\sqrt{\pi t}} e^{-(x-x')^2/(4\alpha^2 t)} \tag{5.3}$$
と書ける．

ここで，初期条件として $\phi(x) = \delta(x-x_0)$ という $x = x_0$ に局在した分布を考えてみる．この分布の時間発展は
$$u(x,t) = \int_{-\infty}^{\infty} \delta(x'-x_0) G(x-x',t)\, dx' = G(x-x_0,t)$$
となる．すなわち，関数 $G(x-x_0,t)$ は，初期に $x = x_0$ に局在した分布が時刻 t でどのように広がるかを示す関数なのである．

いま考えている斉次方程式では，解の線形結合はそのままその方程式の解になるので，初期分布 $\phi(x)$ を微小区間 $[x', x'+dx']$ に分解し，それぞれの微小区間の初期分布の時刻 t における時間発展 $\phi(x')\, dx'\, G(x-x',t)$ をすべての微小区間について重ね合わせれば，もとの分布の時間発展が得られるはずである（図 5.5）．

実際，重ね合わせたものは
$$u(x,t) = \int_{-\infty}^{\infty} \phi(x') G(x-x',t)\, dx'$$
となり，式 (5.2) に一致する．この積分は，特別な初期条件 $\phi(x)$ に対して積分できてしまうことが多い．この積分が解析的に実行できないときでも，積分を数値的に実行することにより各点での解を求めることはできる．

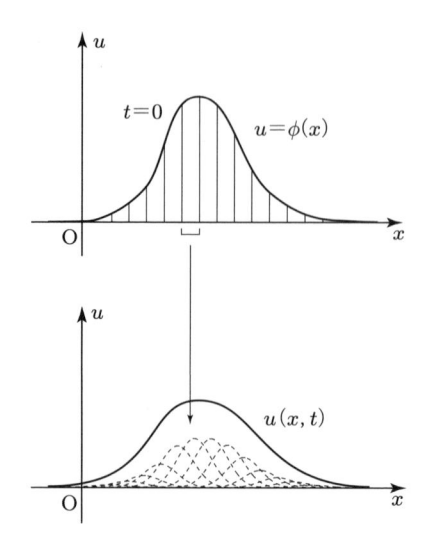

図 5.5 グリーン関数による方法

一般にある線形演算子 D と与えられた関数 g を含む未知関数 u の線形微分方程式

$$Du = g$$

を考える．このとき境界は十分遠くにあり無視してもよいとしよう．ここで，従属変数は $\boldsymbol{x} = (x_1, x_2, \ldots, x_n)$ の関数であるとし，次の条件を満たす関数 $G(\boldsymbol{x}, \boldsymbol{x}')$ を考える．

$$DG(\boldsymbol{x}, \boldsymbol{x}') = \delta^n(\boldsymbol{x} - \boldsymbol{x}')$$

ここで，$\delta^n(\boldsymbol{x} - \boldsymbol{x}') \equiv \delta(x_1 - x_1')\delta(x_2 - x_2')\cdots\delta(x_n - x_n')$ で，$\delta(x)$ はディラックのデルタ関数である．すると，もとの方程式の解は

$$u(\boldsymbol{x}) = \int_{-\infty}^{\infty} g(\boldsymbol{x}')G(\boldsymbol{x}, \boldsymbol{x}')\, d^n\boldsymbol{x}'$$

で与えられることになる．ただし，$d^n\boldsymbol{x}' = dx_1 dx_2 \cdots dx_n$ である．なぜならば，D は線形演算子なので，積分演算と交換可能で，

$$Du = D\int_{-\infty}^{\infty} g(\boldsymbol{x}')G(\boldsymbol{x}, \boldsymbol{x}')\, d^n\boldsymbol{x}' = \int_{-\infty}^{\infty} g(\boldsymbol{x}')DG(\boldsymbol{x}, \boldsymbol{x}')\, d^n\boldsymbol{x}'$$
$$= \int_{-\infty}^{\infty} g(\boldsymbol{x}')\delta^n(\boldsymbol{x} - \boldsymbol{x}')\, d^n\boldsymbol{x}' = g(x)$$

となるからである．このように関数 $G(\boldsymbol{x}, \boldsymbol{x}')$ さえわかれば，瞬時に線形方程式の解を得られることになる．このような関数 G をグリーン関数という．上の基本例題で登

場した $G(x-x',t)$ はまさにグリーン関数である.

ただ，グリーン関数を用いた方法は，グリーン関数そのものが複雑な形をしているのと，方程式が変われば違うグリーン関数を用いなくてはならず，必ずしも具体的な問題を解くときに役立つとはかぎらない．しかし，グリーン関数を用いると次のような問題では計算をかなり簡略化できる．

例題 5.3 次の拡散問題をグリーン関数を用いて解け．

(i) 偏微分方程式 (PDE) $\quad \dfrac{\partial u}{\partial t} = \alpha^2 \dfrac{\partial^2 u}{\partial x^2} \quad (-\infty < x < \infty,\ 0 < t < \infty)$

(ii) 初期条件 (InC) $\quad u(x,0) = H(x) \quad (-\infty < x < \infty)$

【解】 この方程式に対するグリーン関数 (5.3) を用いると，

$$u(x,t) = \int_{-\infty}^{\infty} H(x') G(x-x',t)\,dx' = \int_0^{\infty} G(x-x',t)\,dx'$$

$$= \int_0^{\infty} \frac{1}{2\alpha\sqrt{\pi t}} e^{-(x-x')^2/(4\alpha^2 t)}\,dx'$$

とできる．変数変換 $\xi = (x'-x)/(2\alpha\sqrt{t})$ をすると，

$$u(x,t) = \frac{1}{\sqrt{\pi}} \int_{-x/(2\alpha\sqrt{t})}^{\infty} e^{-\xi^2}\,d\xi = \frac{1}{2} \operatorname{erfc}\left(-\frac{x}{2\alpha\sqrt{t}}\right)$$

となり，例題 5.2 で得た結果と同じものを得る． ∎

問 5.3 先の問 5.2 をグリーン関数を用いて解き，同じ結果になることを確かめよ．

5.2.2 グリーン関数によるポアソン方程式の解法

ここで，グリーン関数を用いて，温度の定常分布や静電場の計算などで必要とされるポアソン方程式の一般的解法を示しておこう．3 次元のポアソン方程式は次のように書かれる．

$$\nabla^2 \phi = -\rho \tag{5.4}$$

ここで，静電場 $\boldsymbol{E}$ の場合では，ϕ は電位，ρ は ρ_e を電荷密度，ε_0 を真空の誘電率として $\rho = \rho_e/\varepsilon_0$ となり，静電場は $\boldsymbol{E} = -\nabla\phi$ で与えられる．位置ベクトルを $\boldsymbol{r} = (x,y,z)$，一定ベクトルを $\boldsymbol{r}_0 = (x_0, y_0, z_0)$ として

$$G(\boldsymbol{r}-\boldsymbol{r}_0) \equiv \frac{1}{4\pi|\boldsymbol{r}-\boldsymbol{r}_0|} = \frac{1}{4\pi\sqrt{(x-x_0)^2 + (y-y_0)^2 + (z-z_0)^2}} \tag{5.5}$$

というスカラー場を考える．このスカラー場の勾配を考えると

$$\bm{F}(\bm{r}) = -\nabla G = \frac{\bm{r} - \bm{r}_0}{4\pi|\bm{r} - \bm{r}_0|^3}$$

と計算できる．ここで $\bm{r}_0$ を中心とする球体 V_R の表面（球面）S_R を考えると，

$$\int_{S_R} \bm{F} \cdot \bm{n} \, dS = \int_{S_R} \frac{\bm{r} - \bm{r}_0}{4\pi|\bm{r} - \bm{r}_0|^3} \cdot \frac{\bm{r} - \bm{r}_0}{|\bm{r} - \bm{r}_0|} \, dS$$
$$= \int_{S_R} \frac{1}{4\pi|\bm{r} - \bm{r}_0|^2} \, dS = 1$$

となる．発散定理 (1.3) より

$$1 = \int_{S_R} \bm{F} \cdot \bm{n} \, dS = \int_{V_R} (\nabla \cdot \bm{F}) \, dV = -\int_{V_R} (\nabla^2 G) \, dV$$

また，$\bm{r} \neq \bm{r}_0$ のとき

$$\nabla \cdot \bm{F} = \frac{1}{4\pi} \left[\frac{\partial}{\partial x} \left\{ \frac{x - x_0}{\sqrt{(x - x_0)^2 + (y - y_0)^2 + (z - z_0)^2}} \right\} \right.$$
$$+ \frac{\partial}{\partial y} \left\{ \frac{y - y_0}{\sqrt{(x - x_0)^2 + (y - y_0)^2 + (z - z_0)^2}} \right\}$$
$$\left. + \frac{\partial}{\partial z} \left\{ \frac{z - z_0}{\sqrt{(x - x_0)^2 + (y - y_0)^2 + (z - z_0)^2}} \right\} \right] = 0 \quad (5.6)$$

となる．すなわち，$-\nabla^2 G$ は

$$\int (-\nabla^2 G) \, dV = 1$$
$$-\nabla^2 G = 0 \quad (\bm{r} \neq \bm{r}_0)$$

という性質をもつことがわかる．これはまさに，$-\nabla^2 G$ がデルタ関数であることを示している．

$$-\nabla^2 G(\bm{r} - \bm{r}_0) = \delta^3(\bm{r} - \bm{r}_0)$$

すなわち，関数 $G(\bm{r} - \bm{r}') = \dfrac{1}{4\pi|\bm{r} - \bm{r}'|}$ はポアソン方程式のグリーン関数となっていることがわかる．実際，

$$\phi(\bm{r}) = \int \rho(\bm{r}') G(\bm{r} - \bm{r}') \, d^3 \bm{r}'$$

はポアソン方程式 (5.4) を満たしていることをすぐに確認できる.

$$\nabla^2 \phi(\boldsymbol{r}) = \int_{-\infty < x,y,z < \infty} \rho(\boldsymbol{r}')\nabla^2 G(\boldsymbol{r} - \boldsymbol{r}')\, d^3\boldsymbol{r}'$$

$$= \int_{-\infty < x,y,z < \infty} -\rho(\boldsymbol{r}')\delta^3(\boldsymbol{r} - \boldsymbol{r}')\, d^3\boldsymbol{r}' = -\rho(\boldsymbol{r})$$

問 5.4　式 (5.6) が成り立つことを確かめよ.
　　ヒント　直接偏微分を計算せよ.

5.3　ラプラス変換による拡散方程式の解法

ここでは，ラプラス変換による拡散問題の解法について述べる．まず，フーリエ変換を用いた方法では，超関数を用いなければ解けない問題をとりあげる．つづいて，フーリエ変換による解法との比較がしやすいように，前節と同じような例題をとりあげる．

例題 5.4　次の拡散問題（コーシー問題）を解け.

(i)　偏微分方程式 (PDE)　　$\dfrac{\partial u}{\partial t} = \alpha^2 \dfrac{\partial^2 u}{\partial x^2}$　　$(-\infty < x < \infty,\ 0 < t < \infty)$

(ii)　初期条件 (InC)　　$u(x,0) = \sin x$　　$(-\infty < x < \infty)$

【解】　この問題は，$x \longrightarrow \pm\infty$ で初期値がゼロにならないため，フーリエ変換では超関数を用いないと解けない問題である．ここでは，求めるべき方程式や関数を変数 t についてラプラス変換することにより，問題の解を導く方法を述べる．この場合，$t \longrightarrow \infty$ で関数値はゼロに近づいていくので，ラプラス変換は収束する．たとえ，有限な値に近づく場合も，ラプラス変換はその収束性がよいために，超関数を導入しないでも解くことができる．

[第1段階]　偏微分方程式の両辺をラプラス変換すると

$$\mathcal{L}\left[\frac{\partial u}{\partial t}; t \triangleright s\right] = \mathcal{L}\left[\alpha^2 \frac{\partial^2 u}{\partial x^2}; t \triangleright s\right]$$

ここで，$U(x,s) = \mathcal{L}[u(x,t); t \triangleright s]$ として

$$sU(x,s) - u(x,0) = \alpha^2 \frac{\partial^2}{\partial x^2} U(x,s)$$

[第2段階]　上の方程式は，x に関する常微分方程式である．その一般解は，特殊解と対応する斉次方程式の一般解の和からなる．まず，特殊解は

$$U_0(x,s) = \frac{\sin x}{s + \alpha^2}$$

また，斉次方程式の一般解は A, B を任意の定数として，
$$U_1(x,s) = Ae^{(\sqrt{s}/\alpha)x} + Be^{-(\sqrt{s}/\alpha)x}$$
である．よって，一般解は
$$U(x,s) = Ae^{(\sqrt{s}/\alpha)x} + Be^{-(\sqrt{s}/\alpha)x} + \frac{\sin x}{s+\alpha^2}$$
となる．ここで，$x \longrightarrow \pm\infty$ で U の値が有限になるためには $A=0$, $B=0$ であることが必要である．よって，
$$U(x,s) = \frac{\sin x}{s+\alpha^2}$$
と決まる．

[第3段階] 逆ラプラス変換すると
$$\begin{aligned}u(x,t) &= \mathcal{L}^{-1}[U(x,s); s \triangleright t] = \mathcal{L}^{-1}\left[\frac{\sin x}{s+\alpha^2}; s \triangleright t\right] \\ &= \sin x \mathcal{L}^{-1}\left[\frac{1}{s+\alpha^2}; s \triangleright t\right] = e^{-\alpha^2 t}\sin x\end{aligned}$$
となる．（この解は変数分離法で得られるのと同じである．）

問 5.5 次の拡散問題をラプラス変換を用いて解け．

(i) 偏微分方程式　　$\dfrac{\partial u}{\partial t} = \dfrac{\partial^2 u}{\partial x^2}$　　$(-\infty < x < \infty, 0 < t < \infty)$

(ii) 初期条件　　$u(x,0) = \cos x$　　$(-\infty < x < \infty)$

答　$u(x,t) = e^{-t}\cos x$

5.3.1 初期値が不連続関数の場合の解法

例題 5.5 次の拡散問題（コーシー問題）をラプラス変換を用いて解け．

(i) 偏微分方程式 (PDE)　　$\dfrac{\partial u}{\partial t} = \alpha^2 \dfrac{\partial^2 u}{\partial x^2}$　　$(-\infty < x < \infty, 0 < t < \infty)$

(ii) 初期条件 (InC)　　$u(x,0) = H(x)$　　$(-\infty < x < \infty)$

【解】この問題は，前節でフーリエ変換を用いて解いた例題 5.2 と同じものである．ここではフーリエ変換とラプラス変換の解き方の機微がわかるように，あえて同じ問題をとりあげる．

[第1段階] 偏微分方程式の両辺をラプラス変換すると
$$\mathcal{L}\left[\frac{\partial u}{\partial t}; t \triangleright s\right] = \mathcal{L}\left[\alpha^2 \frac{\partial^2 u}{\partial x^2}; t \triangleright s\right]$$

ここで，$U(x,s) = \mathcal{L}[u(x,t); t \triangleright s]$ として

$$sU(x,s) - u(x,0) = \alpha^2 \frac{\partial^2}{\partial x^2} U(x,s)$$

［第2段階］ $x < 0$ のとき方程式は

$$sU = \alpha^2 \frac{\partial^2 U}{\partial x^2}$$

となる．この一般解は，A, A' を定数として

$$U = A e^{\sqrt{s}\, x/\alpha} + A' e^{-\sqrt{s}\, x/\alpha}$$

ここで，$x \longrightarrow -\infty$ で U が有限であることから

$$U = A e^{\sqrt{s}\, x/\alpha}$$

$x > 0$ のとき，方程式は

$$sU - 1 = \alpha^2 \frac{\partial^2 U}{\partial x^2}$$

となる．この一般解は，B, B' を定数として

$$U = \frac{1}{s} + B e^{-\sqrt{s}\, x/\alpha} + B' e^{\sqrt{s}\, x/\alpha}$$

ここで，$x \longrightarrow \infty$ で U が有限であることから

$$U = \frac{1}{s} + B e^{-\sqrt{s}\, x/\alpha}$$

さらに，$x = 0$ で，$x < 0$ の解と $x > 0$ の解がなめらかにつながっている（1階微分まで連続）という条件を用いると

$$\frac{1}{s} + B = A$$
$$\frac{A\sqrt{s}}{\alpha} = \frac{-B\sqrt{s}}{\alpha}$$

より，

$$A = \frac{1}{2s}, \qquad B = -\frac{1}{2s}$$

と決まる．よって，

$$U(x,s) = \begin{cases} \dfrac{1}{2s} e^{\sqrt{s}\, x/\alpha} & (x < 0) \\[2mm] \dfrac{1}{s} - \dfrac{1}{2s} e^{-\sqrt{s}\, x/\alpha} & (x > 0) \end{cases}$$

［第3段階］ 逆ラプラス変換すると $x < 0$ のとき

$$u(x,t) = \mathcal{L}^{-1}\left[\frac{1}{2s} e^{\sqrt{s}\, x/\alpha}; s \triangleright t\right] = \frac{1}{2} \operatorname{erfc}\left(\frac{-x}{2\alpha\sqrt{t}}\right)$$

$x > 0$ のとき

$$u(x,t) = \mathcal{L}^{-1}\left[\frac{1}{s} - \frac{1}{2s}e^{-\sqrt{s}\,x/\alpha}; s \triangleright t\right] = 1 - \frac{1}{2}\operatorname{erfc}\left(\frac{x}{2\alpha\sqrt{t}}\right)$$

となる．一般に

$$\operatorname{erfc}(-x) + \operatorname{erfc}(x) = 2$$

を用いると解は

$$u(x,t) = \frac{1}{2}\operatorname{erfc}\left(\frac{-x}{2\alpha\sqrt{t}}\right)$$

とまとめられる．

問 5.6　例題 5.5 の初期条件を $u(x,0) = 1 - H(x) = H(-x)$ とした場合の拡散問題をラプラス変換を用いて解け．

答　$u(x,t) = \dfrac{1}{2}\operatorname{erfc}\left(\dfrac{x}{2\alpha\sqrt{t}}\right)$

■ 5.3.2　一般の拡散方程式の解法

> **例題 5.6**　次の拡散問題をラプラス変換を用いて解け．
>
> (i)　偏微分方程式 (PDE)　　$\dfrac{\partial u}{\partial t} = \dfrac{\partial^2 u}{\partial x^2} - 2\dfrac{\partial u}{\partial x} + 3u$
>
> $\qquad\qquad\qquad\qquad\qquad\qquad (-\infty < x < \infty,\ 0 < t < \infty)$
>
> (ii)　初期条件 (InC)　　　$u(x,0) = \sin x \quad (-\infty < x < \infty)$

【解】［第 1 段階］　偏微分方程式の両辺をラプラス変換すると

$$\mathcal{L}\left[\frac{\partial u}{\partial t}; t \triangleright s\right] = \mathcal{L}\left[\frac{\partial^2 u}{\partial x^2} - 2\frac{\partial u}{\partial x} + 3u; t \triangleright s\right]$$

ここで，$U(x,s) = \mathcal{L}[u(x,t); t \triangleright s]$ として

$$sU(x,s) - u(x,0) = \frac{\partial^2 U}{\partial x^2} - 2\frac{\partial U}{\partial x} + 3U$$

すなわち，

$$\frac{\partial^2 U}{\partial x^2} - 2\frac{\partial U}{\partial x} + (3-s)U = -u(x,0) = -\sin x$$

［第 2 段階］　この常微分方程式に対応する斉次方程式の特性方程式は

$$\lambda^2 - 2\lambda + (3-s) = 0$$

$$\lambda = 1 \pm \sqrt{s-2}$$

よって，斉次方程式の一般解は
$$U_1 = Ae^{(1+\sqrt{s-2})x} + Be^{(1-\sqrt{s-2})x}$$

また，常微分方程式の特解は
$$U_0 = \frac{-(2-s)\sin x - 2\cos x}{(s-2)^2 + 4}$$

である．よって，一般解は
$$U(x,s) = \frac{-(2-s)\sin x - 2\cos x}{(s-2)^2 + 4} + Ae^{(1+\sqrt{s-2})x} + Be^{(1-\sqrt{s-2})x}$$

となる．ここで，$x \longrightarrow \pm\infty$ で U の値が有限になるためには $A=0$, $B=0$ であることが必要である．よって，
$$U(x,s) = \frac{-(2-s)\sin x - 2\cos x}{(s-2)^2 + 4}$$

[第3段階] 逆ラプラス変換すると
$$\begin{aligned}u(x,t) &= \mathcal{L}^{-1}[U(x,s); s \triangleright t] \\ &= \sin x \mathcal{L}^{-1}\left[\frac{s-2}{(s-2)^2+4}\right] - 2\cos x \mathcal{L}^{-1}\left[\frac{1}{(s-2)^2+4}\right]\end{aligned}$$

ラプラス変換の第1移動定理（性質 L.6）により
$$\begin{aligned}u(x,t) &= \sin x e^{2t}\mathcal{L}^{-1}\left[\frac{s}{s^2+4}\right] - 2\cos x e^{2t}\mathcal{L}^{-1}\left[\frac{1}{s^2+4}\right] \\ &= e^{2t}(\cos 2t \sin x - \sin 2t \cos x)\end{aligned}$$

問 5.7 次の拡散問題をラプラス変換を用いて解け．

(i) 偏微分方程式　　$\dfrac{\partial u}{\partial t} = \dfrac{\partial^2 u}{\partial x^2} - 2\dfrac{\partial u}{\partial x}$ 　　$(-\infty < x < \infty, 0 < t < \infty)$

(ii) 初期条件　　$u(x,0) = \cos x$ 　　$(-\infty < x < \infty)$

答　$u(x,t) = e^{-t}(\cos 2t \cos x + \sin 2t \sin x)$

5.4 フーリエ変換による斉次波動方程式の解法

波動方程式の初期値問題を，フーリエ変換を用いて解いてみる．ここで，特性曲線を用いて得た同じ結果が再現されることを示す．まず初期値問題を考える前に，波動方程式
$$\frac{\partial^2 u}{\partial t^2} = c^2 \frac{\partial^2 u}{\partial x^2}$$

の一般解が，フーリエ変換を用いても導かれることを示す．この方程式の両辺をフーリエ変換する．$U(k,t) = \mathcal{F}[u(x,t)]$ として，

$$\frac{\partial^2 U}{\partial t^2} = -c^2 k^2 U$$

この一般解は，

$$U(k,t) = A(k)e^{ickt} + B(k)e^{-ickt}$$

逆フーリエ変換すると，

$$\begin{aligned} u(x,t) &= \mathcal{F}^{-1}[U(k,t)] = \mathcal{F}^{-1}[A(k)e^{ickt} + B(k)e^{-ickt}] \\ &= \mathcal{F}^{-1}[A(k)e^{ickt}] + \mathcal{F}^{-1}[B(k)e^{-ickt}] = f(x-ct) + g(x+ct) \end{aligned} \quad (5.7)$$

ただし，

$$f(x) = \mathcal{F}^{-1}[B(k)], \qquad g(x) = \mathcal{F}^{-1}[A(k)]$$

とし，フーリエ変換の第1移動定理ともいうべき 3.3.4 項の性質 F.7 を用いた．ここではあらわには現れていないが $\mathcal{F}[u]$ が収束する条件は厳しく，この方法では u はかなりの制限を受けたものとなることに注意せよ $\left(\int_{-\infty}^{\infty} |u(x,t)|\, dx \text{ が存在する必要がある}\right)$．

■5.4.1 フーリエ変換による波動問題の解法

次に波動方程式の初期値問題をフーリエ変換で解いてみよう．

フーリエ変換による波動問題の基本例題 次の波動問題をフーリエ変換により解け．

(i) 偏微分方程式 (PDE) $\quad \dfrac{\partial^2 u}{\partial t^2} = c^2 \dfrac{\partial^2 u}{\partial x^2} \quad (-\infty < x < \infty,\ 0 < t < \infty)$

(ii) 初期条件 (InC) $\quad \left.\begin{array}{l} u(x,0) = \phi(x) \\ \dfrac{\partial u}{\partial t}(x,0) = \theta(x) \end{array}\right\} \quad (-\infty < x < \infty)$

ただし，$\phi(x)$, $\theta(x)$ はそれぞれ u, $\partial u/\partial t$ の初期値である．また，c は定数とする．

【解】 ［第1段階］偏微分方程式の両辺をフーリエ変換する．$U(k,t) = \mathcal{F}[u(x,t)]$ として，

$$\frac{\partial^2 U}{\partial t^2} = -c^2 k^2 U$$

[第2段階] この常微分方程式の一般解は

$$U(k,t) = A(k)e^{ickt} + B(k)e^{-ickt}$$

$t=0$ での値を,

$$U(k,0) = \mathcal{F}[u(x,0)] = \mathcal{F}[\phi(x)] \equiv \Phi(x)$$

$$\frac{\partial U}{\partial t}(k,0) = \mathcal{F}\left[\frac{\partial u}{\partial t}(x,0)\right] = \mathcal{F}[\theta(x)] \equiv \Theta(x)$$

とおくと,

$$A(k) + B(k) = \Phi(k)$$

$$ikc[A(k) - B(k)] = \Theta(k)$$

よって,

$$A(k) = \frac{1}{2}\left[\Phi(k) + \frac{1}{ikc}\Theta(k)\right], \quad B(k) = \frac{1}{2}\left[\Phi(k) - \frac{1}{ikc}\Theta(k)\right]$$

となり,

$$U(k,t) = \frac{1}{2}\left[\Phi(k) + \frac{1}{ikc}\Theta(k)\right]e^{ikct} + \frac{1}{2}\left[\Phi(k) - \frac{1}{ikc}\Theta(k)\right]e^{-ikct}$$

[第3段階] 逆フーリエ変換すると,

$$\begin{aligned}u(x,t) &= \mathcal{F}^{-1}[U(k,t)]\\ &= \mathcal{F}^{-1}\left[\frac{1}{2}\Phi(k)e^{ikct} + \frac{1}{2}\Phi(k)e^{-ikct} + \frac{1}{2ikc}\Theta(k)e^{ikct} - \frac{1}{2ikc}\Theta(k)e^{-ikct}\right]\end{aligned}$$

ここで, フーリエ変換の性質 F.7 と F.8 を使うと,

$$\begin{aligned}u(x,t) &= \frac{1}{2}[\phi(x+ct) + \phi(x-ct)] + \frac{1}{2c}\int_{-\infty}^{x+ct}\theta(x')\,dx' - \frac{1}{2c}\int_{-\infty}^{x-ct}\theta(x')\,dx'\\ &= \frac{1}{2}[\phi(x+ct) + \phi(x-ct)] + \frac{1}{2c}\int_{x-ct}^{x+ct}\theta(x')\,dx'\end{aligned}$$

これは, 2.6 節の例題 2.5 で特性曲線法により導き出したダランベール解 (2.35) と一致している. ただし, ここではフーリエ変換の収束の問題で条件

$$\int_{-\infty}^{\infty}\theta(x)\,dx = 0$$

を課す必要がある. 一般のダランベールの公式には, このような制限は必要ない. 単にフーリエ変換の可能性からくる制限である.

5.5 ラプラス変換による非斉次波動方程式の解法

> **例題 5.7** 次の波動問題を解け.
>
> (i) 偏微分方程式 (PDE) $\quad \dfrac{\partial^2 u}{\partial t^2} = \dfrac{\partial^2 u}{\partial x^2} + \sin \pi x$
> $$(0 < x < 1,\ 0 < t < \infty)$$
>
> (ii) 境界条件 (BdC) $\quad u(0,t) = u(1,t) = 0 \quad (0 < t < \infty)$
>
> (iii) 初期条件 (InC) $\quad \left.\begin{array}{l} u(x,0) = 0 \\ \dfrac{\partial u}{\partial t}(x,0) = 0 \end{array}\right\} \quad (0 \le x \le 1)$

【解】［第1段階］ 偏微分方程式の両辺をラプラス変換すると

$$\mathcal{L}\left[\frac{\partial^2 u}{\partial t^2}; t \triangleright s\right] = \mathcal{L}\left[\alpha^2 \frac{\partial^2 u}{\partial x^2} + \sin \pi x; t \triangleright s\right]$$

ここで, $U(x,s) = \mathcal{L}[u(x,t); t \triangleright s]$ として

$$s^2 U(x,s) - su(x,0) - \frac{\partial u}{\partial t}(x,0) = \frac{\partial^2}{\partial x^2}U(x,s) + \frac{\sin \pi x}{s}$$

初期条件を用いて

$$s^2 U(x,s) = \frac{\partial^2}{\partial x^2}U(x,s) + \frac{\sin \pi x}{s}$$

［第2段階］ この方程式は x に関する常微分方程式である. その一般解は, 特殊解と対応する斉次方程式の一般解の和からなる. まず, 特殊解は

$$U_0(x,s) = \frac{1}{s(s^2 + \pi^2)} \sin \pi x$$

また, 斉次方程式の一般解は A, B を任意の定数として,

$$U_1(x,s) = A(s)e^{sx} + B(s)e^{-sx}$$

である. よって, 一般解は

$$U(x,s) = A(s)e^{sx} + B(s)e^{-sx} + \frac{1}{s(s^2 + \pi^2)} \sin \pi x$$

となる. ここで, $x = 0$, 1 とおくと

$$U(0,s) = A(s) + B(s) = \mathcal{L}[u(0,t)] = 0$$
$$U(1,s) = A(s)e^s + B(s)e^{-s} = \mathcal{L}[u(1,t)] = 0$$

よって，$A=0, B=0$ であることが必要である．よって，
$$U(x,s) = \frac{1}{s(s^2+\pi^2)}\sin\pi x$$
と決まる．

[第 3 段階] 逆ラプラス変換すると
$$\begin{aligned}u(x,t) &= \mathcal{L}^{-1}[U(x,s); s \triangleright t] = \mathcal{L}^{-1}\left[\frac{1}{s(s^2+\pi^2)}\sin\pi x; s \triangleright t\right]\\ &= \sin\pi x \int_0^t \frac{1}{\pi}\sin\pi t' dt' = \frac{1}{\pi^2}\sin\pi x(1-\cos\pi t)\end{aligned}$$

よって解は
$$u(x,t) = \frac{1}{\pi^2}\sin\pi x(1-\cos\pi t)$$
となる．

問 5.8 次の波動問題をラプラス変換を用いて解け．

(i) 偏微分方程式 $\dfrac{\partial^2 u}{\partial t^2} = \dfrac{\partial^2 u}{\partial x^2} - u - \cos x$

$(-\infty < x < \infty, 0 < t < \infty)$

(ii) 初期条件 $\left.\begin{array}{l}u(x,0) = 0 \\ \dfrac{\partial u}{\partial t}(x,0) = \cos x\end{array}\right\}$ $(-\infty < x < \infty)$

答 $u(x,t) = \left(-\dfrac{1}{2} + \dfrac{1}{2}\cos\sqrt{2}\,t + \dfrac{1}{\sqrt{2}}\sin\sqrt{2}\,t\right)\cos x$

5.6 非線形方程式のフーリエ変換による取り扱いとカスケード

ここでは，非線形方程式をフーリエ変換の立場からみることにする．まず簡単のため，非線形偏微分方程式の例として対流方程式

$$\frac{du}{dt} = \frac{\partial u(x,t)}{\partial t} + v(x,t)\frac{\partial u(x,t)}{\partial x} = 0$$

をとりあげる．ここで，v は速度に対応し与えられた関数とする．u はいわゆる水にただようインクの色のようなもので，流体要素と一緒に動く量である．両辺をフーリエ変換する．このときフーリエ変換の性質 F.3 と F.5 ① を用いると，

$$U(k,t) \equiv \mathcal{F}[u(x,t)], \quad V(k,t) \equiv \mathcal{F}[v(x,t)]$$

として，
$$\frac{\partial U}{\partial t} + 2\pi ik U * V = 0$$

すなわち,

$$\frac{\partial U}{\partial t} + ik \int_{-\infty}^{\infty} U(k-k')V(k')\,dk' = 0$$

を得る．この式は非線形項 $v\dfrac{\partial u}{\partial x}$ のためにさまざまな波数の成分が混ざり合うことを示している．たとえば，$U(k)$ が $k=k_1$ 付近の波数成分しかないときにも，$V(k,0)$ が $k=k_2 \neq 0$ 付近の波数成分があれば，$U(k,t>0)$ に $k=k_1+k_2$ の波数成分が出てくることを示している（図 5.6）．

より波数が大きい成分が出てくることは，現象全体でこまかい構造ができていくことになる．このような現象を「**カスケード**」という．逆に，波数が小さくなっていくような場合，すなわちこまかい構造がならされて緩やかな構造になっていく現象を「**逆カスケード**」とよんでいる．

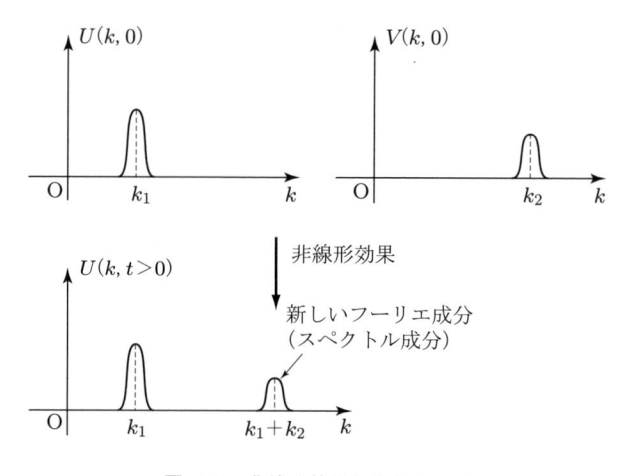

図 5.6 非線形効果とカスケード

5.7 変換による解法の手順のまとめ

これまで，フーリエ変換，ラプラス変換などの積分変換を用いた，主に線形の偏微分方程式の問題の解法を述べてきた．その手順をまとめると図 5.7 のようになる．すなわち，積分変換により難しい問題（偏微分方程式の問題）をやさしい問題（常微分方程式）に変えて解き，その解をもとの難しい問題の解に直すという方法である．

また，第 II 部の各節で扱った拡散・波動現象についての例題・問題の位置づけは表 5.1 のようにまとめられる．フーリエ級数は境界がある場合，フーリエ変換は境界の

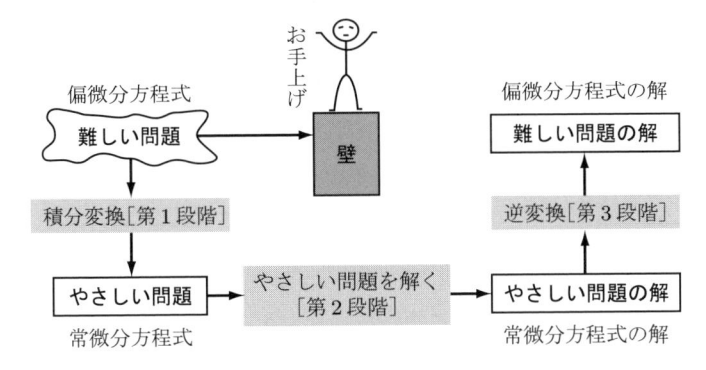

図 5.7　積分変換による偏微分方程式の問題解法の手順の概観

ない場合に用いられていることがわかる．逆にフーリエ級数を境界のない問題，フーリエ変換を境界のある場合に適用するのは難しい．それに対してラプラス変換はいずれの場合も適用できる．しかし，ラプラス変換は逆変換が難しく，前もって逆変換が知られている場合に適用がかぎられてくるので，扱える初期条件もかぎられてしまう．

表 5.1　第 II 部で扱った例題・問題の位置づけ

	境界	フーリエ級数	フーリエ変換	ラプラス変換
拡散問題	あり	4.1 節（斉次・非斉次）	—	第 5 章演習問題 5.8
	なし	—	5.1 節（斉次），5.2.1 項（斉次）	5.3 節（斉次）
波動問題	あり	4.2 節（斉次・非斉次）	—	5.5 節（非斉次）
	なし	—	5.4 節（斉次）	第 5 章演習問題 5.9

演習問題

5.1* 次の拡散問題をフーリエ変換を用いて解け．

(i) 偏微分方程式　$\dfrac{\partial u}{\partial t} = \dfrac{1}{4}\dfrac{\partial^2 u}{\partial x^2}$　$(-\infty < x < \infty,\ 0 < t < \infty)$

(ii) 初期条件　$u(x, 0) = e^{-x^2/2}$　$(-\infty < x < \infty)$

5.2 次の拡散問題をフーリエ変換を用いて解け．

(i) 偏微分方程式　$\dfrac{\partial u}{\partial t} = \dfrac{\partial^2 u}{\partial x^2}$　$(-\infty < x < \infty,\ 0 < t < \infty)$

(ii) 初期条件　$u(x, 0) = e^{-(x-1)^2}$　$(-\infty < x < \infty)$

ヒント $\int_{-\infty}^{\infty} e^{-ax^2+ibx}\,dx = \sqrt{\dfrac{\pi}{a}}\, e^{-b^2/(4a)}$ $\quad (a>0, b\in \mathbf{R}, \mathbf{R}$ は実数の集合$)$ を用いよ.

5.3* 次の拡散問題をフーリエ変換を用いて解け.

(i) 偏微分方程式 $\dfrac{\partial u}{\partial t} = \dfrac{\partial^2 u}{\partial x^2} - \dfrac{\partial u}{\partial x}$ $\quad (-\infty < x < \infty, 0 < t < \infty)$

(ii) 初期条件 $u(x,0) = e^{-x^2/4}$ $\quad (-\infty < x < \infty)$

ヒント $\int_{-\infty}^{\infty} e^{-ax^2+ibx}\,dx = \sqrt{\dfrac{\pi}{a}}\, e^{-b^2/(4a)}$ $\quad (a>0,\ b\in \mathbf{R})$ を用いよ.

5.4 次の拡散問題をラプラス変換を用いて解け.

(i) 偏微分方程式 $\dfrac{\partial u}{\partial t} = \dfrac{\partial^2 u}{\partial x^2}$ $\quad (-\infty < x < \infty, 0 < t < \infty)$

(ii) 初期条件 $u(x,0) = \sin x + 3\cos 2x$ $\quad (-\infty < x < \infty)$

5.5* 次の拡散問題をラプラス変換を用いて解け.

(i) 偏微分方程式 $\dfrac{\partial u}{\partial t} = \dfrac{\partial^2 u}{\partial x^2} - u$ $\quad (-\infty < x < \infty, 0 < t < \infty)$

(ii) 初期条件 $u(x,0) = \cos x + 2\sin x$ $\quad (-\infty < x < \infty)$

5.6 次の拡散問題をラプラス変換を用いて解け.

(i) 偏微分方程式 $\dfrac{\partial u}{\partial t} = \dfrac{\partial^2 u}{\partial x^2} + 2\dfrac{\partial u}{\partial x} - 3u$ $\quad (-\infty < x < \infty, 0 < t < \infty)$

(ii) 初期条件 $u(x,0) = \cos x$ $\quad (-\infty < x < \infty)$

5.7* 次の拡散問題をフーリエ変換を用いて解け.

(i) 偏微分方程式 $\dfrac{\partial u}{\partial t} = \dfrac{\partial^2 u}{\partial x^2}$ $\quad (-\infty < x < \infty, 0 < t < \infty)$

(ii) 初期条件 $u(x,0) = \begin{cases} 1 & (|x| < 1) \\ \dfrac{1}{2} & (|x| = 1) \\ 0 & (1 < |x| < \infty) \end{cases}$

5.8* 次の境界条件の付いた拡散問題をラプラス変換を用いて解け.

(i) 偏微分方程式 $\dfrac{\partial u}{\partial t} = \dfrac{\partial^2 u}{\partial x^2}$ $\quad (0 < x < 1, 0 < t < \infty)$

(ii) 境界条件 $u(0,t) = u(1,t) = 0$ $\quad (0 < t < \infty)$

(iii) 初期条件 $u(x,0) = \sin \pi x$ $\quad (0 \le x \le 1)$

5.9* 次の波動問題をラプラス変換を用いて解け.

(i) 偏微分方程式 $\dfrac{\partial^2 u}{\partial t^2} = \dfrac{\partial^2 u}{\partial x^2}$ $(-\infty < x < \infty, 0 < t < \infty)$

(ii) 初期条件 $\left.\begin{array}{l} u(x,0) = \sin x \\ \dfrac{\partial u}{\partial t}(x,0) = -\cos x \end{array}\right\}$ $(-\infty < x < \infty)$

5.10 次の波動問題をフーリエ変換を用いて解け.

(i) 偏微分方程式 $\dfrac{\partial^2 u}{\partial t^2} = \dfrac{\partial^2 u}{\partial x^2}$ $(-\infty < x < \infty, 0 < t < \infty)$

(ii) 初期条件 $\left.\begin{array}{l} u(x,0) = \Lambda(x) \\ \dfrac{\partial u}{\partial t}(x,0) = 0 \end{array}\right\}$ $(-\infty < x < \infty)$

ここで, $\Lambda(x)$ は次のように定義される.

$$\Lambda(x) = \begin{cases} 1 - |x| & (|x| \leq 1) \\ 0 & (|x| > 1) \end{cases}$$

5.11 次の境界条件の付いた波動問題をラプラス変換を用いて解け.

(i) 偏微分方程式 $\dfrac{\partial^2 u}{\partial t^2} = \dfrac{\partial^2 u}{\partial x^2}$ $(0 < x < 2\pi, 0 < t < \infty)$

(ii) 境界条件 $u(0,t) = u(2\pi,t) = 0$ $(0 < t < \infty)$

(iii) 初期条件 $\left.\begin{array}{l} u(x,0) = \sin x \\ \dfrac{\partial u}{\partial t}(x,0) = \sin x \end{array}\right\}$ $(0 \leq x \leq 2\pi)$

5.12* 次の関数が 2 次元のポアソン方程式のグリーン関数になっていることを確かめよ.

$$G(x - x_0, y - y_0) = \dfrac{1}{2\pi} \log \sqrt{(x - x_0)^2 + (y - y_0)^2}$$

第III部
数値解法

第6章　偏微分方程式の
　　　　数値解法の基礎

第6章

偏微分方程式の数値解法の基礎

この章では偏微分方程式を含んだ問題の数値計算による解法について述べる．

6.1 数値解法入門

6.1.1 数値解法とは

これまで偏微分方程式を解析的に解いてきたが，実は解析的に解ける問題はごく単純な問題にかぎられる．実際これまで扱ってきた方程式はほとんどが線形方程式であった．

線形方程式の場合は重ね合わせの原理が使えるので比較的簡単に解を求めることができる．しかし，工学および物理学上で実際必要とされる方程式はたいてい非線形方程式であり，それを解く一般的解法というのはない．各方程式に合った解法を用いる必要があり解くのが難しい．

解析的に一般解が求められなくても，ある初期条件，境界条件でその方程式を満たす解を求めることができれば，その方程式により支配される系を理解するのに役立つことは間違いない（たとえそれが完全に正確でなくても）．

この章で学習する数値計算による解法（「**数値解法**」）は，偏微分方程式を近似した式を用いてコンピュータなどにより計算し，解の近似値を得る方法である．この方法は解析的に解くのが難しく，全く手の付けられないような偏微分方程式を扱うときに（これはしばしば起こる），その偏微分方程式に支配される系を理解するのに重要な情報をもたらしてくれる．とくに近年の急速なコンピュータの発達にともなって数値計算法はさまざまな分野において用いられるようになり，今後さらに多くの利用が期待される．

数値計算する際に，偏微分方程式は加減乗除（四則演算）などの基本的演算をもとにする計算手順，あるいはそれを表す式で置き換えられることになる．そのような式

で表された手順（あるいは手順を表す式）のことを「**スキーム**」(scheme) という．ひとつの偏微分方程式に対して，このスキームは一意に決まるものではない．どのようなスキームをとるべきなのか，次の項でその見方について述べる．

6.1.2 さまざまなスキームの評価

ひとつの偏微分方程式に対して，それをどのように近似するかによってさまざまなスキームが考えられている．そこでどのようなスキームを選ぶべきかが問題となる．実はいずれのスキームにも一長一短があり完全なスキームというのはない．では，よいスキームとはどのようなものか．その評価すべき点が四つある．

- **数値不安定性**
  この数値不安定性については後で詳しく述べるが，偏微分方程式を加減乗除などの基本的な演算で扱おうとする場合，スキームが不適切あるいはその扱い方が不適であるとすぐに計算が破綻してしまう現象をいう．この数値不安定性だけは絶対に避けなくてはならない．

- **数値誤差**
  数値誤差は，偏微分方程式を基本的な四則演算などによるスキームで置き換えたときに生じる問題である．生じる誤差は，系全体の様子を変えないくらいに小さいものでなくてはならない．

- **計算効率**
  これは実際に数値計算するうえで重要なことがらで，大きな系の計算をする場合演算回数がなるべく少なく計算機の CPU 時間をあまり使わないスキームがよい．また，計算に必要なメモリも小さいほうがよい．

- **スキームの理解のしやすさ，プログラムの組みやすさ**
  これはとくに数値計算の初心者には重要と思われる．いくら上の三つのことがらを十分に満たしても，あまりに複雑なスキームは初学者には酷であろう．

これらの四つのことがらをすべて完全に（いかなる要求にも満足のいく程度に）満たすスキームというのはない．数値不安定性は絶対に起こらないが誤差が大きかったり，計算効率が悪かったり，あるいはスキームがあまりに複雑になってしまうのではよくない．逆にスキームが理解しやすくても数値不安定性が制御できないようでは実際には使えない．要はこれらのことがらをバランスよく満たすスキームを問題に合わせて選んでゆく必要がある．

6.1.3 本章の構成

この章ではまず，比較的簡単な，スキームが確立している拡散方程式をとりあげて，上に述べたことがらを具体的に説明する．次に波動方程式として最も簡単な線形偏微分方程式をとりあげる．波動方程式では，初心者にとってわかりやすく，数値安定性・精度のバランスがよいラックス-ヴェンドロフ法を用いる．最後に非線形方程式の数値解法の例として実用上も重要な気体方程式の数値計算について述べる．

この章に対する実習書「C 言語による数値解法の実習」を森北出版のホームページ (http://www.morikita.co.jp/soft/07611/) に公開している．各節の最後に【課程】として対応する実習書中の課程を明示した．そこで具体的に計算してはじめて明らかとなる数値計算特有の現象やその制御法についても述べた．

ここでは C 言語の利用を前提としており，その方面の参考書および C コンパイラの入ったパソコンを用いて実際にプログラムを組んでみることをお勧めする．（C コンパイラの CD 付参考書など，C 言語の説明書を文献にあげておいた．また，例となるプログラムはそのサイトから参照できる．本章の最後の節ではさらなる学習のための方針を示している．実際にプログラム開発を行うときの参考にしてほしい．）

6.2 拡散方程式の数値解法

この節では数値計算の基本的なことがらを説明するために，拡散方程式の数値計算による解法（数値解法）をとりあげる．

6.2.1 拡散問題

1.5 節，例 1.9 で述べたように，拡散問題は次のように数学的に定式化される．

数学モデル 1

(i) 偏微分方程式 (PDE)　　$\dfrac{\partial u}{\partial t} = D \dfrac{\partial^2 u}{\partial x^2}$　　$(0 < x < L, 0 < t < \infty)$

(ii) 境界条件 (BdC)　　$u(0, t) = u(L, t) = 0$　　$(0 < t < \infty)$

(iii) 初期条件 (InC)　　$u(x, 0) = \phi(x)$　　$(0 \leq x \leq L)$

ここで，$u(x,t)$ は座標区間 $0 \leq x \leq L$，時刻 $0 \leq t < \infty$ で定義される拡散する物理量である．D は拡散係数，$\phi(x)$ は初期の物理量 u の分布を表す．

これらすべての条件を満たす解 $u(x,t)$ は一意に決まることはすでに述べた．解がわかれば（求まれば）任意の時刻での u の分布を予想することができる．D が一定（定数）の場合は，この問題は第 3～4 章で述べたようにフーリエ級数により解くことがで

6.2 拡散方程式の数値解法　**187**

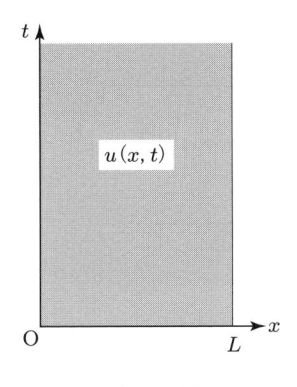

図 6.1　未知関数 $u(x,t)$ の定義域

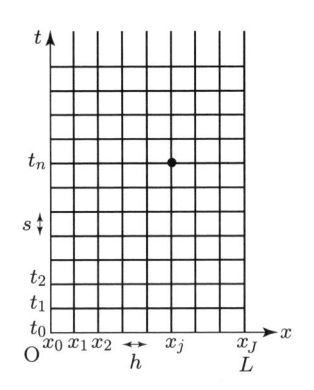

図 6.2　定義域における格子点の設定

きる．

まずはこの簡単な問題を数値的に扱ってみる．要するに解 $u(x,t)$ を求めることは，x-t 平面において範囲 $0 \leq x \leq L$, $0 \leq t < \infty$ の任意の点の値 u を求めることに他ならない（図 6.1）．

6.2.2　差分方程式

第 4 章で述べた解析的方法を用いると，$u(x,t)$ を求めるべき範囲 $0 \leq x \leq L$, $0 \leq t \leq \infty$ のすべての点で求めたことになる．しかし，数値計算ではそのような任意の連続関数を扱うことは原理的にできない．そこで次善の策としてこの範囲をこまかい格子に分けてその格子点上の各値を求め，それで $u(x,t)$ を表現することを考える．格子点を十分こまかくとれば，それは連続関数 $u(x,t)$ を与えるのと遜色ないようなものとなるはずである．

ここで，格子点の座標 x 方向の幅を h，時刻 t 方向の幅を s とする（図 6.2）．h はメッシュ幅（格子幅），s は時間幅とよばれる．

また，格子点は，x 方向で $x=0$ の点からの順番 j と，t 方向で $t=0$ からの順番 n で表す．ここで当然，j 番目の x 座標は $x_j = jh$，n 番（ステップ）目の時間 t_n は $t_n = ns$ である．

理想的には $u(jh, ns)$ $(j=0,1,\ldots,J,\ n=0,1,2,\ldots)$ をすべて正確に求められればよいのであるが，実際得られる値はそれから少しずれる．そこで数値計算により得られる格子点 (jh, ns) 上での値を u_j^n と書くことにする．ここで，$u(x,t)$ の数学モデル 1 の条件 (i), (ii), (iii) を，u_j^n の条件に置き換える必要がある．

数学モデル 1 の条件 (i), (ii), (iii) は連続的な量 $u(x,t)$ を対象にしているが，u_j^n

は不連続量である．このような連続量の条件を不連続な量の条件に置き換えることを「**離散化**」という．

ここでは，メッシュ幅，時間幅ともに一様としている．まず，数値計算上最も主要なことがらである偏微分方程式の取り扱いからはじめよう．偏微分方程式の要素である偏微分 $\partial u/\partial t$ は

$$\frac{\partial u(x,t)}{\partial t} = \lim_{\Delta t \to 0} \frac{u(x, t+\Delta t) - u(x,t)}{\Delta t} \tag{6.1}$$

と定義される．ここで，s が十分小さければ

$$\frac{\partial u(x,t)}{\partial t} \approx \frac{u(x, t+s) - u(x,t)}{s} \tag{6.2}$$

と近似できる．この右辺の分子を「**差分**」(difference)，右辺を「**差分商**」という．また，このような差分商を「**前進差分**」という（本来は「前進差分商」というべきであるが，通常「商」は省かれる）[*1]．右辺について同様に

$$\frac{\partial^2 u(x,t)}{\partial x^2} = \lim_{\Delta x \to 0} \frac{u(x+\Delta x, t) - 2u(x,t) + u(x-\Delta x, t)}{(\Delta x)^2} \tag{6.3}$$

とできるので，h が十分小さければ

$$\frac{\partial^2 u(x,t)}{\partial x^2} \approx \frac{u(x+h, t) - 2u(x,t) + u(x-h, t)}{h^2} \tag{6.4}$$

と近似できる．すると，偏微分方程式は近似的に次の式で置き換えられることになる．

$$\frac{u(x, t+s) - u(x,t)}{s} = D \frac{u(x+h, t) - 2u(x,t) + u(x-h, t)}{h^2} \tag{6.5}$$

これは，「**差分方程式**」(difference equation) とよばれる．ここで，$x = x_j = jh$，$t = t_n = ns$ とおくと

$$\frac{u(x_j, t_{n+1}) - u(x_j, t_n)}{s} = D \frac{u(x_{j+1}, t_n) - 2u(x_j, t_n) + u(x_{j-1}, t_n)}{h^2} \tag{6.6}$$

となる．$u(x_j, t_n)$ を対応する格子点上の値 u_j^n で置き換えると

$$\frac{u_j^{n+1} - u_j^n}{s} = D \frac{(u_{j+1}^n - 2u_j^n + u_{j-1}^n)}{h^2} \tag{6.7}$$

となる．ただし，$j = 1, 2, \ldots, J-1$，$n = 0, 1, 2, \ldots$ である．これを u_j^{n+1} について解くと

[*1] $\partial u(x,t)/\partial t \approx [u(x,t) - u(x, t-s)]/s$ とも近似できるが，このような近似を「**後退差分**」という．また近似 $\partial u(x,t)/\partial t \approx [u(x, t+s/2) - u(x, t-s/2)]/s$ を「**中心差分**」という．

$$u_j^{n+1} = u_j^n + \frac{Ds}{h^2}(u_{j+1}^n - 2u_j^n + u_{j-1}^n) \quad \begin{pmatrix} j = 1, 2, \ldots, J-1 \\ n = 0, 1, 2, \ldots \end{pmatrix} \quad (6.8)$$

を得る．これは n ステップ目の値 u_j^n $(j = 0, 1, \ldots, J)$ がわかっていれば，その次のステップの値 u_j^{n+1} $(j = 1, 2, \ldots, J-1)$ を求めることができることを示している．

このような差分方程式は，拡散問題を解くスキームの中でも最も重要な位置を占めるので，これ自身を拡散方程式の「スキーム」とよぶことがある．

ここで注意すべき点は，この差分方程式 (6.8) では端の値 (u_0^n, u_J^n) を決めることができないということである．これは数学モデル 1 の境界条件 (ii) によって与えられる．いまの場合は

$$u_0^n = 0, \quad u_J^n = 0 \quad (n = 0, 1, 2, \ldots) \quad (6.9)$$

とできる．また，差分方程式 (6.8) では初期値 $(n = 0)$ も与えられていないので，数学モデル 1 の初期条件 (iii) により与える必要がある．

$$u_j^0 = \phi(jh) \quad (j = 0, 1, \ldots, J) \quad (6.10)$$

数学モデル 1 の条件 (i), (ii), (iii) を離散化した条件 (6.8), (6.9), (6.10) を用いて，格子点上のすべての点の値を決めることができる（図 6.3）．

数値計算の結果得られる（偏微分）方程式の解を「**数値解**」(numerical solution) という．これに対し，第 II 部で述べた方法による，計算機を（途中段階で）用いない方法で得られる解を「**解析解**」(analytic solution) という．解析解で得られた表式を具体的に数値化して調べるのに計算機を用いることはあるが，この場合の解は「解析解」の部類に入る．

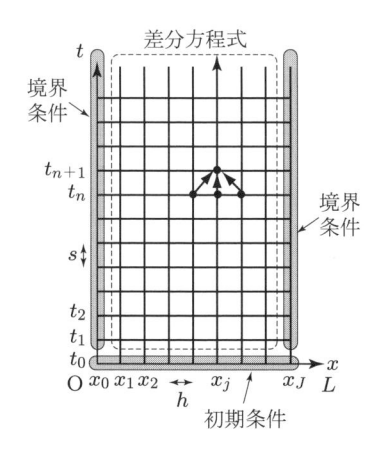

図 **6.3** 三つの離散化条件と格子点上の値の決定

6.2.3 数値不安定性

ここで，$\alpha \equiv Ds/h^2$ とおくと，差分方程式 (6.8) は

$$u_j^{n+1} = u_j^n + \alpha(u_{j+1}^n - 2u_j^n + u_{j-1}^n) \quad \begin{pmatrix} j = 1, 2, \ldots, J-1 \\ n = 0, 1, 2, \ldots \end{pmatrix} \quad (6.11)$$

と書ける．$D = 1$，$L = 1$ として 4.1.1 項の例題 4.3 の問題をこの数値的方法で解いてみよう．

例題 6.1 次の拡散問題を数値的に解け．

(i) 偏微分方程式 $\quad \dfrac{\partial u}{\partial t} = \dfrac{\partial^2 u}{\partial x^2} \quad (0 < x < 1, 0 < t < \infty)$

(ii) 境界条件 $\quad u(0, t) = u(1, t) = 0 \quad (0 < t < \infty)$

(iii) 初期条件 $\quad u(x, 0) = \Omega(x) = \begin{cases} 1 & \left(\dfrac{1}{3} \leq x \leq \dfrac{2}{3}\right) \\ 0 & \left(0 \leq x < \dfrac{1}{3}, \dfrac{2}{3} < x \leq 1\right) \end{cases}$

【解】 $\Omega(x)$ は 4.1.1 項，例題 4.3 で定義したシルクハット型関数である．

ここで，$h = 1/20$，$s = 10^{-3}$ すなわち $\alpha = 0.4$ として数値的に解くと，図 6.4 のように解析解（実線）と数値解（小さな●）がよく一致していることがわかる（解析解については 4.1.1 項，例題 4.3 参照）．ただし，$n = 1$ にあたる $t = 10^{-3}$ では少し誤差が大きい．この時刻は計算の 1 ステップ目にあたり，より正確に求めるためには時間幅 s を小さくする必要がある．

一方，$s = 2 \times 10^{-3}$ として $\alpha = 0.8$ の場合を計算すると，数ステップで図 6.5 のように計算が崩れてしまう．このような現象を「**数値不安定性**」(numerical instability) とよぶ．■

数値不安定性は，それが起こる条件になると数ステップで計算を破壊してしまうので，絶対に避けなくてはならない．ここでは，数値不安定性が起こる条件について，フォン・ノイマン (John von Neumann) により考案された解析法（ノイマンの方法）を用いて調べてみよう．

まず，離散量 u_j^n を数値的振動成分とそれ以外に分けて考える．振動成分以外は求めるべき数値解であると考えて，それは差分方程式を満たすはずである．さらに，方程式の線形性より，振動成分も差分方程式を満たすことになるので，数値振動成分を

$$u_j^n = C^n e^{ikx_j}$$

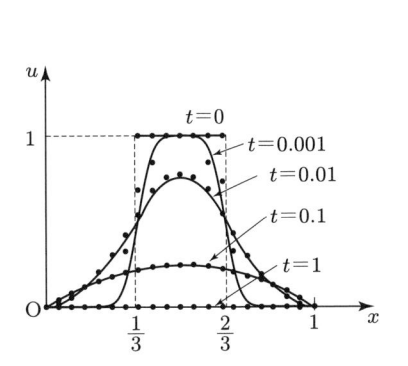

図 **6.4** 拡散問題の数値計算例

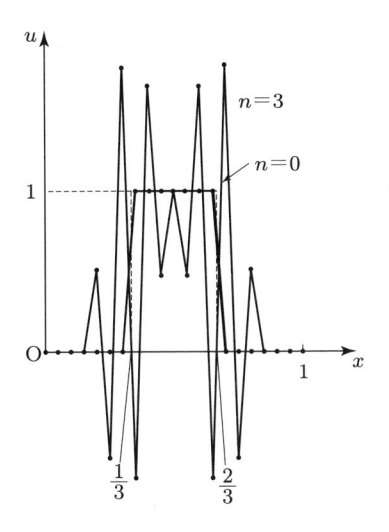

図 **6.5** 数値不安定性

として，式 (6.11) に代入すると

$$C^{n+1}e^{ikjh} = C^n e^{ikjh} + \alpha \left[C^n e^{ik(j+1)h} - 2C^n e^{ikjh} + C^n e^{ik(j-1)h} \right] \quad (6.12)$$

ここで，$x_j = jh$ を用いた．整理すると

$$C^{n+1} - C^n - \alpha \left(C^n e^{ikh} - 2C^n + C^n e^{-ikh} \right) = 0$$

すなわち

$$C^{n+1} = \left[1 + 2\alpha \left(\cos(kh) - 1 \right) \right] C^n$$

でなくてはならない．よって，数値振動成分の振幅 C^n の各ステップごとの増幅率 ξ は一定で

$$\xi = \frac{C^{n+1}}{C^n} = 1 - 2\alpha \bigl(1 - \cos(kh)\bigr) \quad (6.13)$$

となる．$\theta \equiv kh$ とすると

$$\xi(\theta) = 1 - 2\alpha(1 - \cos\theta) \quad (6.14)$$

ここで，$-1 \leq \cos\theta \leq 1$ (等号はそれぞれ $\theta = \pi + 2\pi l$，$\theta = 2\pi l$ (l は整数) のとき成立) なので，

$$1 - 4\alpha \leq \xi \leq 1$$

また，増幅率 ξ の絶対値が 1 以下となる条件は $\alpha > 0$ なので，$|1-4\alpha| = -1+4\alpha \leq 1$ より

$$\alpha \leq \frac{1}{2} \tag{6.15}$$

となる．この条件は，差分スキーム (6.8) の数値安定性を保証する条件で，「**クーラント–フリードリッヒ–レヴィ条件**」(Courant–Friedrichs–Lewy condition) といわれ，通常「**CFL 条件**」とよばれる．

ここで，$\alpha > 1/2$ だと増幅率 ξ の絶対値が 1 を超えるので，そのモードの振幅はステップごとに増大することになる．このとき最も危険なモードは，式 (6.14) より，$|\xi|$ が最大となる $\theta = \pi$ の場合である．すなわち，$k = \pi/h$ であり，その波長は $\lambda = 2\pi/k = 2h$ となる．最も危険なモードは各メッシュごとにノコギリ歯状の形をしている（図 6.6）．図 6.5 でギザギザのノイズが大きくなっているのはこのためである．

このノイマンの方法は線形の差分方程式の安定性を調べるのにたいへん有効である．

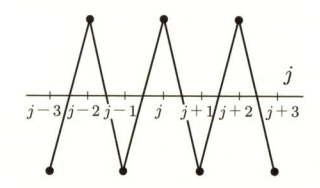

図 6.6 数値不安定性において最も危険なモード

問 6.1 次のスキームの数値安定性を調べよ．

$$u_j^{n+1} = u_j^n + \alpha\left(u_{j+1}^{n+1} - 2u_j^{n+1} + u_{j-1}^{n+1}\right) \quad (j = 1, 2, \ldots, J-1, n = 0, 1, 2, \ldots)$$

ヒント u_j^n の数値的なずれを $\xi^n e^{ikjh}$ とおいて，増幅率 ξ を求める．

答 増幅率は $\xi = \dfrac{1}{1 + 2\alpha(1 - \cos kh)}$ となる．$0 < \xi < 1$ なので，このスキームは $(\alpha > 0)$ のとり方によらず，つねに数値的に安定である．このようなスキームは「**絶対安定**」であるという．

差分式 (6.11) を使ったスキームでは CFL 条件を満たすときのみ数値安定で制限を受けるが，次のステップの数値 u_j^{n+1} が左辺のみに現れるので簡単に次のステップを計算できる．それに対して，上記のスキームは絶対安定ではあるが，次のステップの値が両辺に現れるので，連立 1 次方程式を解く必要がある．

直接次のステップの値を求めることのできる前者の解法を「**陽解法**」(explicit method) といい，それに対して，ここで示した連立 1 次方程式を解かなくてはならない解法を「**陰解法**」(implicit method) という．

6.2.4 数値誤差

　数値的な取り扱いをするとき，偏微分方程式を差分方程式に置き換えて計算するので，どうしても誤差が生じることになる．その誤差が十分小さく，問題とする解の振る舞いを十分によく近似していれば，その数値計算で得られた解を用いることができる．反対に誤差が問題とする解を調べるのに許される範囲を超えているような場合は，その数値解は用いることはできない．

　誤差の評価は数値安定性の評価とともに数値計算上最も重要なことがらであるが，一般にその評価は難しい．ここでは拡散問題の簡単な例をとってその評価法を示す[*2]．

　誤差は各ステップを計算するときに生じる．その誤差が積み重なって大きな誤差が生じる可能性がある．

　1 ステップで生じる誤差は主に数学モデル 1 の偏微分方程式 (i) を差分方程式 (6.11) で置き換えたことに起因する．そこで，$\alpha = Ds/h^2$ として

$$u(x_j, t_{n+1}) = u(x_j, t_n) + \alpha\big(u(x_{j+1}, t_n) - 2u(x_j, t_n) + u(x_{j-1}, t_n)\big) + \Gamma_j^{n+1} \quad (6.16)$$

とおく．量 Γ_j^{n+1} は差分化したために生じる誤差を示しており**「打切り誤差」**(truncation error) とよばれる．ここで，$x_j = jh$，$t_n = ns$ とし，$x = x_j$，$t = t_n + s$ および $x = x_j \pm h$，$t = t_n$ での u の値が，$x = x_j$，$t = t_n$ での u の値と大きく違わない（その差が十分小さい，微小）としてテイラー展開をする．

$$u(x_j, t_n + s) = u(x_j, t_n) + s\frac{\partial u}{\partial t}(x_j, t_n) + \frac{s^2}{2!}\frac{\partial^2 u}{\partial t^2}(x_j, t_n) + \cdots$$

$$u(x_j \pm h, t_n) = u(x_j, t_n) \pm h\frac{\partial u}{\partial x}(x_j, t_n) + \frac{h^2}{2!}\frac{\partial^2 u}{\partial x^2}(x_j, t_n)$$
$$\pm \frac{h^3}{3!}\frac{\partial^3 u}{\partial x^3}(x_j, t_n) + \frac{h^4}{4!}\frac{\partial^4 u}{\partial x^4}(x_j, t_n) \pm \cdots$$

これらを用いて，打切り誤差 Γ_j^{n+1} を評価すると

$$\Gamma_j^{n+1} = u(x_j, t_{n+1}) - [u(x_j, t_n) + \alpha(u(x_{j+1}, t_n) - 2u(x_j, t_n) + u(x_{j-1}, t_n))]$$
$$= -Ds\frac{\partial^2 u}{\partial x^2}(x_j, t_n) - \frac{2Dsh^2}{4!}\frac{\partial^4 u}{\partial x^4}(x_j, t_n) + s\frac{\partial u}{\partial t}(x_j, t_n) + \frac{s^2}{2!}\frac{\partial^2 u}{\partial t^2}(x_j, t_n) + \cdots$$

もとの偏微分方程式 $\partial u/\partial t = D\partial^2 u/\partial x^2$ を用いると

$$\Gamma_j^{n+1} = -\frac{Dsh^2}{12}\frac{\partial^4 u}{\partial x^4}(x_j, t_n) + \frac{s^2}{2}\frac{\partial^2 u}{\partial t^2}(x_j, t_n) + \cdots$$

[*2] このように，簡単な場合でも誤差の評価はそれほど簡単ではない．実際の数値計算を行う際に，ここでの手法を用いるわけではないので，誤差を評価する方法があることを知っておけば，この節は読み飛ばしてもよい．

を得る．ここで，$\varGamma_j^{n+1}$ の主要項

$$\bar{\varGamma}_j^{n+1} = -\frac{Dsh^2}{12}\frac{\partial^4 u}{\partial x^4}(x_j,t_n) + \frac{s^2}{2}\frac{\partial^2 u}{\partial t^2}(x_j,t_n) = \frac{Dsh^2}{2}\left(\alpha - \frac{1}{6}\right)\frac{\partial^4 u}{\partial x^4}(x_j,t_n) \tag{6.17}$$

は各ステップごとに生じる誤差の見積もりを与える．実際には，この誤差が累積されていくことになる．時刻 $t=0$ から時刻 $t=ns$ までに累積する誤差（累積誤差；cumulative error）は

$$E_j^n = u_j^n - u(x_j,t_n)$$

で評価できる．式 (6.16) の両辺から式 (6.11) の両辺を引くと

$$E_j^{n+1} = E_j^n + \alpha(E_{j+1}^n - 2E_j^n + E_{j-1}^n) - \varGamma_j^{n+1}$$

を得る．さらに最も大きな誤差が出る点で評価するために

$$E^n = \max_{0\leq j\leq J}\left|E_j^n\right|$$
$$\varGamma^n = \max_{0\leq j\leq J}\left|\varGamma_j^n\right|$$

を導入すると，$|E_j^{n+1}| \leq |(1-2\alpha)E_j^n| + |\alpha E_{j+1}^n| + |\alpha E_{j-1}^n| + |\varGamma_j^{n+1}|$ より

$$E^{n+1} \leq \{|1-2\alpha| + 2\alpha\}E^n + \varGamma^{n+1}$$

であることは容易に示すことができる．ここで，$\max_R A$ は範囲 R での A の最大値を意味する．CFL 条件 $0 < \alpha \leq \frac{1}{2}$ を用いると，$|1-2\alpha| + 2\alpha = 1$ であるから

$$E^{n+1} \leq E^n + \varGamma^{n+1} \leq E^{n-1} + \varGamma^{n+1} + \varGamma^n$$
$$\leq \cdots \leq \varGamma^{n+1} + \varGamma^n + \cdots + \varGamma^1$$

となる．ここで $E^0 = 0$ を用いた．当然

$$\max_{0\leq j\leq J}\left|\frac{\partial^4 u}{\partial x^4}(x_j,t_n)\right| \leq \max_{\substack{0\leq j\leq J,\\ 0\leq m\leq n}}\left|\frac{\partial^4 u}{\partial x^4}(x_j,t_m)\right| \leq \max_{\substack{0\leq x\leq L,\\ 0\leq t'\leq t}}\left|\frac{\partial^4 u}{\partial x^4}(x,t')\right|$$

なので，式 (6.17) を用いると

$$\varGamma^{n+1} \approx \bar{\varGamma}^{n+1} \leq \frac{Dsh^2}{2}\left|\alpha - \frac{1}{6}\right|\max_{\substack{0\leq x\leq L,\\ 0\leq t'\leq t}}\left|\frac{\partial^4 u}{\partial x^4}(x,t')\right|$$

である．ここで $t=ns$ を用いると

$$E^{n+1} \le \frac{Dsh^2 n}{2} \left| \alpha - \frac{1}{6} \right| \max_{\substack{0 \le x \le L, \\ 0 \le t \le t_n}} \left| \frac{\partial^4 u}{\partial x^4}(x,t) \right|$$

$$= \frac{Dh^2 t_n}{2} \left| \alpha - \frac{1}{6} \right| \max_{\substack{0 \le x \le L, \\ 0 \le t \le t_n}} \left| \frac{\partial^4 u}{\partial x^4}(x,t) \right|$$

を得る．よって，全体の誤差 E^{n+1} は，h と $|\alpha - 1/6|$ を小さくすればするほど小さくなることがわかる．ここで，$\alpha = 1/6$ であると $E^{n+1} = 0$ となってしまうが，これは Γ_j^{n+1} の高次の項を無視したためである．いずれにしても，このときは計算精度が最もよくなる．ただ，α をこのように選べるのは D が一様の場合にかぎられ，精度を高めるために α の値を調節することはあまりしない．

■ 6.2.5　数値解と解析解

ここでは，図 6.7 に示すような初期条件の場合の拡散問題を具体的に数値的に解き，解析解と比較してみよう．

例題 6.2　$u(x,t)$ を未知関数として，次を満たす $u(x,t)$ を数値的に求めよ．

(i)　偏微分方程式 (PDE)　　$\dfrac{\partial u}{\partial t} = \dfrac{\partial^2 u}{\partial x^2}$　　$(0 < x < 1,\ 0 < t < \infty)$

(ii)　境界条件 (BdC)　　$u(0,t) = u(1,t) = 0$　　$(0 < t < \infty)$

(iii)　初期条件 (InC)　　$u(x,0) = \sin \pi x$　　$(0 \le x \le 1)$

【解】　この問題の解析解は

$$u(x,t) = e^{-\pi^2 t} \sin \pi x \qquad (0 \le t < \infty,\ 0 \le x \le 1) \tag{6.18}$$

であることはすぐに確認できる（2.6 節例題 2.3 参照）．

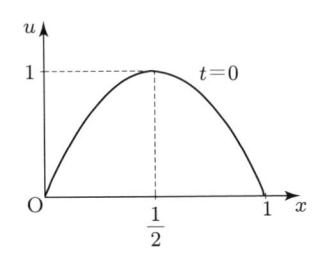

図 6.7　初期条件

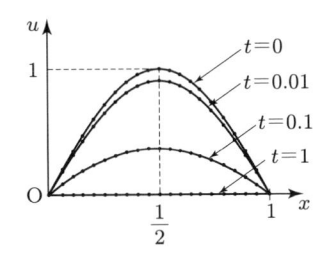

図 6.8　拡散問題の解析解と数値解の比較．数値解は黒丸（●），解析解は実線で示されている．

ここで，x 座標を $J = 20$ 等分し，時間幅を $\Delta t = s = 0.001$ として問題を差分化する．j メッシュ目，n ステップ目の $u(x,t)$ の値，すなわち $u(jh, ns)$ に相当する値を u_j^n とする．ここで，$h = 1/J = 0.05$ である．この離散変数 u_j^n についての条件は次のように書ける．

(i) 差分方程式 $\quad u_j^{n+1} = u_j^n + \alpha(u_{j+1}^n - 2u_j^n + u_{j-1}^n) \quad \begin{pmatrix} n = 0, 1, \ldots \\ j = 1, \ldots, J-1 \end{pmatrix}$

(ii) 境界条件 $\quad u_0^n = u_J^n = 0 \quad (n = 1, 2, \ldots)$

(iii) 初期条件 $\quad u_j^0 = \sin \pi j h \quad (j = 0, 1, 2, \ldots, J)$

ここで，$\alpha = s/h^2 = 0.4$ とする．図 6.8 に実際に数値的に解いた結果を解析解 (式 (6.18)) と比較したものを示す．解析解と数値解がよく一致していることがわかる． ■

【課程 1】 拡散問題の数値計算の実習

6.3 波動方程式の数値解法

この節では，時間発展する系の数値計算として，重要な基礎となる波動方程式の数値解法をとりあげる．

6.3.1 波動問題

1.5 節，例 1.10 で述べたように波動問題は次のように数学的に表される．

数学モデル 2

(i) 偏微分方程式 (PDE) $\quad \dfrac{\partial^2 u}{\partial t^2} = c^2 \dfrac{\partial^2 u}{\partial x^2} \quad (0 < x < L, 0 < t < \infty)$

(ii) 境界条件 (BdC) $\quad u(0, t) = u(L, t) = 0 \quad (0 < t < \infty)$

(iii) 初期条件 (InC) $\quad \left. \begin{aligned} u(x, 0) &= \phi(x) \\ \dfrac{\partial u}{\partial t}(x, 0) &= -c\Psi'(x) \end{aligned} \right\} \quad (0 \leq x \leq L)$

ここで，$u(x,t)$ は座標区間 $0 \leq x \leq L$，時刻 $0 \leq t < \infty$ で定義される物理量である．また，$c\,(> 0)$ は波の速さを表し，定数とする．

拡散方程式と違い，ここで扱う偏微分方程式（波動方程式）は時間に関して 2 階の偏微分を含んでいる．このことにより波動方程式を数値的に解くにはもう一工夫する必要がある．

（注）偏微分方程式 $\partial^2 u/\partial t^2 = c^2 \partial^2 u/\partial x^2$ は，境界がない場合，$f(x)$，$g(x)$ を任意の関数として $u(x,t) = f(x - ct) + g(x + ct)$ がその一般解を与える（2.5.3 項，例 2.22

参照).これは,右方向,左方向にそれぞれ速さ c で並進移動する関数の重ね合わせとなっている.よって,この方程式を波動方程式とよぶ.ただし,境界のある場合は境界による波の反射により,上のような単純な形では解は書けない.

■ 6.3.2 波動問題の数値解法

時間についての 2 階偏微分を含んだ偏微分方程式を,そのまま差分化して数値的に解くことはできるが,次のようにすれば時間について 1 階偏微分のみを含んだ偏微分方程式に帰着できる.ここで,新しい変数 $v(x,t)$ を導入して連立偏微分方程式

$$\left.\begin{array}{l}\dfrac{\partial u}{\partial t} = -c\dfrac{\partial v}{\partial x} \\ \dfrac{\partial v}{\partial t} = -c\dfrac{\partial u}{\partial x}\end{array}\right\} \tag{6.19}$$

を考える.この連立方程式において関数 v を消去した方程式が,偏微分方程式(波動方程式)数学モデル 2 の式 (i) と同値であることはすぐに確認できる.このままでは見にくく書くのも面倒なので,行列を用いて書くことにする.ここで,次のような行列を定義する.

$$\boldsymbol{u} = \begin{pmatrix} u \\ v \end{pmatrix}, \qquad A = \begin{pmatrix} 0 & c \\ c & 0 \end{pmatrix}$$

すると,方程式 (6.19) は次のように書ける.

$$\frac{\partial \boldsymbol{u}}{\partial t} = -A\frac{\partial \boldsymbol{u}}{\partial x}$$

これで方程式は 1 階の偏微分方程式として書けることになる.一般に n 階定数係数同次線形偏微分方程式は,$(n,1)$ 行列(n 次の列ベクトル)の 1 階偏微分方程式として書ける.ただし,係数行列 A の要素が実数になるとはかぎらない.双曲型方程式のときはその要素は実数となる(2.5.3 項 (1) 参照).

ここで,新しく導入した関数 $v(x,t)$ の境界条件と初期条件を導く.まず,境界条件については u の境界条件式 (ii) と式 (6.19) の第 1 式より $x = 0, L$ では

$$\frac{\partial v}{\partial x}(x,t) = -\frac{1}{c}\frac{\partial u}{\partial t}(x,t) = 0 \qquad (x = 0, L)$$

となる.すなわち,v の境界条件は自由境界条件

$$\frac{\partial v}{\partial x}(x,t) = 0 \qquad (x = 0, L) \tag{6.20}$$

となる.また,初期条件については u の初期条件式 (iii) と式 (6.19) の第 1 式から

$$\frac{\partial v}{\partial x}(x,0) = -\frac{1}{c}\frac{\partial u}{\partial t}(x,0) = \Psi'(x)$$

より,
$$v(x,0) = \Psi(x) \tag{6.21}$$
となる.ここで,積分定数はゼロとしたが,解 $u(x,t)$ には全く影響はない.

■ 6.3.3 ラックス-ヴェンドロフ法の導入

連立 1 階偏微分方程式を取り扱う数値計算スキームには,さまざまな方法が提案されている.数値計算スキームには四つの重要な要素があることはすでに述べたが,それらをすべて満たす方法はない.もしあれば,その方法が他の方法を駆逐し,唯一の方法としての地位を獲得するであろう.

ここではそれら四つの要素をバランスよく満たした「ラックス-ヴェンドロフ法」(Lax–Wendroff scheme) を例にとり,数値計算の手法の基本的概念について解説する.

ラックス-ヴェンドロフ法の導出法にはさまざまな方法があるが,まずは最も簡単な方法により導出を行う.求めるべき関数の列ベクトル $\boldsymbol{u}(x,t)$ で,時間差分 $\Delta t = s$ が十分小さいとしてテイラー展開をする.

$$\boldsymbol{u}(x,t+s) = \boldsymbol{u}(x,t) + s\frac{\partial \boldsymbol{u}}{\partial t}(x,t) + \frac{s^2}{2!}\frac{\partial^2 \boldsymbol{u}}{\partial t^2}(x,t) + \cdots$$

偏微分方程式 $\partial \boldsymbol{u}/\partial t = -A\partial \boldsymbol{u}/\partial x$ を用いると

$$\boldsymbol{u}(x,t+s) = \boldsymbol{u}(x,t) - sA\frac{\partial \boldsymbol{u}}{\partial x}(x,t) + \frac{c^2 s^2}{2}\frac{\partial^2 \boldsymbol{u}}{\partial x^2}(x,t) + \cdots$$

となる.ここで,

$$\begin{aligned}\frac{\partial^2 \boldsymbol{u}}{\partial t^2} &= \frac{\partial}{\partial t}\left(\frac{\partial \boldsymbol{u}}{\partial t}\right) = -\frac{\partial}{\partial t}\left(A\frac{\partial \boldsymbol{u}}{\partial x}\right) = -A\frac{\partial}{\partial x}\left(\frac{\partial \boldsymbol{u}}{\partial t}\right) \\ &= A\frac{\partial}{\partial x}\left(A\frac{\partial \boldsymbol{u}}{\partial x}\right) = A^2\frac{\partial^2 \boldsymbol{u}}{\partial x^2} = c^2\frac{\partial^2 \boldsymbol{u}}{\partial x^2}\end{aligned} \tag{6.22}$$

を用いた.$\partial \boldsymbol{u}/\partial x$, $\partial^2 \boldsymbol{u}/\partial x^2$ に対応する中心差分 $[\partial \boldsymbol{u}/\partial x]$, $[\partial^2 \boldsymbol{u}/\partial x^2]$ はそれぞれ

$$\left[\frac{\partial \boldsymbol{u}}{\partial x}\right] = \frac{\boldsymbol{u}(x+h,t) - \boldsymbol{u}(x-h,t)}{2h}$$

$$\left[\frac{\partial^2 \boldsymbol{u}}{\partial x^2}\right] = \frac{\boldsymbol{u}(x+h,t) - 2\boldsymbol{u}(x,t) + \boldsymbol{u}(x-h,t)}{h^2}$$

である.ここで,$h = \Delta x$ が十分小さければ,$\partial \boldsymbol{u}/\partial x \approx [\partial \boldsymbol{u}/\partial x]$, $\partial^2 \boldsymbol{u}/\partial x^2 \approx [\partial^2 \boldsymbol{u}/\partial x^2]$ とみなせる ([ ] は囲まれた微分式に対応する差分の式を示す).すると,偏微分方程式 $\partial \boldsymbol{u}/\partial t = -A\partial \boldsymbol{u}/\partial x$ に対する差分式

$$\boldsymbol{u}(x,t+s) = \boldsymbol{u}(x,t) - \frac{s}{2h}A\bigl(\boldsymbol{u}(x+h,t) - \boldsymbol{u}(x-h,t)\bigr)$$
$$+ \frac{c^2 s^2}{2h^2}\bigl(\boldsymbol{u}(x+h,t) - 2\boldsymbol{u}(x,t) + \boldsymbol{u}(x-h,t)\bigr) + \cdots$$

を得る．ここで，$x = x_j$, $t = t_n$, $\boldsymbol{u}(x,t) = \boldsymbol{u}_j^n$, $\boldsymbol{u}(x+h,t) = \boldsymbol{u}_{j+1}^n$, $\boldsymbol{u}(x-h,t) = \boldsymbol{u}_{j-1}^n$, $\boldsymbol{u}(x,t+s) = \boldsymbol{u}_j^{n+1}$ と置きなおして，高次の項を無視すると次の差分方程式が得られる．

$$\boldsymbol{u}_j^{n+1} = \boldsymbol{u}_j^n - \frac{sA}{2h}\bigl(\boldsymbol{u}_{j+1}^n - \boldsymbol{u}_{j-1}^n\bigr) + \frac{c^2 s^2}{2h^2}\bigl(\boldsymbol{u}_{j+1}^n - 2\boldsymbol{u}_j^n + \boldsymbol{u}_{j-1}^n\bigr) \quad (6.23)$$
$$(j = 1, 2, \ldots, J-1,\ n = 0, 1, 2, \ldots)$$

この差分式より，ステップ n での $\boldsymbol{u}$ の値がわかれば，その次のステップ $n+1$ での $\boldsymbol{u}$ の値を求めることができる．この差分方程式にもとづく数値計算法をラックス-ヴェンドロフ法という．このスキーム (6.23) は，A が定数行列であれば一般に n 次の列ベクトル $\boldsymbol{u}$ についてそのまま成り立つ．

この場合も，拡散方程式のときと同様に，境界値 u_0^n, u_J^n, v_0^n, v_J^n ($n = 1, 2, \ldots$) と初期値 u_j^0, v_j^0 ($j = 0, 1, 2, \ldots, J$) は数学モデル 2 の式 (ii), (iii) および式 (6.20), (6.21) にもとづいて次のように与える．

$$\left.\begin{array}{l} u_0^n = 0 \\ u_J^n = 0 \\ v_0^n = v_1^n \\ v_J^n = v_{J-1}^n \end{array}\right\} \quad (n = 1, 2, \ldots) \quad (6.24)$$

$$\left.\begin{array}{l} u_j^0 = \phi(x_j) \\ v_j^0 = \Psi(x_j) \end{array}\right\} \quad (j = 0, 1, \ldots, J) \quad (6.25)$$

■ 6.3.4 ラックス-ヴェンドロフ法の数値安定性

ここで，ラックス-ヴェンドロフ法による数値計算の数値安定性について調べる．差分式を成分（要素）で書くと，$\kappa \equiv cs/h > 0$ として

$$\left.\begin{array}{l} u_j^{n+1} = u_j^n - \dfrac{\kappa}{2}\bigl(v_{j+1}^n - v_{j-1}^n\bigr) + \dfrac{\kappa^2}{2}\bigl(u_{j+1}^n - 2u_j^n + u_{j-1}^n\bigr) \\[2mm] v_j^{n+1} = v_j^n - \dfrac{\kappa}{2}\bigl(u_{j+1}^n - u_{j-1}^n\bigr) + \dfrac{\kappa^2}{2}\bigl(v_{j+1}^n - 2v_j^n + v_{j-1}^n\bigr) \end{array}\right\}$$

ここで，拡散方程式のときと同様に u_j^n, v_j^n の数値的振動の成長・減衰を調べる（ノイマンの方法）．

もし，u_j^n, v_j^n の振動の増幅率に少しでも違いがあれば，十分ステップを経れば増幅率の大きいほうが小さいほうより圧倒的に大きくなる．小さいほうの振幅を無視すると，差分式は拡散方程式の差分式と同じ型の式となる．このとき拡散方程式の差分式に現れるパラメータ α に相当するのは $\kappa^2/2$ である．よって，このとき数値安定である条件は拡散方程式に対する差分式の CFL 条件より $\alpha = \kappa^2/2 < 1/2$, すなわち $0 < \kappa < 1$ であることがわかる．

次に，u_j^n, v_j^n の振動の増幅率 ξ が同じ場合を調べる．ここで，（拡散方程式の場合の評価の方法から推察して）$u_j^n, v_j^n \propto \xi^n e^{ikjh}$ とおくと差分式は

$$\xi^{n+1} e^{ikjh} = \xi^n e^{ikjh} - \frac{\kappa}{2}\left(\xi^n e^{ik(j+1)h} - \xi^n e^{ik(j-1)h}\right)$$
$$+ \frac{\kappa^2}{2}\left(\xi^n e^{ik(j+1)h} - 2\xi^n e^{ikjh} + \xi^n e^{ik(j-1)h}\right)$$

両辺を $\xi^n e^{ikjh}$ で割ると，

$$\xi = 1 - \frac{\kappa}{2}\left(e^{ikh} - e^{-ikh}\right) + \frac{\kappa^2}{2}\left(e^{ikh} - 2 + e^{-ikh}\right)$$
$$= 1 + \kappa^2(\cos kh - 1) - i\kappa \sin kh$$

よって

$$|\xi|^2 = \left[1 + \kappa^2(\cos kh - 1)\right]^2 + \kappa^2 \sin^2 kh$$
$$= 1 + (1 - \cos kh)^2 \kappa^2(\kappa^2 - 1)$$

となるので [*3], $0 < \kappa < 1$ であれば増幅率が $|\xi| < 1$ となり，数値安定であるといえる．逆に $\kappa > 1$ のときは $|\xi| > 1$ となり，数値不安定である．$\kappa = 1$ のときは，数値的なぶれは成長も減衰もしない．いずれにしてもラックス-ヴェンドロフ法の数値安定性の条件は

$$\kappa = \frac{cs}{h} < 1 \tag{6.26}$$

であることがわかる．この数値安定性の条件も「CFL 条件」とよぶ．

数値不安定性の最も危険なフーリエ成分は，$\cos kh = -1$ を満たすもの，すなわち $kh = \pi + (2\pi$の整数倍$)$ である．ここで，$0 \le kh < 2\pi$ なので，$k = \pi/h$ が最も危

[*3] この式は両辺から 1 を引いて計算すると，右辺の第 2 項が導かれることから確認できる．

険な成分であることがわかる．この成分の波長は $\lambda = 2\pi/k = 2h$ である．すなわち，拡散方程式のときと同じようにギザギザしたモードが最も成長しやすい（図 6.6）．

問 6.2 波動方程式の陰解法にあたる次のスキームについて，その数値安定性を調べよ．

$$u_j^{n+1} = u_j^n - \frac{\kappa}{2}\left(u_{j+1}^{n+1} - u_{j-1}^{n+1}\right) + \frac{\kappa^2}{2}\left(u_{j+1}^{n+1} - 2u_j^{n+1} + u_{j-1}^{n+1}\right)$$

ここでは簡単のため $u_j^n = v_j^n$ としている．

答 数値的振動の増幅率 ξ は，

$$\xi = \frac{1}{1 + \kappa^2(1 - \cos kh) + i\kappa \sin kh}$$

よって

$$|\xi| = \frac{1}{[\{1 + \kappa^2(1 - \cos kh)\}^2 + (\kappa \sin kh)^2]^{1/2}} < 1$$

となる．すなわち，このスキームはつねに数値的に安定（絶対安定）である．

■ 6.3.5 ラックス-ヴェンドロフ法の数値誤差

ここで，拡散問題の数値解法のところで行ったような誤差の評価を行うのもよいが，まずラックス-ヴェンドロフ法特有の数値誤差を説明する．

ラックス-ヴェンドロフ法の差分方程式 (6.23) の両辺から u_j^n を引き，両辺を s で割ると

$$\frac{\boldsymbol{u}_j^{n+1} - \boldsymbol{u}_j^n}{s} = -A\frac{\boldsymbol{u}_{j+1}^n - \boldsymbol{u}_{j-1}^n}{2h} + \frac{c^2 s}{2}\frac{\boldsymbol{u}_{j+1}^n - 2\boldsymbol{u}_j^n + \boldsymbol{u}_{j-1}^n}{h^2}$$

$$(n = 0, 1, 2, \ldots, \ j = 1, 2, \ldots, J-1)$$

この式は，s および h が十分小さければ偏微分方程式

$$\frac{\partial \boldsymbol{u}}{\partial t} = -A\frac{\partial \boldsymbol{u}}{\partial x} + \frac{c^2 s}{2}\frac{\partial^2 \boldsymbol{u}}{\partial x^2}$$

を差分化した式になっている．

右辺の第 2 項はもともとの偏微分方程式になかった項であり，ラックス-ヴェンドロフ法により数値的な拡散が生じることを示している．このような数値計算で生じる拡散を「**数値拡散**」(numerical diffusion) という．数値拡散の拡散係数 D_N は $D_\mathrm{N} = c^2 s/2$ であり，時間幅 $s = \Delta t$ を十分に小さくとれば小さくすることができる．実際には，メッシュ幅 h が有限であることからくる誤差もあるが，上の評価ではみることはできない．

次に，拡散方程式と同様な誤差の評価を試みる．打切り誤差 $\boldsymbol{\Gamma}_j^{n+1}$ は

$$\boldsymbol{\Gamma}_j^{n+1} = \boldsymbol{u}(x_j, t_{n+1}) - \bigg[\boldsymbol{u}(x_j, t_n) - \frac{s}{2h}A\big(\boldsymbol{u}(x_{j+1}, t_n) - \boldsymbol{u}(x_{j-1}, t_n)\big)$$
$$+ \frac{s^2 c^2}{2h^2}\big(\boldsymbol{u}(x_{j+1}, t_n) - 2\boldsymbol{u}(x_j, t_n) + \boldsymbol{u}(x_{j-1}, t_n)\big)\bigg] \quad (6.27)$$

で定義される．拡散方程式の場合と同じように s, h が小さいとしてテイラー展開を用いてこれを評価すると，

$$\boldsymbol{\Gamma}_j^{n+1} = \frac{s}{3!}(h^2 - c^2 s^2)A\frac{\partial^3 \boldsymbol{u}}{\partial x^3}(x_j, t_n) + \cdots \quad (6.28)$$

とできる．$h^2 - c^2 s^2$ が小さければ小さいほど打切り誤差は小さくなる．$h = cs$ のとき，すなわち $\kappa = cs/h = 1$ のときは，$\boldsymbol{\Gamma}_j^{n+1}$ の主要項がゼロとなり誤差が小さくなることがわかる．実際，$\kappa = 1$ のときは全く誤差がなく，正確に波が伝播する数値解となる．この現象は実習書でとりあげられている．ただし，$h < cs$ となると $\kappa > 1$ となり，数値不安定性が起こり数値計算はあっという間に破綻する．

（注）波動方程式について拡散方程式のところで説明したような累積誤差の評価は難しい．

■ 6.3.6 波動方程式のラックス-ヴェンドロフ法による数値解と解析解

ここで，ラックス-ヴェンドロフ法で計算した数値解と解析解を比較してみる．2.6 節問 2.12 に類似した次のような例題を考えよう（少し初期値のピークの位置や幅が違っていることに注意）．

例題 6.3 次の条件を満たす関数 $u(x, t)$ を数値的に求めよ．

(i) 偏微分方程式 (PDE) $\quad \dfrac{\partial^2 u}{\partial t^2} = \dfrac{\partial^2 u}{\partial x^2} \quad (0 < x < 1,\ 0 < t < \infty)$

(ii) 境界条件 (BdC) $\quad u(0, t) = u(1, t) = 0 \quad (0 < t < \infty)$

(iii) 初期条件 (InC) $\quad \left.\begin{array}{l} u(x, 0) = \varLambda(x) \\ \dfrac{\partial u}{\partial t}(x, 0) = -\varLambda'(x) \end{array}\right\} \quad (0 \leq x \leq 1)$

ここで，$\varLambda(x)$ は「魔女の帽子型関数」である．

$$\varLambda(x) = \max\left(1 - 4\left|x - \frac{1}{2}\right|, 0\right)$$

ここで，$\max(a, b)$ は a と b の大きいほうの値を意味する．

【解】 ここで，偏微分方程式は先に述べたように

$$\frac{\partial u}{\partial t} = -\frac{\partial v}{\partial x}, \quad \frac{\partial v}{\partial t} = -\frac{\partial u}{\partial x}$$

と書かれることになる．初期条件は

$$u(x,0) = \Lambda(x), \quad v(x,0) = \Lambda(x)$$

とする．

このとき，$0 \leq t \leq 0.25$ の範囲での解析解は，2.6 節問 2.12 に類似した解 $u(x,t) = v(x,t) = \Lambda(x-t)$ である．すなわち，グラフでみると初期の形はそのままで，速度 1 で右方向に並進移動する解となる（図 6.9 の実線）．

メッシュ数 $J = 50$，時間幅を $s = 0.01$ で行った数値計算の結果を図 6.9 の点（■）で示す．解析解（実線）と大体一致している．しかし，山の頂上やその縁で初期にとがっていたところがだんだんなめらかになってくるのがわかる．これは数値拡散によるものである．

この場合，$\kappa = 1 \times 0.01 \times 50 = 0.5 < 1$ で数値安定条件（CFL 条件）を満たしている．ここで，$s = 0.03$ として CFL 条件を満たさない場合（$\kappa = 1.5 > 1$）で，数ステップ（5 ステップ）計算した結果が図 6.10 である．この場合，数値不安定性が起こっていることがわかる．よくみてみると最も危険と思われるフーリエ成分（$\lambda = 2h$）が現れているのが確認できる．このように数値不安定性は瞬く間に計算を破壊してしまうので絶対に避けなくてはならない数値計算上最も重要な問題である． ∎

$t > 0.25$ では $x = 1$ での反射が見られることになる．

【課程 2〜3】 波動問題の数値計算の実習

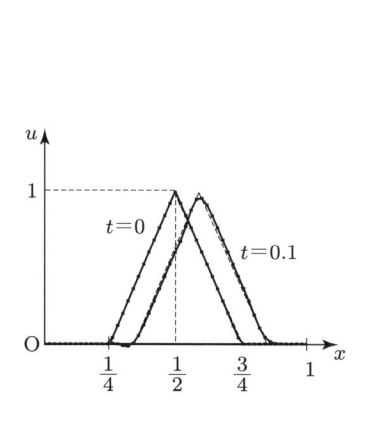

図 6.9 波動問題の数値計算の例

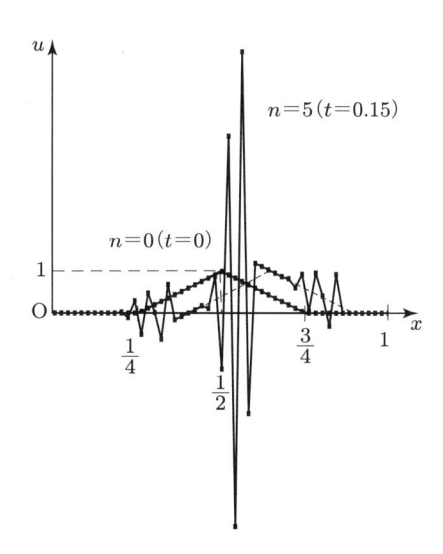

図 6.10 波動問題における数値不安定性

6.4 非線形偏微分方程式の数値解法

これまで線形方程式の数値解法について述べ，数値解法で用いられる重要な概念を説明した．しかし，線形方程式だけならば解析的方法ででも解を求めることができる．解析解がいったん得られれば，その解には数値誤差もなく，また任意の初期条件で任意の点での値がただちに得られ，数値解法を用いる必要はない（ただ，解が複雑な形をしている場合，各点での値を求めるのに計算機を使うことはある）．

数値解法が威力を発揮するのは非線形方程式を解くときである．というのも，非線形偏微分方程式ともなるとかぎられた方程式しか解析的に解くことができないからである．数値解は数値誤差や数値不安定性に気を付けさえすれば，基本的にどのような非線形方程式の解も得ることができる．非線形微分方程式は工学・物理学上の問題としてしばしば現れるが，数値解法はこれを解く強力な手段である．

ここでは，非線形偏微分方程式として，次の保存型連立非線形偏微分方程式を考える．

$$\frac{\partial \boldsymbol{u}}{\partial t} = -\frac{\partial \boldsymbol{w}(\boldsymbol{u})}{\partial x} \tag{6.29}$$

ここで，$\boldsymbol{w}$ は $\boldsymbol{u}$ と同じ次元をもつ $\boldsymbol{u}$ の関数の行列である．$\boldsymbol{u} = \begin{pmatrix} u \\ v \end{pmatrix}$ で $\boldsymbol{w} = c \begin{pmatrix} v \\ u \end{pmatrix}$ とすると，これまで扱ってきた線形波動方程式になる．

(注) ここで，この方程式 (6.29) を区間 $[a,b]$ で積分すると，$\boldsymbol{U} \equiv \int_a^b \boldsymbol{u}(x)\,dx$ として

$$\frac{d\boldsymbol{U}}{dt} = -\bigl[\boldsymbol{w}(\boldsymbol{u}(b)) - \boldsymbol{w}(\boldsymbol{u}(a))\bigr]$$

となる．ここで，端 $x = a, b$ で $\boldsymbol{w} = \boldsymbol{0}$ とすると $d\boldsymbol{U}/dt = 0$ となり $\boldsymbol{U}$ は保存量となる．それゆえ，このもとの偏微分方程式は保存型方程式とよばれる．また，$\boldsymbol{w}$ はその保存量に関係した流束密度を表している．詳しくは 1.4.1 項参照のこと．

線形方程式の場合と違い，ラックス-ヴェンドロフ法をそのまま非線形方程式の数値解法に使うことはできない．というのはラックス-ヴェンドロフ法の差分式を導く際に行列 A が一定という仮定が必要であるからである（式 (6.22) 参照）．ここで非線形方程式にも適用可能な差分式が必要とされるが，これは次のように導入することができる．

ラックス-ヴェンドロフ法の場合と同様に，$\boldsymbol{u}(x, t+s)$ を s が十分小さいとしてテイラー展開する．

$$\boldsymbol{u}(x, t+s) = \boldsymbol{u}(x,t) + s\frac{\partial \boldsymbol{u}}{\partial t}(x,t) + \frac{s^2}{2!}\frac{\partial^2 \boldsymbol{u}}{\partial t^2}(x,t) + \cdots$$

この式は新しい関数列行列

$$\boldsymbol{u}^*(x,t+s) \equiv \boldsymbol{u}(x,t) + s\frac{\partial \boldsymbol{u}}{\partial t}(x,t) = \boldsymbol{u}(x,t) - s\frac{\partial \boldsymbol{w}}{\partial x}(x,t)$$

を用いて次のように書くことができる.

$$\boldsymbol{u}(x,t+s) = \frac{1}{2}\left[\boldsymbol{u}(x,t) + \boldsymbol{u}(x,t) + s\frac{\partial \boldsymbol{u}}{\partial t}(x,t) + s\frac{\partial}{\partial t}\left\{\boldsymbol{u}(x,t) + s\frac{\partial \boldsymbol{u}}{\partial t}(x,t)\right\}\right] + \cdots$$

$$= \frac{1}{2}\left[\boldsymbol{u}(x,t) + \boldsymbol{u}^*(x,t+s) + s\frac{\partial \boldsymbol{u}^*}{\partial t}(x,t+s)\right] + \cdots$$

ここで, $\boldsymbol{u}^*(x,t+s)$ は $\boldsymbol{u}(x,t+s)$ を s の1次の項までテイラー展開した近似量である. 方程式 (6.29) で $t = t+s$ とおくと

$$\frac{\partial \boldsymbol{u}(x,t+s)}{\partial t} = -\frac{\partial \boldsymbol{w}(\boldsymbol{u}(x,t+s))}{\partial x}$$

となるので, $\boldsymbol{w}^* \equiv \boldsymbol{w}(\boldsymbol{u}^*)$ とすると $\frac{\partial \boldsymbol{u}^*}{\partial t} = -\frac{\partial \boldsymbol{w}^*}{\partial x}$ と近似できる. よって

$$\boldsymbol{u}(x,t+s) = \frac{1}{2}\left[\boldsymbol{u}(x,t) + \boldsymbol{u}^*(x,t+s) - s\frac{\partial \boldsymbol{w}^*}{\partial x}(x,t+s)\right] + \cdots$$

とできる. まとめると

$$\boldsymbol{u}(x,t+s) = \frac{1}{2}\left[\boldsymbol{u}(x,t) + \boldsymbol{u}^*(x,t+s) - s\frac{\partial \boldsymbol{w}^*}{\partial x}(x,t+s)\right] + \cdots \tag{6.30}$$

ただし,

$$\boldsymbol{u}^*(x,t+s) = \boldsymbol{u}(x,t) - s\frac{\partial \boldsymbol{w}}{\partial x}(x,t) \tag{6.31}$$

となる. この式で

$$x = x_j, \quad t = t_n, \quad \boldsymbol{u}(x,t) = \boldsymbol{u}_j^n, \quad \boldsymbol{u}(x,t+s) = \boldsymbol{u}_j^{n+1},$$
$$\boldsymbol{u}(x+h,t) = \boldsymbol{u}_{j+1}^n, \quad \boldsymbol{u}(x-h,t) = \boldsymbol{u}_{j-1}^n, \quad \boldsymbol{u}^*(x,t+s) = \boldsymbol{u}_j^{\overline{n+1}},$$
$$\boldsymbol{w}(\boldsymbol{u}_j^n) = \boldsymbol{w}_j^n, \quad \boldsymbol{w}(\boldsymbol{u}_j^{\overline{n+1}}) = \boldsymbol{w}_j^{\overline{n+1}}$$

などと書くことにし, 高次の項を無視すると,

$$\boldsymbol{u}_j^{\overline{n+1}} = \boldsymbol{u}_j^n - \frac{s}{h}(\boldsymbol{w}_{j+1}^n - \boldsymbol{w}_j^n) \tag{6.32}$$

$$\boldsymbol{u}_j^{n+1} = \frac{1}{2}\left[\boldsymbol{u}_j^n + \boldsymbol{u}_j^{\overline{n+1}} - \frac{s}{h}(\boldsymbol{w}_j^{\overline{n+1}} - \boldsymbol{w}_{j-1}^{\overline{n+1}})\right] \tag{6.33}$$

という差分方程式を得る．

この差分方程式にもとづく数値計算法を「**2段階ラックス-ヴェンドロフ法**」(2-step Lax–Wendroff scheme) という．ここで，$\boldsymbol{w} = A\boldsymbol{u}$ とおくともとのラックス-ヴェンドロフ法の差分式に一致する．

その数値不安定性の条件は微小振動の線形化した方程式で評価でき，ラックス-ヴェンドロフ法と同じ CFL 条件 ($cs/h < 1$) で与えられる．ここで，c は波の伝わる速さの最大値である．また，誤差についてもラックス-ヴェンドロフ法と同じく数値拡散が起こる．

しかし，プログラムが比較的簡単で，CFL 条件さえ満たしていれば数値的に安定で，数値拡散も（変化の極端に大きい場合をのぞき）それほど大きくないので，よく使われてきた方法である．気体方程式の数値解法の具体的な例を次節で取り扱う．

【**課程 4**】 2 段階ラックス-ヴェンドロフ法の数値計算の実習

6.5 気体方程式の数値解法

この節では非線形偏微分方程式の中でもとりわけ実用性が高く，解析的には解くのが難しい気体（流体力学）方程式の数値解法をとりあげる．

ここで，気体は断熱変化するものとし，その比熱比を $\gamma = 5/3$ とする．気体粘性は無視する．気体は x 方向のみに動くとし，その垂直方向には一様とする．すると，気体の質量保存，運動量保存，エネルギー保存の式は次のように書ける（1.4.8 項，式 (1.32), (1.33), (1.34) 参照）．

$$\frac{\partial \rho}{\partial t} = -\frac{\partial}{\partial x}(\rho v)$$
$$\frac{\partial \rho v}{\partial t} = -\frac{\partial}{\partial x}(\rho v^2 + p)$$
$$\frac{\partial e}{\partial t} = -\frac{\partial}{\partial x}[(e+p)v]$$

ここで，ρ, v, p はそれぞれ，質量密度，速度，圧力である．e は全エネルギー密度であり，$e = \frac{\rho}{2} v^2 + \frac{p}{\gamma - 1}$ で与えられる．ここで，$\boldsymbol{u} \equiv \begin{pmatrix} \rho \\ \rho v \\ e \end{pmatrix}$, $\boldsymbol{w} \equiv \begin{pmatrix} \rho v \\ \rho v^2 + p \\ (e+p)v \end{pmatrix}$ とすると，

$$\frac{\partial \boldsymbol{u}}{\partial t} = -\frac{\partial \boldsymbol{w}}{\partial x}$$

と書ける．すなわち，保存型方程式となっているので 2 段階ラックス-ヴェンドロフ法がそのまま使えることがわかる．ここではまず，ガス爆発の数値計算を示す．

> **数学モデル 3**
> (i) 偏微分方程式　　気体（流体力学）方程式
> (ii) 境界条件　　　　$x = 0, 1$ で周期境界
> (iii) 初期条件　　　　$\rho = 1 \quad (0 \leq x \leq 1)$,
> $\rho v = 0 \quad (0 \leq x \leq 1)$,
> $$e = \begin{cases} 1.9 - 4\left|x - \dfrac{1}{2}\right| & \left(\dfrac{1}{4} \leq x \leq \dfrac{3}{4}\right) \\ 0.9 & \left(0 \leq x < \dfrac{1}{4},\ \dfrac{3}{4} < x \leq 1\right) \end{cases}$$

計算結果を図 6.11 に示す．初期に $x = 0.5$ を中心に圧力の高い領域があるため，そこを中心とした爆発が起こり，左右にガスが広がる様子がみてとれる．ここで，ガスが $x = 0.5$ を中心にして左右に広がるのは運動量密度 ρv をみればわかる（図 6.11 (b)）．また，ガスが左右に広がるため，はじめ一様であった質量密度 ρ は中心付近で小さくなり，爆発の先端付近では大きくなるのがわかる（図 6.11 (a)）．内部エネルギーも含めた全エネルギー密度が，爆発のためにそのピークが左右二つにわかれて，それぞれ移動する様子が見られる（図 6.11 (c)）．

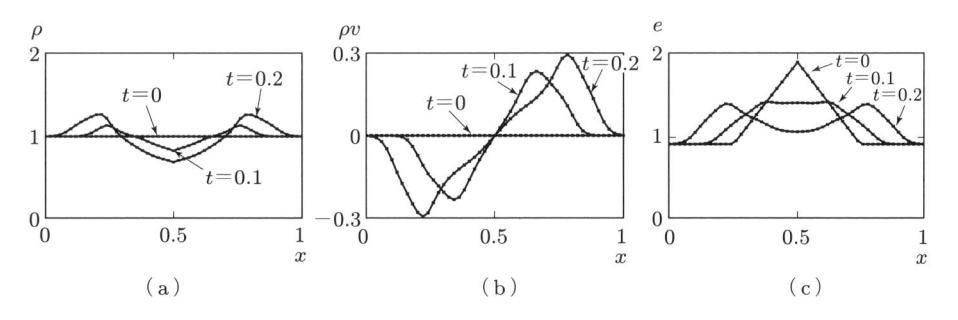

(a)　(b)　(c)

図 **6.11**　爆発のシミュレーション：計算結果の例．
実線は数値解を結んだ線である．

6.5.1 音波の伝播のシミュレーション

音波の伝播のシミュレーションを示す．比熱比を $\gamma = 5/3$ のままとして，初期条件を次のように変える．

$$u = \rho v = A \sin 2\pi x$$

$$\rho = 1 + u$$
$$e = 0.9(1 + \gamma u)$$

これは，2.8 節，式 (2.45) において，$\rho_0 = 1$, $p_0 = 0.6$, $\gamma = 5/3$, $k = 2\pi$, $\boldsymbol{n} = (1,0,0)$, $\theta = 0$, $\varepsilon = A$ とおいた解の初期値にあたる．ここで，音速は $c = \sqrt{\gamma p_0 / \rho_0} = 1$ である．

図 6.12 (a) は音波の振幅を $A = 0.01$ とした場合の線形音波の伝わる様子を示している．このとき，音波の伝播速度が 1 になっている．

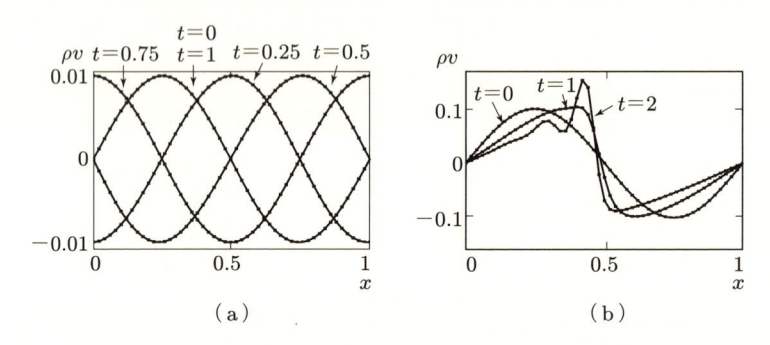

図 6.12 音波のシミュレーション：計算結果の例．(a) $A = 0.01$：線形音波，(b) $A = 0.3$：非線形音波．点はその時刻での数値解の値を表している．実線は数値解を結んだ線である．

図 6.12 (b) は $A = 0.1$ とした場合の非線形音波の伝播を示している．このとき自発的に衝撃波が形成される様子が見られる．

解析的にはノコギリ歯状の衝撃波が伝わる解になるので，衝撃波のような不連続な関数が現れるはずである．しかし，数値計算の結果では衝撃波の下流にあたるところに振動現象が現れる．これは数値的なもので，不連続な関数の現れる現象をラックス-ヴェンドロフ法で計算したときに現れる．このようにラックス-ヴェンドロフ法では不連続関数の取扱いはむずかしいことがわかる．

ここで開発した流体の動きを計算するプログラムは，次に示すようにさまざまな現象に適用できる．

6.5.2 高密度ガスの衝突のシミュレーション

まわりよりも質量密度の高いガス雲の衝突の計算例を示す．初期条件を次のように変えると，二つの密度の高いガスが衝突する様子が見られる（図 6.13 参照）．

$$\rho = \begin{cases} 1 + |\sin 6\pi x| & \left(\dfrac{1}{6} < x < \dfrac{1}{3},\ \dfrac{2}{3} < x < \dfrac{5}{6}\right) \\ 1 & (\text{その他}) \end{cases}$$
$$v = \begin{cases} -\sin 6\pi x & \left(\dfrac{1}{6} < x < \dfrac{1}{3},\ \dfrac{2}{3} < x < \dfrac{5}{6}\right) \\ 0 & (\text{その他}) \end{cases} \tag{6.34}$$
$$p = 0.6$$

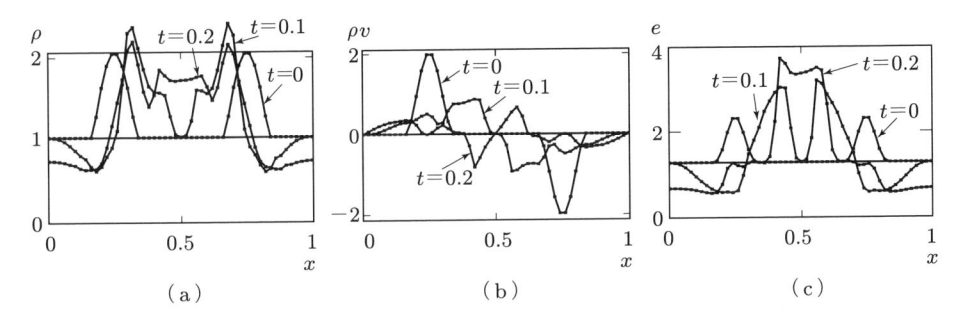

図 **6.13** 気体の衝突のシミュレーション：計算結果の例．実線は数値解を結んだ線である．

初期 ($t = 0$) では $x = 0.25$, 0.75 付近に質量密度がまわりよりも高く，速さ 1 以下でたがいの向きに打ち出されたガスが設定されている（図 6.13 (a)，(b)）．時刻 $t = 0.1$ では密度の高いガスがたがいに近づいていくのがみられる．時刻 $t = 0.2$ では高密度ガスが衝突し，中央付近に密度の高い領域が生じていることがわかる（図 6.13 (a)）．中央付近での圧力が大きくなり全エネルギー密度 e が大きくなっている（図 6.13 (c)）．このとき，高密度ガスの反射が起こっている（図 6.13 (b)）．この系の現象自体は左右対称であるが，数値スキーム (式 (6.32)，(6.33)) の非対称性により数値計算結果に微妙な非対称がみられる（図 6.13 (c)）．

■ 6.5.3 爆縮のシミュレーション

ガス爆発の計算では，初期条件として中央付近の圧力をまわりよりも高く設定した．逆にまわりよりも中央付近の圧力を低く設定すると，ブラウン管などの真空管が割れたときなどに見られる「爆縮」の数値計算になる．数学モデルとしては初期条件を次のようにする．

$$
\left.\begin{array}{l}
\rho = 1 \quad (0 \leq x \leq 1) \\
\rho v = 0 \quad (0 \leq x \leq 1) \\
e = \begin{cases} 0.4 + 2\left|x - \dfrac{1}{2}\right| & \left(\dfrac{1}{4} \leq x \leq \dfrac{3}{4}\right) \\ 0.9 & \left(0 \leq x < \dfrac{1}{4},\ \dfrac{3}{4} < x \leq 1\right) \end{cases}
\end{array}\right\} \quad (6.35)
$$

この場合ははじめ圧力の低い中央に向かってガスが集中し，そのためにかえって中央付近の圧力が高くなり爆発を起こすことになる（図 6.14 参照）．

【課程 5】 気体方程式の数値計算の実習

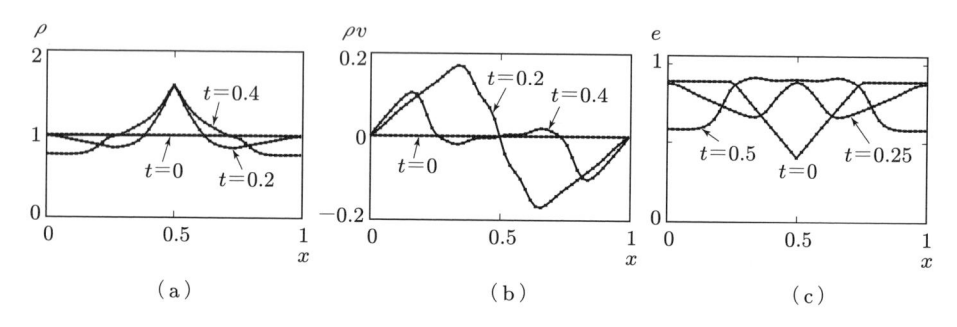

図 **6.14** 爆縮の数値シミュレーション：計算結果の例．
実線は数値解を結んだ線である．

6.6 2 次元流体数値シミュレーション

本書では非線形方程式の数値解法の例として，1 次元の流体力学の計算手法を丁寧に説明した．しかし，流体現象で面白いものは，実は 2 次元や 3 次元の現象に圧倒的に多い．**2 次元流体**の流体計算では次のような課題が扱える．

- ケルビン-ヘルムホルツ (Kelvin–Helmholtz) 不安定性
  （速度差のある流体の接触面で発生する渦の形成 (1.1 節の例 1.4 参照)）
- レイリー-テイラー (Reightlei–Taylor) 不安定性
  （重力場中で重い液体が軽い液体の上に乗っかっているときに起こる不安定性）
- ガスの斜め衝突
- 2 次元爆発（3 次元爆発）
- 2 次元対流（3 次元対流）
- ジェットの伝播

参考のため2次元流体力学方程式を示しておく.

$$\left.\begin{array}{l} \dfrac{\partial \boldsymbol{u}}{\partial t} = -\dfrac{\partial \boldsymbol{w}_1}{\partial x} - \dfrac{\partial \boldsymbol{w}_2}{\partial y} \\[6pt] \boldsymbol{u} \equiv \begin{pmatrix} \rho \\ \rho v_x \\ \rho v_y \\ e \end{pmatrix}, \quad \boldsymbol{w}_1 \equiv \begin{pmatrix} \rho v_x \\ \rho v_x{}^2 + p \\ \rho v_x v_y \\ (e+p)v_x \end{pmatrix}, \quad \boldsymbol{w}_2 \equiv \begin{pmatrix} \rho v_y \\ \rho v_x v_y \\ \rho v_y{}^2 + p \\ (v+p)v_y \end{pmatrix} \end{array}\right\} \quad (6.36)$$

ここで,

$$e = \frac{\rho}{2} v^2 + \frac{p}{\gamma - 1}$$

は全エネルギー密度である.

2次元, 3次元の流体の数値計算のためのプログラムは, 本書で詳しく述べた1次元の流体の計算プログラムの変数の配列や個数を増やすことにより作ることができる. Webで公開している実習書を参考にして, ぜひとも挑戦してみてほしい.

演習問題解答

第1章

1.1 (1) リンゴ内部の各点の温度．(2) スイカ内部の果肉～皮の各部分の速度．(3) 磁場の強さ（単磁荷が受ける単位磁荷あたりの磁場からの力）．(4) 空気の速度．(5) 太陽から飛来する電子やイオンの粒子密度，速度や地球・太陽を起源とする磁場の強さなど．

1.2 (1) 2 階．(2) 1 階．(3) 3 階．

1.3 (i) 偏微分方程式　$\dfrac{\partial u}{\partial t} = \dfrac{1}{c\rho}\left[\dfrac{\partial}{\partial x}\left(k\dfrac{\partial u}{\partial x}\right) + \dfrac{RI^2}{AL}\right]$　$(0 < x < L,\ 0 < t < \infty)$．

(ii) 境界条件　$u(0,t) = u(L,t) = T_0$　$(0 < t < \infty)$．

(iii) 初期条件　$u(x,0) = T_0$　$(0 \leq x \leq L)$．

1.4 (i) 偏微分方程式　$\dfrac{\partial u}{\partial t} = \dfrac{1}{c\rho}\dfrac{\partial}{\partial x}\left(k\dfrac{\partial u}{\partial x}\right) - \dfrac{a}{c\rho A}u$　$(0 < x < L,\ 0 < t < \infty)$．

(ii) 境界条件　$u(0,t) = u(L,t) = 0$　$(0 < t < \infty)$．

(iii) 初期条件　$u(x,0) = \sin(\pi x/L)$　$(0 \leq x \leq L)$．

1.5 (i) 偏微分方程式　$\dfrac{\partial u}{\partial t} = \dfrac{1}{c\rho}\dfrac{\partial}{\partial x}\left(k\dfrac{\partial u}{\partial x}\right)$　$(0 < x < L,\ 0 < t < \infty)$．

(ii) 境界条件　$\dfrac{\partial u}{\partial x}(0,t) = \dfrac{\partial u}{\partial x}(L,t) = 0$　$(0 < t < \infty)$．

(iii) 初期条件　$u(x,0) = 1 - \cos(\pi x/L)$　$(0 \leq x \leq L)$．

1.6　$\lambda\dfrac{\partial^2 u}{\partial t^2} = T\dfrac{\partial^2 u}{\partial x^2} - \lambda\omega^2 u$，あるいは $\dfrac{\partial^2 u}{\partial t^2} = \dfrac{T}{\lambda}\dfrac{\partial^2 u}{\partial x^2} - \omega^2 u$．

1.7　$\nabla^2 \phi = 0$

1.8　$\dfrac{\partial^2 u}{\partial t^2} + \dfrac{v_0{}^2}{4}\dfrac{\partial^2 u}{\partial x^2} = 0$

1.9　質量密度：$\dfrac{\partial \rho}{\partial z} = 0$．速度：$\dfrac{\partial v_x}{\partial z} = \dfrac{\partial v_y}{\partial z} = 0,\ v_z = 0$．圧力：$\dfrac{\partial p}{\partial z} = 0$．

1.10　$f(;x:),\ f(:x;)$ は $-\infty < x < \infty$ で定義された周期 $4L$ の関数となる（解図参照）．また，$f(;x:)$ は奇関数，$f(:x;)$ は偶関数となる．

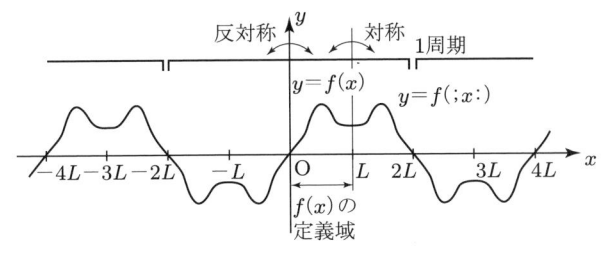

（a）反対称鏡(;)と対称鏡(:)により定義域が拡張された関数$f(;x:)$

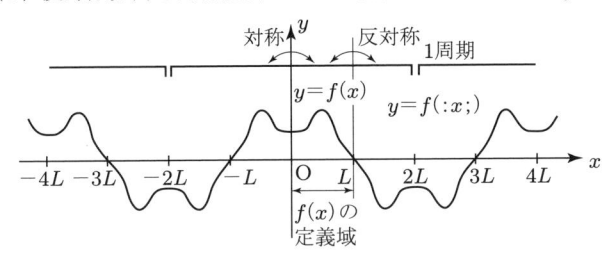

（b）対称鏡(:)と反対称鏡(;)により定義域が拡張された関数$f(:x;)$

解図

第 2 章

2.1

	R	N	線形性	同次性	斉次・非斉次	型
(a)	2	2	線形	非同次	斉次	放物型 ($D=0$)
(b)	2	2	線形	同次	非斉次	双曲型 ($D=4$)
(c)	3	2	非線形	—	—	—
(d)	2	3	線形	同次	非斉次	双曲型 ($D=5$)
(e)	2	2	線形	非同次	斉次	楕円型 ($D=-4$)
(f)	3	2	非線形	—	—	—
(g)	2	2	線形	同次	斉次	双曲型 ($D=4e^{-t}$)
(h)	3	2	非線形	—	—	—

2.2 f, g, f_1, f_2, g_1, g_2 を任意関数として，(1) $u = \dfrac{x^3}{3} + xy^2 + g(y)$, (2) $u = xf(y) + g(y)$,

(3) $u = \dfrac{x^2}{2} f(y) + xg(y) + h(y)$, (4) $u = yg_2(x) + xh_2(y) + g_1(x) + h_1(y)$.

2.3 (1) $u(x,t) = e^{-(\alpha^2 k^2 + \beta)t}(A\cos kx + B\sin kx)$. A, B は任意定数.

(2) $u(x,t) = \dfrac{x+b}{t+a}$. a, b は任意の定数.

2.4 (1) $u(x,t) = A\exp\left(ikx \pm i\sqrt{c^2 k^2 - \omega_0^2}\, t\right)$. ここで A, k は任意の定数.

(2) A, B, k を任意定数として，

$u(x,t) = A\exp\{ik(x \pm c_1 t)\}$, $B\exp\left(ikx \pm i\sqrt{c_2^2 k^2 + \omega_0^2}\, t\right)$.

2.5 (1) $u(x,t) = \dfrac{1}{\pi^2} e^{i\pi(t-x)}$, (2) $u(x,t) = \dfrac{1}{2} e^{-t} \cos x$.

2.6 g を任意関数として, (1) $u = g(y-x)e^{-3x}$, (2) $u = g(x-y)e^{-y^2/2}$, (3) $u = 2/[\ln(y/x) + g(xy)]$.

2.7 f, g を任意の関数として, (1) $u = f(x+3t) + g(-x+2t)$, (2) $u = f(x-it) + g(x+it)$, (3) $u(x,t) = f(x+t) + g(x-3t) + e^{x-3t}\cos(x+t)$.

2.8 $u(x,y) = \cos x + y$

2.9 $u(x,t) = \exp\left[-\left\{\left(\dfrac{\pi}{L}\right)^2 + 1\right\}t\right]\sin\left(\dfrac{\pi}{L}x\right)$

2.10 $u(x,t) = 1 - \exp\left\{-\left(\dfrac{2\pi}{L}\right)^2 t\right\}\cos\left(\dfrac{2\pi}{L}x\right)$

2.11 $u(x,t) = \exp\left\{-\left(\dfrac{\pi}{2L}\right)^2 t\right\}\sin\left(\dfrac{\pi}{2L}x\right)$

2.12 $u(x,t) = \cos 2\pi t \sin 2\pi x$

2.13 $u(x,t) = \sin(x+t)$

2.14 $u(x,t) = \dfrac{1}{2}\left[e^{-(x+t)^2} - e^{-(x-t)^2}\right]$

2.15 $u(x,t) = \dfrac{1}{2}\displaystyle\int_{x-t}^{x+t} \phi'(x')\,dx' = \dfrac{1}{2}[\phi(x+t) - \phi(x-t)]$

2.16 たとえば, $\bar{x} \equiv x/L$, $\bar{t} \equiv (\alpha/L)^2 t$, $\bar{u} \equiv u/T_1$ として,

(i) 偏微分方程式: $\dfrac{\partial \bar{u}}{\partial \bar{t}} = \dfrac{\partial^2 \bar{u}}{\partial \bar{x}^2}$ ($0 < \bar{x} < 1, 0 < \bar{t} < \infty$).

(ii) 境界条件: $\bar{u}(0,\bar{t}) = 1$, $\bar{u}(1,\bar{t}) = 0$ ($0 < \bar{t} < \infty$).

(iii) 初期条件: $\bar{u}(\bar{x},0) = \dfrac{T_2}{T_1}$ ($0 \leq \bar{x} \leq 1$).

2.17 (1) $\dfrac{\partial u_1}{\partial t} + u_0 \dfrac{\partial u_1}{\partial x} = 0$. $u_1 = Ae^{ik(x-u_0 t)}$. A は任意定数.

(2) $\dfrac{\partial^2 u_1}{\partial t^2} = 2u_0 \dfrac{\partial^2 u_1}{\partial x^2}$. $u_1 = Ae^{ik(x \pm 2u_0 t)}$. A は任意定数.

第3章

3.1 (1) $f(x) = \displaystyle\sum_{m=0}^{\infty} \dfrac{4}{(2m+1)\pi}\cos\left(\dfrac{2m+1}{3}\pi\right)\sin(2m+1)\pi x$

(2) $f(x) = \dfrac{\pi}{2} - \displaystyle\sum_{m=0}^{\infty} \dfrac{4}{(2m+1)^2 \pi}\cos(2m+1)x$

(3) $f(x) = \displaystyle\sum_{n=1}^{\infty} \dfrac{2}{n\pi}\sin n\pi x$

3.2 (1) $f(x) = \displaystyle\sum_{m=1}^{\infty} \dfrac{-16}{(2m+1)(2m-1)(2m-3)\pi}\sin(2m-1)\pi x$

(2) $f(x) = \sum_{m=0}^{\infty} \left\{ \dfrac{8}{((4m+1)\pi)^2} \left(1 - \dfrac{(-1)^m}{\sqrt{2}}\right) \sin(4m+1)\pi x \right.$
$\left. - \dfrac{8}{((4m+3)\pi)^2} \left(1 + \dfrac{(-1)^m}{\sqrt{2}}\right) \sin(4m+3)\pi x \right\}$

(3) $f(x) = \dfrac{1}{2} - \sum_{m=1}^{\infty} \dfrac{(-1)^m 2}{(2m-1)\pi} \cos(2m-1)\pi x$

(4) $f(x) = -\sum_{m=1}^{\infty} \dfrac{8}{((2m-1)\pi)^2} (-1)^m \sin(2m-1)\pi x$

3.3 (1) $f(x) = \sum_{n=-\infty}^{\infty} \dfrac{(-1)^n i}{n} e^{inx}$, (2) $f(x) = \dfrac{\pi}{2} + \sum_{m=-\infty}^{\infty} \dfrac{-2}{(2m-1)^2 \pi} e^{i(2m-1)x}$,

(3) $f(x) = \dfrac{\pi^2}{3} + \sum_{n=-\infty}^{\infty} (-1)^n \dfrac{2}{n^2} e^{inx}$.

3.4 (1) $F(k) = \dfrac{1-\cos k}{i\pi k}$, (2) $F(k) = \dfrac{1}{2\pi i k}\left(1 - 2e^{-2ik} + e^{-ik}\right)$,

(3) $F(k) = \dfrac{1}{2\pi i k}\left[e^{-ikx} - e^{-3ik} + 4e^{-8ik} - 4e^{-6ik}\right]$,

(4) $F(k) = \dfrac{1}{\pi k}\left(1 + \dfrac{1}{ik}\right)\sin k$, (5) $F(k) = \dfrac{e^{1-ik}}{2\pi(1-ik)}$,

(6) $F(k) = \dfrac{1}{2\pi(2+ik)}\left[e^{2+ik} - e^{-(2+ik)}\right]$, (7) $F(k) = \dfrac{1}{\pi}\dfrac{k^2+2}{k^4+4}$.

(8) $F(k) = \dfrac{1}{2\sqrt{\pi}} e^{-k^2/4} + \dfrac{1}{\pi}\dfrac{1}{1+k^2}$.

3.5 (1) $F(s) = \dfrac{s}{s^2-1}$ (Re$(s) > 1$), (2) $F(s) = \dfrac{1}{s^2-1}$ (Re$(s) > 1$),

(3) $F(s) = \dfrac{1}{\sqrt{s}}$ (Re$(s) > 0$), (4) $\dfrac{b}{(s-a)^2 + b^2}$ (Re$(s) > a$),

(5) $\dfrac{s-a}{(s-a)^2 + b^2}$ (Re$(s) > a$), (6) $\dfrac{n!}{s^{n+1}}$ (Re$(s) > 0$), (7) $\dfrac{e^{-as}}{s}$ (Re$(s) > 0$).

第 4 章

4.1 $u(x,t) = e^{-(2\pi)^2 t} \sin 2\pi x + \dfrac{1}{3} e^{-(4\pi)^2 t} \sin 4\pi x + \dfrac{1}{5} e^{-(6\pi)^2 t} \sin 6\pi x$

4.2 $u(x,t) = \sum_{m=1}^{\infty} \dfrac{-16}{\pi(2m+1)(2m-1)(2m-3)} e^{-\{(2m-1)\pi\}^2 t} \sin(2m-1)\pi x$

4.3 $u(x,t) = \sum_{m=1}^{\infty} \dfrac{4(-1)^{m-1}}{\pi(2m-1)2m(2m+1)} e^{-(m\pi)^2 t} \sin m\pi x$

4.4 $u(x,t) = \sum_{m=0}^{\infty} \dfrac{(-1)^m 2^{3/2}}{\pi} \left[\dfrac{1}{4m+1} e^{-((4m+1)\pi)^2 t} \sin(4m+1)\pi x \right.$

$\hspace{10em} \left. + \dfrac{1}{4m+3} e^{-((4m+3)\pi)^2 t} \sin(4m+3)\pi x \right]$

4.5 $u(x,t) = \dfrac{1}{4} - \sum_{m=1}^{\infty} \left(\dfrac{2}{(2m-1)\pi} \right)^2 e^{-(2(2m-1)\pi)^2 t} \cos 2(2m-1)\pi x$

$\hspace{6em} + \sum_{l=1}^{\infty} \dfrac{2}{((2l-1)\pi)^2} e^{-(4(2l-1)\pi)^2 t} \cos 4(2l-1)\pi x$

4.6 $u(x,t) = \dfrac{1}{2} + \sum_{m=1}^{\infty} (-1)^{m-1} \dfrac{2}{(2m-1)\pi} e^{-\{(2m-1)\pi\}^2 t} \cos(2m-1)\pi x$

4.7 $u(x,t) = \sum_{m=1}^{\infty} \dfrac{8}{((2m-1)\pi)^3} \cos(2m-1)\pi t \sin(2m-1)\pi x$

4.8 $u(x,t) = \sum_{m=1}^{\infty} \dfrac{8}{\{(2m-1)\pi\}^4} \sin(2m-1)\pi x \sin(2m-1)\pi t$

4.9 $\sum_{m=1}^{\infty} \left\{ \left(\dfrac{2}{(2m-1)\pi} \right)^3 \cos(2m-1)\pi t \sin(2m-1)\pi x \right.$

$\hspace{6em} \left. + \dfrac{8}{((2m-1)\pi)^4} \sin(2m-1)\pi t \sin(2m-1)\pi x \right\}$

4.10 $u(x,t) = \dfrac{1}{2} - \sum_{l=1}^{\infty} \left(\dfrac{2}{(2l-1)\pi} \right)^2 \cos 2(2l-1)\pi t \cos 2(2l-1)\pi x$

$\hspace{6em} - \dfrac{t}{2} + \sum_{l=1}^{\infty} \dfrac{2}{((2l-1)\pi)^3} \sin 2(2l-1)\pi t \cos 2(2l-1)\pi x$

第 5 章

5.1 $u(x,t) = \dfrac{e^{-x^2/(t+2)}}{\sqrt{1+t/2}}$

5.2 $u(x,t) = \dfrac{e^{-(x-1)^2/(1+4t)}}{\sqrt{1+4t}}$

5.3 $u(x,t) = \dfrac{e^{-(x-t)^2/\{4(1+t)\}}}{\sqrt{1+t}}$

5.4 $u(x,t) = e^{-t}\sin x + 3e^{-4t}\cos 2x$

5.5 $u(x,t) = e^{-2t}(\cos x + 2\sin x)$

5.6 $u(x,t) = e^{-4t}(\cos x \cos 2t - \sin x \sin 2t) = e^{-4t}\cos(x+2t)$

5.7 $u(x,t) = \dfrac{1}{2}\left[\mathrm{erfc}\left(\dfrac{-1-x}{2\sqrt{t}}\right) - \mathrm{erfc}\left(\dfrac{1-x}{2\sqrt{t}}\right)\right]$

5.8 $u(x,t) = e^{-\pi^2 t}\sin\pi x$

5.9 $u(x,t) = \sin(x-t)$

5.10 $u(x,t) = \dfrac{1}{2}\bigl[\Lambda(x-t) + \Lambda(x+t)\bigr]$

5.11 $u(x,t) = \sin x(\cos t + \sin t)$

5.12 （略解）$\boldsymbol{r} \equiv (x-x_0, y-y_0)$ とおくと，

$$\nabla G(x-x_0, y-y_0) = \dfrac{1}{2\pi}\dfrac{\boldsymbol{r}}{r}$$

$$\nabla^2 G(x-x_0, y-y_0) = \dfrac{1}{2\pi}\left(\dfrac{2}{r^2} - \dfrac{2}{r^2}\right) = 0 \qquad (r \neq 0)$$

である．さらに

$$\int_{r\leq R}\nabla^2 G(\boldsymbol{r})\,dx\,dy = \int_{r=R}\nabla G(\boldsymbol{r})\cdot\dfrac{\boldsymbol{r}}{r}\,dl = \int_{r=R}\dfrac{1}{2\pi R}\,dl = 1 \qquad (r \neq 0)$$

なので $\nabla^2 G(\boldsymbol{r}) = \delta(\boldsymbol{r})$ とでき，G は 2 次元のポアソン方程式のグリーン関数になっているといえる．

付録

積分変換表，フーリエ級数表

A.1 ラプラス変換

表 A.1 に本書で出てくるものを中心として主なラプラス変換を示す．与えられた関数 $f(t)$ は $0 \leq t < \infty$ で定義されているものとする．ここでラプラス変換 $F(s) = \mathcal{L}[f(t)]$ およびその逆ラプラス変換 $f(t) = \mathcal{L}^{-1}[F(s)]$ は次のように定義される．

$$F(s) = \mathcal{L}[f(t)] = \int_0^\infty f(t)e^{-st}\,dt$$

$$f(t) = \mathcal{L}^{-1}[F(s)] = \frac{1}{2\pi i}\int_{c-i\infty}^{c+i\infty} F(s)e^{st}\,dt$$

ここで，c は任意の定数である．

A.2 フーリエ変換

表 A.2 に主なフーリエ変換を示す．与えられた関数 $f(x)$ は $-\infty < t < \infty$ で定義されているものとする．ここでフーリエ変換 $F(k) = \mathcal{F}[f(x)]$ およびその逆フーリエ変換 $f(x) = \mathcal{F}^{-1}[F(k)]$ は次のように定義される．

$$F(k) = \mathcal{F}[f(x)] = \frac{1}{2\pi}\int_{-\infty}^\infty f(x)e^{-ikx}\,dx$$

$$f(x) = \mathcal{F}^{-1}[F(k)] = \int_{-\infty}^\infty F(k)e^{ikx}\,dk$$

表 **A.1** ラプラス変換

$f(t) = \mathcal{L}^{-1}[F(s)]$	$F(s) = \mathcal{L}[f(t)]$
1	$\dfrac{1}{s}$ $(\mathrm{Re}[s] > 0)$
$\delta(t)$	1 $(\mathrm{Re}[s] > 0)$
e^{at}	$\dfrac{1}{s-a}$ $(\mathrm{Re}[s] > a)$
$\sin \omega t$	$\dfrac{\omega}{s^2 + \omega^2}$ $(\mathrm{Re}[s] > 0)$
$\cos \omega t$	$\dfrac{s}{s^2 + \omega^2}$ $(\mathrm{Re}[s] > 0)$
$\sinh at$	$\dfrac{a}{s^2 - a^2}$ $(\mathrm{Re}[s] > |a|)$
$\cosh at$	$\dfrac{s}{s^2 - a^2}$ $(\mathrm{Re}[s] > |a|)$
$e^{at} \sin bt$	$\dfrac{b}{(s-a)^2 + b^2}$ $(\mathrm{Re}[s] > a)$
$e^{at} \cos bt$	$\dfrac{s-a}{(s-a)^2 + b^2}$ $(\mathrm{Re}[s] > a)$
t^n (n は自然数)	$\dfrac{n!}{s^{n+1}}$ $(\mathrm{Re}[s] > 0)$
$H(t-a)$	$\dfrac{e^{-as}}{s}$ $(\mathrm{Re}[s] > 0)$
$\dfrac{2}{\sqrt{\pi}} e^{-at^2}$ $(a > 0)$	$\dfrac{1}{\sqrt{a}} e^{s^2/(4a)} \mathrm{erfc}\left(\dfrac{s}{2\sqrt{a}}\right)$
$\mathrm{erfc}\left(\dfrac{t}{2a}\right)$	$\dfrac{1}{s} e^{a^2 s^2} \mathrm{erfc}(as)$
$\mathrm{erfc}\left(\dfrac{a}{2\sqrt{t}}\right)$	$\dfrac{1}{s} e^{-a\sqrt{s}}$

ここで a, b, ω は実数.

表 A.2 フーリエ変換

$f(x) = \mathcal{F}^{-1}[F(k)]$	$F(k) = \mathcal{F}[f(x)]$
$e^{-x^2/a^2} \quad (a>0)$	$\dfrac{a}{2\sqrt{\pi}} e^{-a^2 k^2/4}$
$e^{-\lvert x \rvert/a} \quad (a>0)$	$\dfrac{1}{\pi} \dfrac{a}{1+a^2 k^2}$
$\dfrac{a}{x^2+a^2} \quad (a>0)$	$\dfrac{1}{2} e^{-a\lvert k \rvert}$
$H_a(x) \quad (a>0)$	$\dfrac{a-ik}{2\pi(a^2+k^2)}$
$H(x)$	$\dfrac{1}{2\pi i k}$
$\delta(x-a)$	$\dfrac{1}{2\pi} e^{-iak}$
1	$\delta(x)$
$\sin ax$	$\dfrac{i}{2}\bigl[\delta(k+a)-\delta(k-a)\bigr]$
$\cos ax$	$\dfrac{1}{2}\bigl[\delta(k+a)+\delta(k-a)\bigr]$

ここで，a は定数である．

A.3 フーリエ級数

表 A.3 に，本書に出てくる主なフーリエ級数を示す．

与えられた関数 $f(x)$ はすべて，示された区間 $-1 \leq x \leq 1$ の他は周期 2 で，$-\infty < x < \infty$ 全体に接続されているものとする．また，不連続点 ξ での関数 $f(x)$ の値は

$$f(\xi) = \frac{1}{2}\bigl[f(\xi+0) + f(\xi-0)\bigr]$$

で与えられているものとする．

この表で与えられたフーリエ級数は，すべて対応する関数に収束する．

この表では関数が区間 $-1 \leq x \leq 1$ で与えられているが，座標変換

$$y = \frac{1}{b-a}(2x - a - b)$$

により任意の区間 $a \leq x \leq b$ を区間 $-1 \leq y \leq 1$ に変換してこの表を利用することができる．たとえば，関数 $f_1(x) = x(2-x) \quad (-2 \leq x \leq 2)$ は変換 $y = x/2$ により，

表 **A.3** フーリエ級数

周期 2 の関数 $(-1 \leq x \leq 1)$	フーリエ級数
$x \quad (-1 < x < 1)$	$\displaystyle\sum_{n=1}^{\infty} \frac{(-1)^{n+1}2}{n\pi} \sin n\pi x$
$x(1-\|x\|)$	$\displaystyle\sum_{m=1}^{\infty} \left(\frac{2}{(2m-1)\pi}\right)^3 \sin(2m-1)\pi x$
$M(\|x\|)\operatorname{sign}(x)$	$\displaystyle\sum_{m=1}^{\infty} (-1)^{m+1}\left(\frac{2}{(2m-1)\pi}\right)^3 \sin(2m-1)\pi x$
$\Lambda(\|x\|)\operatorname{sign}(x)$	$\displaystyle\sum_{m=1}^{\infty}\left[\left(1+\frac{(-1)^m}{\sqrt{2}}\right)\left(\frac{4}{(4m-3)\pi}\right)^2 \sin(4m-3)\pi x \right.$ $\left. +\left(-1+\frac{(-1)^m}{\sqrt{2}}\right)\left(\frac{4}{(4m-1)\pi}\right)^2 \sin(4m-1)\pi x\right]$
$\Omega(\|x\|)\operatorname{sign}(x)$	$\displaystyle\sum_{l=1}^{\infty}\left[\frac{2}{(6l-5)\pi}\sin(6l-5)\pi x \right.$ $\left. -\frac{4}{(6l-3)\pi}\sin(6l-3)\pi x + \frac{2}{(6l-1)\pi}\sin(6l-1)\pi x\right]$
$\|x\|$	$\displaystyle\frac{1}{2} - \sum_{m=1}^{\infty}\left(\frac{2}{(2m-1)\pi}\right)^2 \cos(2m-1)\pi x$
$1-x^2$	$\displaystyle\frac{2}{3} + \sum_{n=1}^{\infty} (-1)^{n+1}\left(\frac{2}{n\pi}\right)^2 \cos n\pi x$
$M(\|x\|)$	$\displaystyle\frac{1}{2} - \sum_{l=1}^{\infty}\left(\frac{2}{(2l-1)\pi}\right)^2 \cos 2(2l-1)\pi x$
$\Lambda(\|x\|)$	$\displaystyle\frac{1}{4} - \sum_{m=1}^{\infty}\left(\frac{2}{(2m-1)\pi}\right)^2 \cos 2(2m-1)\pi x$ $+\displaystyle\sum_{l=1}^{\infty}\frac{2}{((2l-1)\pi)^2}\cos 4(2l-1)\pi x$
$\Omega(\|x\|)$	$\displaystyle\frac{1}{3} + \sum_{l=1}^{\infty}\left[\frac{-\sqrt{3}}{(3l-2)\pi}\cos(6l-4)\pi x + \frac{\sqrt{3}}{(3l-1)\pi}\cos(6l-2)\pi x\right]$

$f_2(y) = 4y(1-y)$ $(-1 \leq y \leq 1)$ に変換される．表中の関数はここではそれぞれ

$$M(x) = 1 - 2\left|x - \frac{1}{2}\right| \qquad (0 \leq x \leq 1) \qquad \text{（山型の関数）}$$

$$\Lambda(x) = \begin{cases} 1 - 4\left|x - \frac{1}{2}\right| & \left(\frac{1}{4} \leq x \leq \frac{3}{4}\right) \\ 0 & \left(0 \leq x < \frac{1}{4}, \ \frac{3}{4} < x \leq 1\right) \end{cases} \qquad \begin{pmatrix} \text{魔女の} \\ \text{帽子型} \\ \text{関数} \end{pmatrix}$$

$$\Omega(x) = \begin{cases} 1 & \left(\frac{1}{3} < x < \frac{2}{3}\right) \\ 0 & \left(0 \leq x < \frac{1}{3}, \ \frac{2}{3} < x \leq 1\right) \end{cases} \qquad \begin{pmatrix} \text{シルク} \\ \text{ハット型} \\ \text{関数} \end{pmatrix}$$

$$\text{sign}(x) \equiv \begin{cases} 1 & (x \geq 0) \\ -1 & (x < 0) \end{cases}$$

と定義する．

さらに進んで勉強するために

本書の目的が偏微分方程式の初学者に対してその基本事項を説明することにあったので，扱った内容はごくかぎられたものとなっている．その基本事項というのでも広範囲に及び，本書で十分扱えなかった次のような項目がある．
1. ラプラス方程式，ポアソン方程式の解法
2. 空間2次元，3次元の諸問題
3. 特殊関数

はじめの二つについてはある程度触れたが，3. については扱わなかった．本書で扱わなかった内容まで，深く勉強したい読者のためにいくつか本を紹介する．

[1] スタンリー・ファーロウ，伊里正夫，伊里由美訳 「偏微分方程式」(朝倉書店，1983年)
この本は，本書と程度は同じであるが，上記の基本事項をバランスよく扱っている．少し分厚いが本書と重複するところも多く，拾い読みすることもできる．

[2] 神部勉 「偏微分方程式」(講談社，1987年)
この本は，本書よりも高度な内容を扱っている．物理的背景の説明が豊富であるうえに，数学的理論への配慮があり，より高度な偏微分方程式の理論に取り組むときに参考になる．

[3] 石原忠重，他 「応用数学」(培風館，1986年)
この本は，常微分方程式から偏微分方程式までかいつまんでコンパクトにまとめられている．ディリクレの判定条件やフーリエ変換の収束性の定理の証明も載せられている．

[4] 森口繁一，宇田川かね久，一松信 「岩波 数学公式集 II 級数・フーリエ解析」(岩波書店，1987年)
ラプラス変換，フーリエ変換や本書に登場するフーリエ級数は，付録 A に簡単にまとめておいたが，さらに詳しい変換表が必要なときはこの公式集が役に立つ．

[5] 矢嶋信男，野本達夫 「発展方程式の数値解析」(岩波書店，1977年)

[6] 矢部孝，内海隆行，尾形陽一 「CIP法」(森北出版，2003年)
これらの本は，数値計算をさらに進んで学習する人におすすめである．とくに，文献 [6] は本書で説明したスキームとは異なる新しいスキームを用いているが，本書の内容を習得していればよく理解できるはずである．

[7] 矢嶋信男 「常微分方程式」(岩波書店，1989年)

[8] 高田美樹 「C言語スタートブック」(技術評論社，2005年)
これらは，本書の予備知識を補うものとして，常微分方程式や C 言語の基本的なところを丁寧に説明している．

索　引

英数字行

2 段階ラックス-ヴェンドロフ法　206
CFL 条件　192, 200, 206

あ　行

位相速度　52
依存領域　76
一般解　39
移流方程式　23
陰解法　192, 201
打切り誤差　193
影響領域　76
オイラーの関係式　48
音響スペクトル　92
音　速　84
音　波　84

か　行

解　32, 39
階　数　18
解析解　189
階層性　20
ガウスの正規関数　110
拡散方程式　24
拡張されたヘビサイド関数　107
重ね合わせの原理　44
カスケード　178
ガリレイ変換　62
気体方程式　30
ギブス現象　100
境界条件　32, 72
鏡像法　35
クーラント-フリードリッヒ-レヴィ条件　192
グリーン関数　164
ケルビン-ヘルムホルツ不安定性　6
後退差分　188

さ　行

勾　配　10
誤差関数　122
コーシー問題　33
固定境界条件　33

差　分　188
差分方程式　188
しきい値　53
指数型フーリエ級数　103
指数関数解　48
時定数　46
支配方程式　19
周期境界条件　34
自由境界条件　33
純　音　84
消火ホース不安定性　53
初期条件　32, 72
初期値・境界値問題　33
初期値問題　33
シルクハット型関数　136, 190
数値解　189
数値解法　184
数値拡散　201
数値不安定性　190
スキーム　185
スペクトル　91
斉次線形境界条件　130
斉次線形偏微分方程式　42
積分変換　119
摂動法　82
線　形　41
線形化　82
線形性　43
線形偏微分方程式　41
前進差分　188

双曲型　56
相似性　82

た 行

対称鏡　36
対流　7
対流微分　23
楕円型　56
畳み込み　112
ダランベール解　75
単色光　90
断熱変化　30
中心差分　188
超関数　116
定在波　74
ディリクレの判定条件　96
デルタ関数　116
電場　5
特性曲線　64
特性曲線法　63, 68
特解　39

な 行

ナブラ　13
熱伝導度　24

は 行

発散　13
発散定理　18
波動方程式　26
反対称鏡　35
微視的単純化の仮定　19
非斉次項　42
非線形偏微分方程式　42
比熱比　30
不安定性　53
フラクタル　20
フーリエ級数　96

フーリエ係数　96
フーリエの法則　24
フーリエ変換　105
分散関係式　54
ベクトル場　3
ヘビサイド関数　108
変数分離法　45
偏微分係数　9
偏微分方程式　18
ポアソン方程式　27
ボイル-シャルルの法則　8
方向微分　10
放物型　56
保存方程式　22
保存量　22

ま 行

魔女の帽子型関数　134, 202
無次元化　79

や 行

有限畳み込み　123
陽解法　192
余誤差関数　121, 124

ら 行

ラックス-ヴェンドロフ法　198
ラプラシアン　13
ラプラス変換　119
ラプラス方程式　28
離散スペクトル　101
理想気体　8
流束密度　22
流体力学方程式　30
累積誤差　194
連続スペクトル　106
連続の式　30

著者略歴

小出　眞路（こいで・しんじ）
　1962 年生まれ
　1990 年　名古屋大学大学院理学研究科博士課程修了（物理学専攻）
　1991 年　理学博士
　1991 年　富山大学工学部電気電子システム工学科講師
　1994 年　富山大学工学部電気電子システム工学科助教授
　2006 年　熊本大学理学部物理学科教授
　　　　　現在に至る

工学系のための　偏微分方程式　　　Ⓒ 小出眞路　2006

2006 年 4 月 1 日第 1 版第 1 刷発行　　【本書の無断転載を禁ず】
2023 年 8 月 20 日第 1 版第 5 刷発行

著　　者　小出眞路
発 行 者　森北博巳
発 行 所　森北出版株式会社
　　　　　東京都千代田区富士見 1-4-11（〒102-0071）
　　　　　電話 03-3265-8341 ／ FAX 03-3264-8709
　　　　　https://www.morikita.co.jp/
　　　　　日本書籍出版協会・自然科学書協会　会員
　　　　　JCOPY <（一社）出版者著作権管理機構　委託出版物>

落丁・乱丁本はお取替えいたします　　印刷／モリモト印刷・製本／協栄製本
　　　　　TEX 組版処理／（株）プレイン　http://www.plain.jp/

Printed in Japan ／ ISBN978-4-627-07611-2

MEMO

MEMO

MEMO

MEMO

MEMO